Adobe
After Effects CC
高手之路

李涛 编著

人民邮电出版社

北京

图书在版编目（ＣＩＰ）数据

Adobe After Effects CC高手之路 / 李涛编著. --
北京 : 人民邮电出版社，2017.6
ISBN 978-7-115-40662-0

Ⅰ. ①A… Ⅱ. ①李… Ⅲ. ①图象处理软件 Ⅳ.
①TP391.41

中国版本图书馆CIP数据核字(2015)第240171号

◆ 编　著　李　涛

责任编辑　张　贞

责任印制　周昇亮

◆ 人民邮电出版社出版发行　　北京市丰台区成寿寺路 11 号

邮编　100164　电子邮件　315@ptpress.com.cn

网址　https://www.ptpress.com.cn

涿州市般润文化传播有限公司印刷

◆ 开本：787×1092　1/16

印张：20　　　　　　2017 年 6 月第 1 版

字数：620 千字　　　2025 年 1 月河北第 23 次印刷

定价：99.00 元（附光盘）

读者服务热线：**(010)81055296**　印装质量热线：**(010)81055316**
反盗版热线：**(010)81055315**

广告经营许可证：京东市监广登字 20170147 号

内容提要

本书由Adobe中国资深专家李涛倾力编著，是一本集After Effects影视动画后期合成技术及技巧经验于一体的案例型图书。全书共10章，分别阐述了After Effects的基本概念和用途，介绍了蒙版的基础操作、矢量绘图的使用及三维合成功能，并通过诸多实例讲解了光线特效、艺术化特效、三维仿真特效以及在实拍素材基础上加入After Effects特效等影视后期合成常用处理手法。同时随书附带一张DVD多媒体教学光盘，内容包括书中部分案例的教学视频，让读者在学习本书的过程中，书盘结合一起使用，使学习更加轻松扎实。

本书技术参考性强，涵盖面广，适合广大CG爱好者，特别是想进入或刚从事影视动画后期合成工作的初、中级读者阅读。想独立拍摄电影的爱好者，也可从中得到宝贵经验。

序

早些年前，我在做讲座时，为了活跃气氛经常会提一些问题，随着问题难度的加大，举手的人会慢慢变少。这时我会说"在座诸位有认为自己是高手的请举手"。结果大家都会谦虚并谨慎地放下手，全场只剩下我一人示例性地伸着胳膊，于是我就会很偷巧地说"看来高手只有我一人"。通常，大家都会以欢笑声默许我这个自誉的行为。

这慢慢成了我开讲前的一个标志，我会鼓励大家说："希望大家在学完我的课后，再听到这个问题时，把你们的手都举起来，因为学习是一种乐趣，成为高手则是乐趣后应有的自信。"这也是我把出版的系列书定为"高手之路"的来由。

在我看来，高手是一个达人心态，代表一种专注和深入。正是这种专注和深入、造就了得心应手、运用自如、游刃有余的一种从容。再后来，我创立了"高高手"的学习平台，把这些视觉行业内的"高手"们都汇聚起来，让他们把自己深入习得的知识，以视频方式浅显的分享出来，让更多新进者收益。

一件好的作品，技术决定下限，审美决定上限。技法的训练如铁杵磨针，日久方见功力；美感的培养则需博观约取，厚积才能薄发。优秀的作品哪怕表面上只有寥寥几笔，背后却蕴含着创作者眼界、经历和见地。而正是艺术，让人脱颖而出。

"眼高手低"一直都是一个贬义词，但在和视觉相关的艺术学习体验中，我却把这一状态看作是一个初心。无论你对自己的专业已经熟悉到了什么地步，打开视野，提高眼界才会是进步的绵绵动力。用这样的心态去发现和体验世界，为艺术终老一生，最终达到心手双畅的境界，是为圆满。

这是个充满机会的世界，在科技和艺术改变人类的当下，用面向未来的知识武装自己的头脑，做一个有着丰沛热情且敢于实践的人，你将永远不缺少舞台。而我们这些先行者，只是将我们仅有的一点经验通过教材传递给你，希望你以此为垫脚石站得更高，视野更远。

教育的意义在于提供方法，学习的目的在于完善自我。阿尔文托夫勒曾说过："21世纪的文盲不是那些不会读写的人，而是那些不会学习、摒弃和再学习的人。"也许，我们都该摒弃浮躁，静下心来，脚踏实地的努力学习属于自己的新技能。在新时代，做一个世界的水手，奔赴所有的码头。

李涛

前　言

　　在计算机进入图像领域后，合成技术在影视制作中得到了较为广泛的应用，其合成效果也达到了很高的水平，这一点我们从早期电影中那些令人眼花缭乱、难以置信的特技镜头中就可以得到充分的证明。而随着计算机处理速度的提高以及计算机图像理论的发展，数字合成技术得到了日益广泛的运用。影视艺术工作者们在使用计算机进行合成操作的过程中强烈地感受到数字合成技术极大的便利性和手段的多样性，合成作品的效果比传统合成技术更为精美，更加不可思议，这成为推动数字合成技术发展的巨大动力。

　　本书由Adobe资深专家李涛编著，是一本集After Effects影视动画后期合成技术精髓及技巧经验于一体的案例型图书。全书共10章，第1章阐述了After Effects的基本概念和用途，并通过实例说明了合成的基本流程；第2章和第3章介绍了蒙版的基础操作，以及相关矢量绘图的使用；第4章介绍了三维合成功能；第5章和第6章讲解了调色技巧和抠像功能；第7章至第10章，通过诸多实例讲解了光线特效、艺术化特效、三维仿真特效以及在实拍素材的基础上加入After Effects特效等影视后期合成常用处理手法。

　　本书内容丰富，结构清晰，技术参考性强，讲解由浅入深且循序渐进，涵盖面广又不失细节描述的清晰细致。同时本书附带一张DVD教学光盘，内容包括书中部分案例的教学视频。此外，本书还附送了书中所有案例的工程源文件，从另一方面给读者以知识点的补充。其授课风格灵活幽默，讲解内容轻松易懂，深受读者推崇。

　　本书适合广大CG爱好者，尤其是想进入和刚从事影视动画后期合成工作的初、中级读者阅读。想独立拍摄电影的爱好者，也可从中得到宝贵经验。

编　者

光盘使用及素材下载说明

为了方便读者在软件中实际操作和更加直观地学习，本书免费提供全部案例所需素材文件及李涛老师亲自授课的案例配套视频教学文件。

在装有视频播放软件的计算机中打开随书附赠DVD光盘中的对应视频，即可随时观看本书案例教学视频。

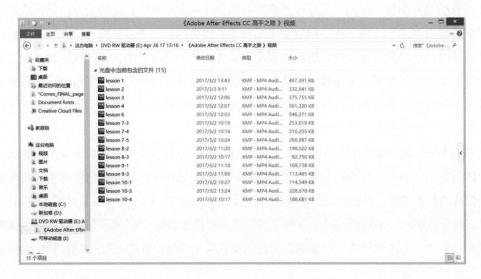

登录以下网址并输入提取密码，即可下载本书所需全部案例配套素材文件。

网址https://box.lenovo.com/l/H1f7zo，提取密码727c。

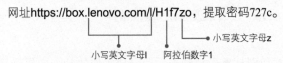

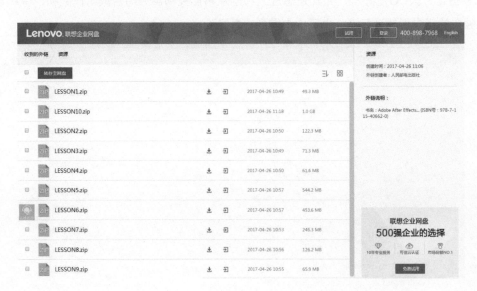

目　录

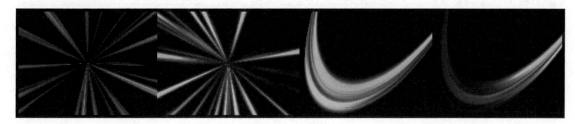

Chapter 09　综合特效3 247

Chapter 10　综合特效4 279

Chapter

01

走入合成的世界

本章讲解After Effects 的基本概念和用途, 并通过实例说明了合成的基本流程。通过本章的学习, 读者可以迈出After Effects高手之路的第一步。

学习重点

- 合成和时间轴窗口
- 变换属性
- 关键帧属性
- 预合成和嵌套

1.1 什么是合成

合成是什么？After Effects是做什么的？我们如何去使用After Effects？搞清楚"合成"的概念是我们后面能够顺利学习的先决条件。

到底什么是"合成"呢？打个比方，我们要做一道精美的菜肴。首先需要准备各种原料，包括各种肉类、蔬菜、调料等；然后，进行配菜；最后凭着厨师的手艺，完成菜肴。

我们所学习的"合成"，就类似于烹饪。在影片制作以前，我们对资料的搜集，包括拍摄的素材、从各种渠道得到的素材、以及使用计算机制作的三维动画等，都类似于烹饪时的原料准备。这些素材准备完成后，我们将其进行艺术性地加工、组合，最后完成影片。至于影片的最终质量，就需要看"厨师"的手艺如何了。

综上所述，合成实际上就是将各种不同的元素，有机地组合在一起，进行艺术性地再加工，以得到最终的作品。学习过Photoshop的读者对此应该有比较深切的体会。

本节有三个关键词，我们来介绍一下。

元素：参与合成的元素多种多样，视我们最终需要得到的影片效果而定。在合成的工作中，元素的收集是非常重要的。我们可以将自己拍摄的DV影片上载到计算机中；可以从网络上下载需要的影片，当然需要注意制作影片的软件是否可以兼容该影片格式；还可以在三维动画软件中制作自己的电影动画来参与影片合成。除了视频素材外，我们还可能需要各种图片素材，包括各种主流的图片格式，例如BMP、JPG、TGA、TIF、EPS等，一部好的影片除了影像素材外，好的配乐也是不可或缺的。WAV、MP3、AIF等各种音乐文件都可以被利用，为我们的影片增色。当然，除了上述的这些素材元素外，还有很多其他的素材。我们将在后面的学习中逐一接触。

组合：搜集了大量的元素后，接下来的问题是如何将这些元素组合在一起。在大部分合成软件中，都是利用层的概念来组合素材的。可以将层想象为透明的玻璃纸，它们一张张地叠放在一起。如果层上没有图像，就可以看到底下的层。如图1-1-1所示，我们就能明白"层"这个概念了。

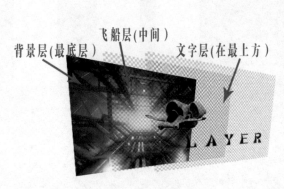

图 1-1-1

艺术性：元素和组合体现了合成的实质。如何将这些元素组合起来，却是一个重要的问题，这里就涉及第三个关键词——艺术性。在上图中我们可以看到，飞船和背景不很协调，明显是"两张皮"的感觉。再观察一下图1-1-2，可以看到，经过艺术性地调节，合成画面显得和谐、真实。从两个作品的对比中可以看出，我们对飞船的颜色进行了调节，并制作了一些特技，使其与背景协调。在合成的工作中，最终影片的效果是不尽相同的，具体问题需要具体对待。但是，对色调、构图、节奏上的整体和谐要求却是相同的。所以，提高自身的艺术鉴赏力、加强美学知识等是学习合成的重要条件。

Chapter 01 | 走入合成的世界

Chapter
01

Chapter
02

Chapter
03

Chapter
04

Chapter
05

Chapter
06

Chapter
07

Chapter
08

Chapter
09

Chapter
10

图 1-1-2

通过上面的学习，我们应该对合成已经有了概念性的认识。合成技术是将多种源素材混合成单一复合画面的处理过程。早期的影视合成技术主要是在胶片、磁带的拍摄过程以及胶片洗印过程中实现的，工艺虽然较为传统，但效果非常不错。诸如"抠像""叠画"等合成的方法与手段，都在早期的影视制作中得到了较为广泛的应用。在集传统电影特技之大成，代表乔治·卢卡斯极其丰富的想象力和导演才能的里程牌式的电影《星球大战》（Ⅰ、Ⅱ、Ⅲ）中，我们就可以看到传统合成技术的成功运用。而数字合成技术，则是相对于传统合成技术而言，主要运用计算机图像学的先进原理和方法，将多种源素材（源素材数字化）采集到计算机里面，并用计算机将其混合成单一复合图像，然后输出到磁带或胶片上这一系统完整的处理过程。

随着计算机处理速度的提高以及计算机图像理论的发展，数字合成技术得到了日益广泛的运用。影视艺术工作者们在使用计算机进行合成操作的过程中强烈地感受到数字合成技术极大的便利性和手段的多样性，合成作品的效果比传统合成技术更为精美，更加不可思议，这成为推动数字合成技术发展的巨大动力。

其实，我们几乎在每天的电视节目中可以看到特效合成技术，比如说司空见惯的天气预报，就是一个即时的合成。无需多说更多的影视大片、电视广告，我们发现——很多特效都是无形的，它们已经不再需要证明自己的存在，就毫无觉察地出现在人们眼前了。

After Effects就是一个影视后期合成软件。下面，我们和After Effects做一次简单的接触。

1.2　After Effects CC可以做什么

After Effects 是一款用于高端视频特效系统的专业特效合成软件。它借鉴了许多优秀软件的成功之处，将视频特效合成上升到了新的高度。凭借其强大、精确的制作工具，After Effects提供了非凡的创作手段：将各层画面放到任何你想要放置的地方；完全灵活地创建、精调动画路径；轻松设计世界级特效；直接输出成电影、电视、多媒体、Web等各种格式。

高质量的视频：After Effects支持从4像素×4像素到30 000像素×30 000像素的分辨率，包括高清晰度电视（HDTV）。

强大的特效控制：After Effects使用多达几百种的插件修饰并增强图像效果和动画控制。更有大量高质量的第三方插件为其提供无限扩展的创意可能。

协同工作的强大能力：After Effects可以同其他Adobe软件和三维软件结合。After Effects在导入Photoshop和illustrator文件时保留层信息，而在导入C4D文件时，可以准确地保留场景信息。

多层合成剪辑：无限层电影和静态画术，使After Effects可以实现电影和静态画面无缝合成。

高效的动画制作：After Effects中，关键帧支持具有所有层属性的动画，可以自动处理关键帧之间的变化。After Effects的动画制作具有无与伦比的准确性，可以精确到一个像素点的千分之六，从而准确地定位动画。

高效的渲染效果：After Effects可以执行一个合成在不同尺寸大小上的多种渲染，或者执行一组任何数量的不同合成的渲染。

导入和导出：After Effects可便捷地导入和导出大部分高质量的视频、图像、音频文件。甚至可以导入CINEMA 4D的场景文件，在After Effects内进行渲染。全新的Adobe Media Encoder 可使用两个新命令和关联的键盘快捷键将活动的或选定的合成发送到 Adobe Media Encoder 队列。

新的 DPX 导入器可以导入 8 位、10 位、12 位和 16 位/通道的 DPX 文件，还支持导入具有 Alpha 通道和时间码的 DPX 文件；在不安装其他编解码器的情况下，After Effects CC 可以导入 DNxHD MXF OP1a 和 OP-Atom 文件以及 QuickTime (.mov) with DNxHD 媒体。这包括使用 DNxHD QuickTime 文件中未压缩的 Alpha 通道。在 Mac OS× 10.8 上，它可以在不安装其他编解码器的情况下导出 ProRes 媒体。

After Effects CC更可支持当今主流的电影摄录格式进行合成制作，这包括：

- XAVC (Sony 4K) 文件。

- AVC-Intra 200 文件。

- 其他 QuickTime 视频类型。

- RED (.r3d) 文件的其他特性：RedColor3、RedGamma3 和 Magic Motion。

1.3 制作一个实例影片

上面我们已经了解了合成的概念、After Effects CC能够做些什么，理论已经知道了不少。接下来，我们就通过制作一个实例影片进入合成的世界。

我们经常会在一些电视和广告中看到，企业的LOGO被融入自然场景中，以产生一种壮观、宏大的景象。下面，我们将Adobe的LOGO融入大海、田野、沙漠、都市等场景中，以显示Adobe的无处不在。我们来分别制作几个场景，然后将它们剪接在一起即可。首先来看看我们最终完成的影片，如图1-3-1所示。

图 1-3-1

需要注意的是，从本节开始，我们每节都会通过一个实例来引出相关的知识点进行学习。所以在制作实例的时候，我们只需要根据制作步骤进行就可以了，与操作步骤相关的知识点我们将在实例中单独列出，为了保证学习的流畅性，你可以先忽略这些内容，待实例完成之后再回头进行详细的学习。

1.3.1 第一组分镜头：大海

STEP 01 | 首先要做的当然是启动After Effects CC。软件启动后，我们会看到一个由多个窗口和面板构成的软件界面。这个界面是可以根据自己的工作习惯进行组合排列的。

知识点：安排属于自己的工作界面

这里涉及了第一个知识点：After Effects CC的工作界面。我们将在整部书的学习中循序渐进，由浅入深地结合实例来进行熟悉。首先，给大家讲一下如何创建一个适合自己工作习惯的CC界面。

After Effects CC是可以自定义工作界面的。After Effects CC将各个窗口和面板整合在了一起。在调整一个窗口时也会联动相邻的窗口面板。这样使得整个界面更加规整、条理化。

选择【窗口】命令下的【工作区】命令，会弹出图1-3-2所示的子命令栏。根据工作内容的不同，After Effects CC提供了不同的操作界面。例如以特效合成为主的效果模式、动画设置为主的动画模式等。当然，也可以根据需要定制自己的工作界面。下面学习如何定制自己的工作界面。

选择一个窗口或者面板，将游标移动到其左上方，按住鼠标左键将其拖动到目标位置。如图1-3-3所示，可以看到目标面板边缘出现四个梯形框。将面板拖动到目标位置梯形框中即可。拖动到下方后的效果如图1-3-4所示。

图1-3-2

图1-3-3

图1-3-4

拖动的目标位置不同，界面的安排也就有所不同。例如如果拖动到中间的矩形框或者面板标题名称旁，则产生共用的复合面板。如图1-3-5所示。

将整个界面调整满意后，选择菜单命令【窗口】>【工作区】>【新建工作区】，在弹出的对话框中输入名称，即可存储自定义的界面。在Workspace命令中选择使用即可。

如果还是喜欢使用以前的浮动窗口和面板进行操作，可以在目标窗口或面板左上方标题栏旁单击鼠标右键，选择菜单命令【关闭面板组】。如图1-3-6所示。

图1-3-5

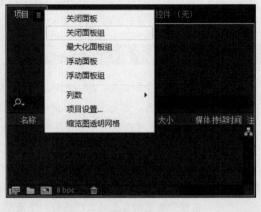

图1-3-6

STEP 02 │ 一般情况下，使用After Effects CC工作是要进行一些设置的。下面我们首先来学习几项比较重要的设置。

知识点：对项目进行设置

在每次工作前，我们会根据工作需要对项目进行一些常规性的设置，一般情况下，我们做一次设置以后会一直使用它。首先明确一下，什么是项目？例如我们在开始一个工程前，首先需要立项。工程的预算、进程等都要包含在内。After Effects的项目也类似于此，所以我们也通常称项目为工程。

After Effects的项目担负着记录工作中所使用的素材、层、效果等一切信息。我们需要将所有的工作信息保存在项目文件中，以备随时调出并修改。After Effects CC的项目文件扩展名为".aep"。按"Ctrl + S"组合键可以存储项目文件。选择菜单命令【文件】>【打开项目】可以在弹出的对话框中选择一个存储的项目文件并将其打开。系统会自动记录最近打开过的项目文件，可以选择菜单命令【文件】>【打开最近的文件】，在弹出的下拉列表中选择需要打开的项目文件。

选择菜单命令【文件】>【项目设置】，在弹出的对话框中进行设置。如图1-3-7所示。

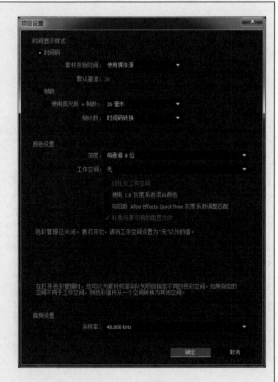

图1-3-7

【时间码】栏下，可以对制作节目时所使用的时间基准进行设置。【素材开始时间】下拉列表决定时间位置的基准，可以选择使用源素材本身的时码开始任务，也可以指定为零时码开始。【默认基准】表示每秒含有的帧数，将它调整为25帧/s，即每秒25帧；【帧数】是以帧为单位进行工作；【使用英尺数 + 帧数】是一般的胶片格式，一英尺半的胶片放映时长为1秒左右。一般情况下，电影胶片选24fps，PAL或SECAM制视频选25帧/s，NTSC制视频选择掉帧模式的30帧/s，其他可选不掉帧模式的30帧/s。

【颜色设置】中【深度】选项可以对项目中所使用的颜色深度进行设置。一般在PC上使用时，8位的色彩深度就可以满足要求。当然，当有更高的画面要求的时候，例如制作电影或者高清影片，可以选择16位或32位色深度，在16帧/s色深度项目下，导入16位色图像进行高品质的影像处理。这对于处理电影胶片和高清晰度电视影片是非常重要的。当在16位色的项目中导入8位色图像进行一些特效处理时，会导致一些细节的损失。系统会在其【效果控件】对话框中显示警告⚠标志。对这个问题我们在后面的调色中还将进一步探讨；【工作空间】下拉列表中则可以指定工作区间所使用的颜色模式。

【音频设置】下拉列表中指定合成中的音频所使用的采样率。一般情况下使用48kHz采样。

在上面的设置中，我们涉及到一个重要的概念：帧和时码。对于没有视频编辑基础的同学来说，下面要讲的非常重要，对于有基础的同学就可以略过不看了。

帧：

无论是电影或者电视，都是利用动画的原理使图像产生运动。动画是一种将一系列差别很小的画面以一定速率连续放映而产生运动视觉的技术。根据人类的视觉暂留现象，连续的静态画面产生运动。物体在快速运动时，人眼对于时间上每一个点的物体状态会有短暂的保留现象，例如在黑暗的房间中挥舞一支香烛，由于时间暂留现象，看到的不是一个红点沿弧线运动，而是一道道弧线。这是由于香烛在前一个位置发出的光还在人的眼睛里短暂保留，它与当前香烛的光芒融合在一起，组成一段弧线。

构成动画的最小单位为帧（Frame），即组成动画的每一幅静态画面。一帧即为一幅静态画面。

时间停留是非常短的，为10^{-1}数量级。所以为了得到平滑、连贯的运动画面，必须使画面的更新达到一定标准，即每秒中所播放的画面要达到一定数量，这就是帧速率。PAL制影片的帧速率是25帧/秒，NTSC制影片的帧速率是29.97帧/秒，电影的帧速率是24帧/秒，二维动画的帧速率12帧/秒。一般情况下，我们都使用素材原始的帧速率。如果有特殊需要的话，我们可以在【项目】窗口中选择素材以后，按"Ctrl + Alt + G"键，在弹出的【解释素材】对话框的【帧速率】项中，在【匹配帧速率】栏输入新的帧速率。如图1-3-8所示。

SMPTE时码：

视频素材的长度和它的开始帧、结束帧是由一种称为时间码单位和地址来度量的。时间码区别录像带的每一帧，以便在编辑和广播中控制。在编辑视频时，时间码可精确地找到每一帧，并同步图像和声音元素。SMPTE时间码就是以小时:分钟:秒:帧的形式确定每一帧的地址。

图1-3-8

知识点：初始化设置

【编辑】菜单【首选项】命令下可对After Effects进行一些初始化的设置。这对我们后面的工作影响很大。大部分设置使用默认的就可以了。下面对工作中比较重要的初始化设置进行说明。

首先，我们需要对内存使用进行设置。这关系到我们的工作效率。在【内存和多重处理】设置项中，需要设置内存。由于操作系统占用的内存是恒定的，剩余的内存应尽量多分配给After Effects一些，让其运算快一点。如图1-3-9所示。

图 1-3-9

在【媒体和磁盘缓存】选项中，建议勾选【启用磁盘缓存】选项，并根据硬盘大小指定一个较大的空间作为磁盘缓存。它可以将预演过的内容保存在指定的存盘内，下次对内容进行修改后，仅计算新改动的内容，这样可以大大提高预演速度。单击【选择文件夹】按钮，可以指定硬盘上的一个目录作为缓存区。可以在【最大磁盘缓存大小】设置栏中输入缓存盘的大小，如图1-3-10所示。

图 1-3-10

在【导入】设置项中，将【序列素材】的导入方式改为25帧/秒。如图1-3-11所示。

图 1-3-11

进入【视频预览】对话框进行设置，如图1-3-12所示。如果计算机中配有数字视频卡，可以将层、素

Chapter 01 | 走入合成的世界

Chapter 01
Chapter 02
Chapter 03
Chapter 04
Chapter 05
Chapter 06
Chapter 07
Chapter 08
Chapter 09
Chapter 10

材或者合成影像直接传送到电视监视器上进行预览。这样，可以得到更为准确的输出结果。

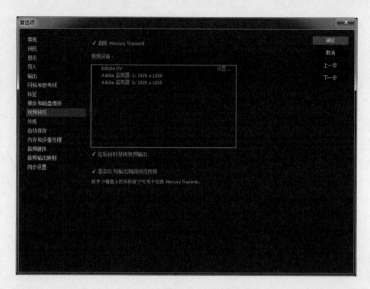

图 1-3-12

上面的设置完毕后，单击【确定】按钮退出即可。有些设置项可能需要我们重新启动After Effects CC才能生效。

📩 STEP 03 ┃ 在软件界面中我们可以看到【项目】窗口，这是一个用于导入和管理素材的窗口。在After Effects CC中占据着重要的位置。如图1-3-13所示。

📩 STEP 04 ┃ 前边已经讲过，进行合成的第一步是要导入我们需要的素材。在【项目】窗口中双击，会弹出图1-3-14所示的【导入文件】对话框。

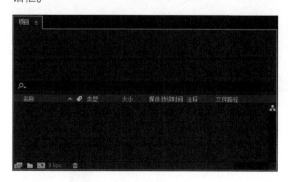

图 1-3-13

图 1-3-14

知识点：导入素材

After Effects CC中导入素材的方法是多样化的。双击是最常用的导入方法，我们还可以一次性导入不同文件夹内的多个素材。在【项目】窗口中单击鼠标右键选择菜单命令【导入】>【多个文件】。在弹出的对话框中选中要导入的文件，单击【导入】。如果要继续导入文件，选中文件，单击【打开】。单击【完成】，可以结束导入。

STEP 05 将配套素材中LESSON1目录下的FOOTAGE文件夹打开。可以看到本例所用的所有素材都在该文件夹中。框选除文件夹"跳舞的人"之外的所有素材。除了使用框选的方式导入外，也可以使用Ctrl键加选或者Shift键区域选择素材。在After Effects CC中，可以使用大部分Windows下的通用快捷键，非常方便。

STEP 06 单击【导入】按钮即可将选中的所有素材导入【项目】窗口中。注意会弹出图1-3-15所示的【解释素材】对话框。这是因为我们选中的素材中有的带有Alpha通道。需要手动指定一下。Alpha通道可以保存图像的透明度信息。单击【猜测】按钮，系统会进行自动识别。单击【确定】按钮导入即可。

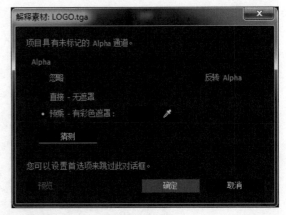

图 1-3-15

知识点：Alpha通道设置

　　所谓的Alpha通道，实际上是计算机记录颜色信息中的一个透明度信息通道。通过记录透明度的信息，可以让我们需要的物件在一个透明的背景上和其他背景进行叠加。

　　视频编辑除了使用标准的颜色深度外，还可以使用32位颜色深度。32位颜色实际上是在24位颜色深度上添加了一个8位的灰度通道，为每一个像素点存储透明度信息。这个8位灰度通道被称为Alpha通道。

　　在一般情况下，Alpha通道分为两种类型，分别为"直接—无遮罩"和"预乘—有彩色遮罩"通道。

　　"直接—无遮罩"通道将素材的透明度信息保存在独立的Alpha通道中，它在高标准、高精度颜色要求的电影中产生较好的效果，但它只有在少数程序中才能产生。

　　"预乘—有彩色遮罩"通道保存Alpha通道中的透明度信息，同时它也保存可见的RGB通道中的相同信息，因为它们是以相同的背景色被修改的。它的优点是有广泛的兼容性，大多数的软件都能够产生这种Alpha通道。

　　如果素材带有Alpah通道，After Effects可以自动进行识别。在【解释素材】窗口的Alpha栏中可以进行设置。

　　在【合成】窗口中单击 ⬢ 按钮，在弹出的菜单中选择Alpha，可以查看对象的Alpha通道。如图1-3-16所示。

 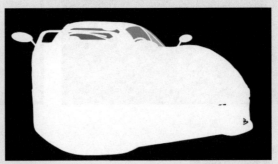

图 1-3-16

　　如图1-3-16所示，黑色的区域表示图像完全透明，将显示以下的图像。灰色的边缘区域表示图像的透明级别，表现为半透明。白色区域则表示图像完全不透明。

　　激活【反转Alpha】按钮，系统将反转素材的Alpha通道。透明与不透明区域正好相反。

由于产生的Alpha通道不同，所以正确地选择Alpha通道类型非常重要。单击【猜测】能够自动检测目标的Alpha通道类型。如果Alpha通道设置错误，就会出现一些问题。图1-3-17所示的对象使用"预乘—有彩色遮罩"通道。将其设置为"直接—无遮罩"时，可以看到透明后的边缘有绿色残留。

一般情况下，After Effects可以自动识别不同的Alpha通道。但有时也需要我们手动进行指定。如图1-3-16的Alpha通道，应该在Alpha栏中选择"预乘—有彩色遮罩"，并在颜色栏中选择遮罩颜色（目标背景的颜色）。现在，得到一个较好的透明效果。如图1-3-18所示。

图 1-3-17   图 1-3-18

如果不需要使用素材的Alpha通道，可以在Alpha栏中选择【忽略】方式。该方式下，系统丢弃素材的Alpha通道信息，只使用颜色信息。如果此时将显示窗口切换为Alpha模式，可以看到一片白色，表示完全不透明。

STEP 07 | 继续在【项目】窗口中双击，注意要双击空白区域，不要双击素材，否则起到的效果是打开并浏览该素材。在弹出的【导入文件】对话框中双击文件夹"跳舞的人"，可以看到该文件夹内有许多带有序号的图片。选择第一张图片，注意对话框下方的【Targa 序列】选项应该被激活。如图1-3-19所示。单击【导入】按钮，在弹出的【解释素材】对话框中单击【导入】按钮，素材被导入【项目】窗口。

STEP 08 | 注意观察【项目】窗口（如图1-3-20所示）。新导入的素材"dancing"以序号命名。而且在类型栏中显示为"Targa序列"。在媒体持续时间栏中显示为"0:00:05:21"。对比前边导入的素材"LOGO"，可以看到，这次我们导入的不仅仅是一张图片，而是一段由多个图片组成的动态影片。

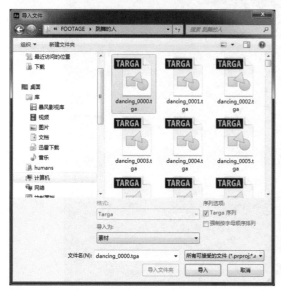

图 1-3-19   图 1-3-20

知识点：序列文件

在大部分情况下，合成需要使用序列文件素材。序列文件由若干幅按序排列的图片组成，记录活动影像。每幅图片代表一帧。通常可以在动画、特效合成或者编辑软件中生产序列文件，然后调入After Effects中使用。

序列文件以数字序号为序进行排列。当导入序列文件时，应在偏好对话框中设置图片帧速率，也可以在导入序列文件后在【解释素材】对话框中改变帧速率（参看"知识点：对项目进行设置"）。

选择导入命令后，在弹出的对话框中选中序列中的第一个文件。可以看到，对话框下方的【序列】选项被激活。选择该项，系统以序列文件方式导入素材。如图1-3-21所示。导入的序列图片在【项目】窗口中显示为▦。

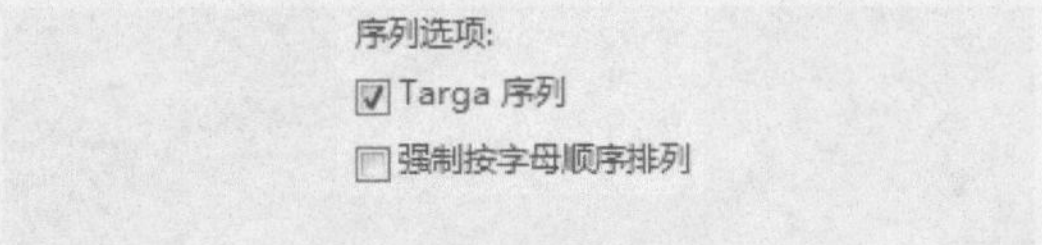

序列选项：
☑ Targa 序列
☐ 强制按字母顺序排列

图 1-3-21

如果需要按照字母顺序导入序列图片，可以选中【强制按字母顺序排列】选项。对于不是非常标准的序列图片来说，这非常有用。例如需要以序列方式导入一组图片，可以选择该项。

在只需要图片中一部分的情况下，可以框选需要导入的对象，选择序列选项导入即可。对话框下方会显示导入的序列图片编号。

▶ STEP 09 │ 要进行影片制作，首先需要建立一个合成。所谓"合成"，是指After Effects中经过加工后的作品。当一个【合成】窗口打开，同时会打开一个与它相对应的【时间轴】窗口，After Effects CC中的大部分制作，将要依靠这两个窗口完成。同时，在操作中，将会有更多的交互式窗口和面板打开。每一个窗口都是一个独立运行的程序，用户可以在激活的窗口中进行相对应的操作。

▶ STEP 10 │ 在【项目】窗口中单击选中素材"大海.avi"，如图1-3-22所示，按住鼠标左键，将其拖入旁边的【时间轴】窗口中。

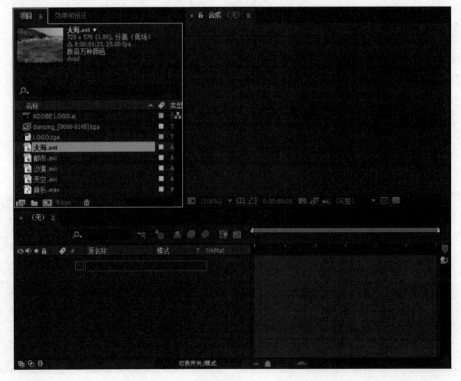

图 1-3-22

Chapter 01 | 走入合成的世界

Chapter
01

Chapter
02

Chapter
03

Chapter
04

Chapter
05

Chapter
06

Chapter
07

Chapter
08

Chapter
09

Chapter
10

STEP 11 | 可以看到（如图1-3-23所示），刚才拖入的素材自动产生一个合成。且在【合成】窗口中显示影像，并在【时间轴】窗口中显示为层。

图1-3-23

STEP 12 | 【合成】窗口和【时间轴】窗口是密不可分的。每一个合成总是同时有其【合成】窗口和【时间轴】窗口并存的。

下面我们来简单认识一下这两个窗口。

知识点：【合成】窗口

在【合成】窗口中，可以预演节目，并手动对素材层进行移动、放缩、旋转等操作。它主要对层的空间位置进行操作。

【合成】窗口中间区域显示影片，周围的灰色区域则是可操作区域。例如我们可以将影片拖到显示区域以外，这样就看不到或者只能看到部分影片了，以此来产生影片的位置动画。稍后的学习中我们将接触到这个内容。

【合成】窗口下方是一些常用的工具，下面对比较重要的工具做一个简单的介绍。今后我们将经常接触这些工具。下面没有讲到的工具，我们将在后面的学习中结合具体应用来学习。

· 缩放按钮：单击缩放按钮 100% ，可以在弹出的下拉列表中选择显示区域的缩放比例。利用缩放按钮缩放合成只改变窗口中显示的像素，不改变合成的实际分辨率。按住"Alt"键单击缩放工具，可以显示当前【合成】窗口的信息。我们也可以通过鼠标中间的滚轮来缩放窗口。

· 当前时间按钮：当前时间按钮 0:00:00:00 显示当前图像所处时间位置。即在【时间轴】窗口上时间指示器所处的位置。单击当前时间按钮，在数值框中输入时间，时间指示器可自动到输入时间处，显示该处图像。

· 当前区域按钮：激活当前区域按钮 ▣ ，可以在【合成】窗口中定义一个矩形区域。系统仅显示矩形区域内的影片内容。这样，可以加速预演速度，提高工作效率。

· 透明网格按钮：按下透明网格按钮 ▩ ，【合成】窗口中以棋盘格显示将背景透明。

· 合成对应窗口按钮：单击合成对应窗口按钮 ▥ ，可打开该合成相对应的【时间轴】窗口。

知识点：【时间轴】窗口

在【时间轴】窗口中可以调整素材层在合成中的时间位置、素材长度、叠加方式、合成的渲染范围、合成的长度以及一些例如素材之间的通道填充等诸多方面的控制工具，它几乎囊括了After Effects中的一切操作。【时间轴】窗口以时间为基准对层进行操作，包括三大区域：时间轴区域、控制面板区域以及层区域。如图1-3-24所示。下面我们对这三个区域中比较重要的功能做一个简单的介绍。

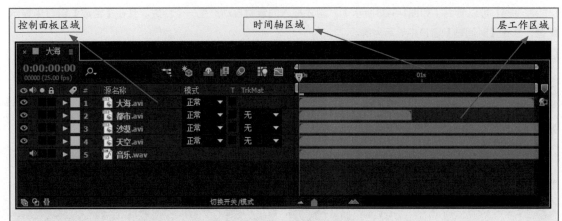

图 1-3-24

1. 时间轴区域

时间轴区域包括时间标尺、时间指示器、当前工作区域以及合成的持续时间条。时间轴区域是时间轴窗口工作的基准，它承担着指示时间的任务。

时间标尺：时间标尺显示时间信息。如图1-3-25所示。

默认状态下，时间标尺由零开始计时。可以在偏好设置中改变时间标尺的开始计时位置。时间标尺以项目设置中的时码设置为准显示时间。每个合成中的时间标尺显示范围为该合成持续时间。

当前时间指示器：时间指示器用来指示时间位置。如图1-3-26所示。

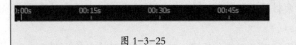

图 1-3-25

图 1-3-26

选中时间指示器，按住鼠标左键，在时间标尺上左右拖动，可以改变合成的时间位置。

2. 层工作区域

将素材调入合成中后，素材将以层的形式以时间为基准排列在层工作区域。如图1-3-27所示。

在【时间轴】窗口中可以看到，层的深色区域为有效显示区域，浅色区域不在合成中显示。如图1-3-28所示。

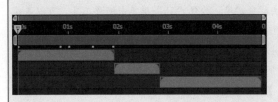

图 1-3-27

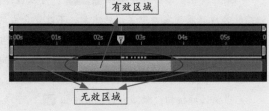

图 1-3-28

After Effects可以拖动标识修改层的入点与出点，使游标处于入点或出点位置，按住鼠标左键拖动层的左边缘（入点）和右边缘（出点）至新的位置即可。（可以将时间指示器移至新的入点或出点位置，按"Alt + ["键设置入点，按"Alt +]"键设置出点。）在【时间轴】窗口中，按住鼠标拖动层，可以改变层的位置。

3. 控制面板区域

After Effects通过控制面板区域对层进行控制。After Effects中大部分的编辑操作都将在这个区域中完成，如图1-3-29所示。

在默认情况下，系统不显示全部控制面板。可以在面板上单击鼠标右键，在弹出的菜单中选择显示或隐藏面板。要隐藏控制面板，在弹出的菜单中选择【隐藏此项】。要显示控制面板，在菜单中【列数】下拉列表选择需要显示的面板。如图1-3-30所示。

Chapter 01 | 走入合成的世界

Chapter
01

Chapter
02

Chapter
03

Chapter
04

Chapter
05

Chapter
06

Chapter
07

Chapter
08

Chapter
09

Chapter
10

图 1-3-29 图 1-3-30

　　左右拖动面板上右边的竖条即可改变控制面板大小。要改变控制面板位置，选中要改变位置的面板，按住鼠标左键，在面板区内拖动其至所要到达位置即可。

　　搜索栏：控制面板左上方为搜索栏 。在搜索栏中输入关键词，即可找到目标对象。如图1-3-31所示。左图中输入"都市"，即可找到所有含有都市关键词的层。而右图中输入"旋"，则找到所有含有"旋"的属性，即"旋转"属性。

　　当前时间：搜索栏左侧为当前时间显示，显示当前图像所处时间位置，即在时间轴窗口上当前时间指示器所处位置。单击当前时间按钮，弹出【转到时间】对话框（如图1-3-32所示）。在数值框中输入时间，时间指示器可自动到输入时间处，显示该处图像。利用【转到时间】对话框，可以精确地在合成中定位时间。

图 1-3-31 图 1-3-32

　　素材特征描述面板（A/V Featuros）：可以在素材特征描述面板中对影片进行隐藏、锁定等操作。如图1-3-33所示。

　　：视频控制，是否显示素材图像（声音素材无此选项）。此开关在合成中显示或隐藏层。

　　：音频控制，是否具有音频（不含音频的素材无此选项）。此开关使合成在预视和渲染时，使用或忽略层的音频轨道。

　　：独奏，选择该项，合成窗口中仅显示当前层。如果同时有多个层打开独奏开关，则合成显示所有打开独奏开关的层。

　　：锁定，是否锁定素材。此开关锁定或开启一个层。锁定一个层后，该层将不能被用户操作。

　　层概述面板：层概述面板主要有素材的名称和素材在时间轴的的层编号，以及在其中对素材属性进行编辑等。如图1-3-34所示。

　　：单击最左侧的小三角可展开素材层的各项属性，并对其进行设置。

　　（标签）：小三角旁的颜色标记用于区别不同类型的合成和素材。层的颜色标记是与素材的文件类型相关的，如视频、静态图片、音频等。您可以选择相同颜色的几个层。在时间轴窗口中，从需要选择的颜色组中选择一层；然后选择菜单命令【编辑】>【标签】>【选择标签组】。您还可以改变层的颜色标记。在【时间轴】窗口中选择层；然后选择菜单命令【编辑】>【标签】下的层颜色即可。

#：颜色标记旁为编号标记。After Effects自动对合成中的层进行编号，层的编号以层在合成中的位置为准。处于最上方的层编号总是1。通过按数字键盘上的数字键，可以在层1～9之间直接对层进行选取。

源名称/图层名称：默认情况下，在时间轴窗口中的层均使用其源文件名。可以为层改名，使各层便于区分。给一个层改名后，合成中的其他未改名层用方括号括住名字，改名层则没有括号。在显示时可以单击名称面板转换显示层名或源文件名。如果要为层改名，选择要改名的层，将游标移至其名称之上。然后按主键盘的"Enter"键，输入一新名。再次按主键盘的"Enter"键，应用新名。

注释：该面板中可以对层加以描述或解释。

开关：开关面板中有八个具体控制合成效果的图标，它们控制这层的各种显示和性能特征。如图1-3-35所示。

图 1-3-33   图 1-3-34   图 1-3-35

伞：消隐开关。该开关可以将层标识为消隐状态，在时间轴窗口中隐藏层，但该层仍可在合成窗口中显示。选中需要退缩的层，单击退缩开关，该开关将变为 **二** 状态。（或选中需要退缩的层后，选择菜单命令【图层】>【开关】>【消隐】。）单击时间轴窗口顶部的 █ （隐藏消隐层按钮）或单击时间轴左上角 █ 图标，在弹出的菜单中选择"隐藏消隐图层"。

❋：折叠变化/连续栅格化。对于合成来说，该开关为折叠变化开关，可以读取合成的原始信息。例如在三维合成中使用合成嵌套时，可以利用该开关读取嵌套层的原始空间信息。对于矢量文件，为连续栅格化开关。打开后可以根据其原始分辨率计算，保持图像精度。

▨：质量和采样开关。该开关控制素材在合成窗口中的质量。▨为草图质量，该质量在显示和渲染层时，不使用反锯齿和子像素技术，并忽略某些效果，图像比较粗糙；▨为线框质量，它只显示层的外框，可以利用线框模式调整层的位置和尺寸。线框质量只能在菜单命令中选择，选择菜单命令【图层】>【品质】>【线框】；▨和▨为最高质量，在显示和渲染层的时候，该模式使用反锯齿和子像素技术，并应用一切效果。这种图像质量最好，但需要大量时间计算。

fx：效果开关。利用该开关，可以打开或关闭应用于层的特效。可以通过关闭特效，加快预视时间。该开关只对应用了特效的层有效。

▦：帧混合开关。利用该开关，可以为素材层应用帧混合技术。当素材的帧速率低于合成的帧速率时，After Effects通过重复显示上一帧来填充缺少的帧。这时运动图像可能会出现抖动。通过帧混合技术，After Effects在帧之间插入新帧来平滑运动；当素材的帧速率高于合成的帧速率时，After Effects会跳过一些帧，这同样会导致运动图像抖动。通过帧混合技术，After Effects也可以预合成帧来平滑运动。使用帧混合将耗费大量计算时间。

◎：运动模糊开关。利用运动模糊技术，可以模拟真实的运动效果。运动模糊开关基于合成中层的运动和指定的快门角度产生真实的运动模糊效果。

◎：调整图层开关。调整图层开关可以在合成中建立一个调整图层来为其他层应用效果。通过调整图层开关，可以关闭或开启调整图层。在调整图层上关闭调整图层开关，该调整图层显示为一白色固态层；可以利用调整图层开关将一个素材层转换为调整图层。打开素材层的调整图层开关后，该素材不在合成窗口中显示原有内容，它被作为一个调整图层影响其下的素材层。

◈：3D图层开关。如果要进行三维合成，必须将目标层的3D开关打开，将其转换为3D图层操作即可。

Chapter 01 | 走入合成的世界

Chapter 01

Chapter 02

Chapter 03

Chapter 04

Chapter 05

Chapter 06

Chapter 07

Chapter 08

Chapter 09

Chapter 10

　　开关按钮：时间轴窗口上方的开关按钮与开关面板中的按钮功能基本相同。但是，这里的开关控制整个合成的效果。例如打开一个层的运动模糊开关后，必须将开关按钮中的运动模糊开关打开才能应用运动模糊效果。如图1-3-36所示。

图 1-3-36

　　：合成微型流程图，能展开一个简单的流程图用于观察及为合成导航。

　　：草图3D，系统在3D草图模式下工作时，忽略所有的灯光照明、阴影，摄像机深度场模糊等效果。该开关仅对3D层有效。

　　：隐藏消隐层，能隐藏开关面板中标记为消隐的层。

　　：帧混合，能在打开层在开关面板中的帧混合后，激活它使帧混合开启。

　　：运动模糊，能在打开层在开关面板中的运动模糊后，激活它使运动模糊开启。

　　：变化，可以对选定的目标属性做一组随机的状态设置。我们可以选择一种状态来使用。在后面的学习中我们将进行专题讨论。

　　：动画曲线开关，可以打开动画曲线面板以进行曲线编辑。

　　除了上述的面板区域外，时间轴窗口中还包括其他一些菜单命令和工具，我们将在后边结合实际操作进行学习。

▧ STEP 13 ▮ 前面我们已经讲过层的概念。在一个合成中是可以存在多个层的。通过在这些层之间进行特技处理，我们即可以得到最终需要的效果。

▧ STEP 14 ▮ 在【项目】窗口中选择素材"ADOBE LOGO.ai"，按住鼠标左键将其拖入旁边的【合成】窗口中。如图1-3-37所示。

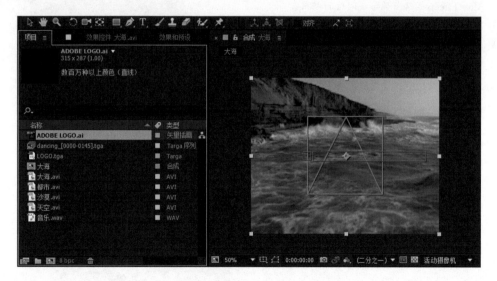

图 1-3-37

▧ STEP 15 ▮ 观察【合成】和【时间轴】窗口可以发现，合成中新增了LOGO层。也可以把素材直接拖入【时间轴】窗口中。比较两种方法可以发现，虽然操作不同，但是结果都是相同的。直接拖入【合成】窗口中的方便之处在于可以在拖入过程中即时调节该层在画面中的位置。直接拖入【时间轴】窗口的话，则该层会自动位于画面居中位置。

STEP 16 | 我们要做的是将LOGO融入大海之中。首先需要调整LOGO的角度。在这里，仅用平面的旋转是不够的，我们需要在三维空间中旋转LOGO。After Effects CC提供了两种方法来实现上面的效果。一种是将目标对象转换为一个3D层，在真实的三维空间中操作。这种方法我们将在后面进行专题讨论。现在我们要使用第二种方法，利用特效来产生三维效果。这是一种假三维，但是在本例中够用了。

STEP 17 | 在【时间轴】窗口中右键单击层"ADOBE LOGO.ai"，会弹出图1-3-38所示的菜单。选择【效果】>【过时】>【基本3D】。

图 1-3-38

STEP 18 | 【效果】菜单是After Effects CC中专门的特技菜单。它包含了各类特技效果，是影片合成的一个重要组成部分。我们可以利用这些特技为影片调色，制作特殊效果，对影片进行扭曲变形等。有关特技的使用我们会在后面经常用到，还会进行专题讨论。

知识点：特效

　　After Effects将所有的特效都存于Adobe After Effects CC>Support Files>Plug-ins目录中，每次启动After Effects，系统都将自动搜索目录中的效果，并将找到的效果加入After Effects的【效果】菜单下。

　　特效应用于合成中的层。可以通过【效果控件】对话框对特效进行调节，并可以将其记录为关键帧。After Effects可以在层与层间进行特效复制。默认情况下，为层应用特效后，该特效将在层的整个持续时间内有效。可以通过关键帧加强或减弱特效效果。

　　为层加入特效之后，【效果控件】对话框会自动打开，将设定的特效添加在窗口中。每使用一个特效，【效果控件】对话框中就会增加一个特效标签。在标签的下方有控制特效各项参数的选项。同时所有的特效也加载在【时间轴】窗口层的效果属性卷展栏中。每添加一个新的效果，该特效会出现在上一个特效下方。在【时间轴】窗口中选择目标层后，按"E"键可以展开该层特效卷展栏。您可以直接在【时间轴】窗口中对特效参数进行调整。

　　默认情况下，特效渲染的先后顺序是由【效果控件】对话框中的顺序决定的。如果需要改变特效的渲染顺序，可以将【效果控件】对话框中效果的标签向前或向后拖曳。如图1-3-39所示。

　　【时间轴】窗口中素材特征描述面板的 _fx_ 按钮控制特效是否有效。如图1-3-40所示。

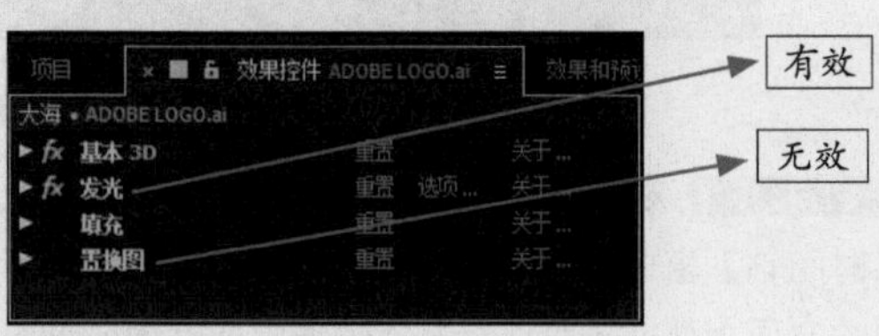

图 1-3-39

图 1-3-40

Chapter 01 | 走入合成的世界

Chapter
01

Chapter
02

Chapter
03

Chapter
04

Chapter
05

Chapter
06

Chapter
07

Chapter
08

Chapter
09

Chapter
10

　　【开关】面板中的 fx 也用于控制特效是否有效。该开关作用于当前层的所有特效。单击【效果控件】对话框的【重置】按钮，可以恢复特效默认值。

　　可以直接在参数上按住鼠标左键拖动进行参数调节。如果需要精确控制特效参数，可以单击特效参数栏，在激活的参数栏中输入新参数。

　　对特效进行调节后，可以把调节结果存储为一个".ffx"文件。在【效果和预设】面板中单击上方下拉列表，选择"保存动画预设"命令。在弹出的对话框中指定存储目录和文件名，存储特效文件即可。存储后的特效可以展开动画预设，并在User Presets文件夹中找到。如图1-3-41所示。

　　After Effects CC中内置了很多设置好的特效模板，可以直接调用，稍加修改即可使用。可以在动画预设下拉列表中选择模板双击应用，也可以直接选择模板拖动到目标层上应用。如图1-3-42所示。

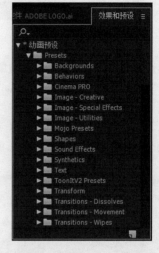

图 1-3-41　　　　　　　　　　　　　　　　　　　图 1-3-42

　　需要注意的是，After Effects CC的所有特效模板文件都存储在Adobe After Effects CC > Support Files > Presets文件夹下。

　　在很多时候，往往需要对若干个层应用同样的特效设置。这时候，利用调整图层是非常方便的。

　　调整图层仅用来为层应用效果，它不在节目中显示。当对一个调整图层应有效果时，处于其下方的所有层将受此效果影响。选择菜单命令【图层】>【新建】>【调整图层】可以新建一个调整图层。也可以通过打开或关闭Switches面板上的调整图层开关 ✏️ ，将调整图层转为固态层，或将普通层转为调整图层。

⬂ STEP 19 | 在本例中我们使用一个三维特技，让影片产生三维立体效果。应用该特技后，可以看到自动弹出【效果控件】对话框（如图1-3-43所示）。该对话框专门用来对特技进行调节设置。

⬂ STEP 20 | 【基本3D】特效可以建立一个虚拟的三维空间，在三维空间中对对象进行操作。可以沿水平坐标或垂直坐标移动层来制作远近效果。同时，该效果可以建立一个增强亮度的镜子反射旋转表面的光芒。默认情况下，增强亮度的镜子光源来自于上面的、旁边的和左边的观察点。

　　调节参数如下。

- 旋转：水平旋转。控制水平方向的旋转。

- 倾斜：控制垂直方向的旋转。

- 与图像的距离：控制观察者与图像的距离。

- 镜面高光：添加光源反射在旋转层表面。

- 预览：预览三维图像的线框轮廓。

STEP 21 拖动滑轮，将旋转参数设置为35°，倾斜参数设为–65°。如图1-3-44所示。LOGO和海面的角度基本一致了。

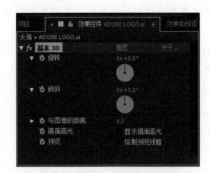

图1-3-43　　　　　　　　　　　　　　　　图1-3-44

STEP 22 注意LOGO的角度与海面角度仍有一点差异。下面我们调整一下LOGO的旋转度数。在【时间轴】窗口中单击选中层"ADOBE LOGO.ai"，按"R"键展开该层的旋转属性。如图1-3-45所示。

STEP 23 旋转属于After Effects CC中的变换属性。该属性包括了层的锚点属性（用于调整层的锚点）、位置属性（调整层的位置）、缩放属性（调整层的大小）、旋转（调整层的角度）以及不透明度属性（调整层的不透明度）。单击目标层旁边的小三角，可以展开属性。如图1-3-46所示。

图1-3-45　　　　　　　　　　　　　　　　图1-3-46

知识点：轴心点的作用

变换是层的基础属性。我们在很多时候都是围绕这个属性来设置动画的。它包括锚点、位置、缩放、旋转以及不透明度。在这些属性中，除了不透明度外，其他几个属性都是根据锚点来操作的。默认情况下，都是锚点在图层中心来操作。所以，在知识点中，我们把锚点单独列出来讲一下。

锚点是对象的旋转或放缩等设置的坐标中心。随着锚点的位置不同，对象的运动状态也会发生变化。例如一个旋转的球。当锚点在球的中心时，为其应用旋转，球沿锚点做自转；当锚点在球外时，球绕着锚点做公转。如图1-3-47所示。

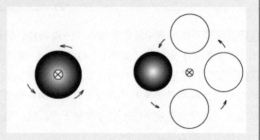

After Effects可以通过数字方式和手动方式改变对象的锚点。

图1-3-47

以数字方式改变对象的锚点：

▪ 选中要改变锚点的对象，按"A"键打开其锚点属性。

▪ 在带下划线的参数栏上单击鼠标右键，在弹出的菜单中选择Edit Value，打开锚点属性对话框。

▪ 在Units下拉菜单中选择计量单位，并输入新的锚点位置。如果对象为3D层的话，还将显示Z轴数值栏。单击【确定】退出。

在【图层】窗口中改变对象的锚点：

在【工具】面板中选择锚点工具 ▦ 或选择工具 ▦ 。

- 在【合成】窗口或【时间轴】窗口中双击要改变锚点的对象，打开其【图层】窗口。
- 在【图层】窗口菜单中选择锚点 Path，显示锚点。拖动锚点至新的位置。
- 在【合成】窗口中改变对象的锚点。
- 在【工具】面板中选择锚点工具。
- 选中要改变锚点的对象，拖动锚点至新的位置。

After Effects中的大部分属性也都具有在窗口中拖动或者输入参数两种设置方法。我们在后面的学习中就会体会到这一点了。

STEP 24 在旋转参数栏中拖动蓝色参数至8°左右。观察【合成】窗口中的LOGO角度，已经和海浪平行。如图1-3-48所示。

STEP 25 接下来调整LOGO的位置。将游标移动到【合成】窗口中的LOGO上。按住鼠标左键，将其拖动到图1-3-49所示的位置。

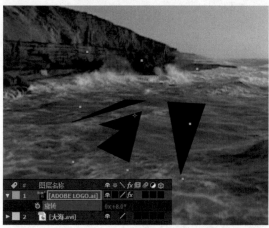

图 1-3-48

图 1-3-49

STEP 26 接下来我们需要为LOGO设置关键帧动画。After Effects 基于关键帧的概念对层或者摄像机、灯光、虚拟物体等其他对象进行动画。After Effects CC几乎可以将应用于层的所有操作都进行关键帧设定，以对层进行动画。

知识点：关键帧

所谓关键帧，即在不同的时间点对对象属性进行变化，而时间点间的变化则由计算机来完成。例如在时间A处设置对象不透明度属性为100，在时间B处设置对象不透明度属性为0。则在从时间A至时间B处产生两个关键帧。计算机通过给定的关键帧，可以计算出对象从时间A至时间B处的不透明度变化过程。在一般情况下，为对象指定的关键帧越多，则所产生的运动变化越复杂。但是更多的关键帧也将使计算机的计算时间加长。

通过对层的不同属性设置关键帧，即可以为层进行动画。建立关键帧时，系统以当前时间指示器位置为基准，在该时间为层增加一个关键帧。激活关键帧控制器时，即在当前位置产生一关键帧。系统只对激活关键帧指示器的属性的相应属性操作进行关键帧记录。例如激活旋转属性，则只对层的旋转产生关键帧。对层的移动操作不产生关键帧。

After Effects可以非常方便地对关键帧进行移动、复制的操作。通过移动和复制关键帧，可以简化对层的动画控制。可以在同一层或不同层的相同属性上进行关键帧复制，也可以在使用同类数据的不同属性间进行关键帧复制。

关键帧导航器可以为层中设置了关键帧的属性进行关键帧导航。默认状态下，为对象设置关键帧后，关键帧导航器显示在素材特征解释面板中。如果打开了Key面板，则系统将关键帧导航器显示在该面板中。为对象的某一属性设置关键帧后，在其素材特征描述面板中会出现关键帧导航器。单击导航器中的箭头可以快速搜寻该属性上的关键帧。某一方向无箭头时，表示该方向上已没有关键帧。当前位置有关键帧时，导航器上中间的方块会显示 ◆ 。单击 ◆ ，可以删除当前关键帧。当时间轴处于该属性上无关键帧的位置时，单击导航器中间的方块，可以在当前位置创建一个关键帧。

STEP 27 在【时间轴】窗口中选择层"ADOBE LOGO.ai"，按"P"键，展开层的位置属性。单击 ⏱（关键帧记录器）按钮。可以发现，该按钮被激活成 ⏱。且层的下方显示一个关键帧标记 ◆。如图1-3-50所示。

图 1-3-50

STEP 28 按"S"键，展开层的缩放属性。仍然单击 ⏱，为层的缩放属性设置一个关键帧。如图1-3-51所示。

STEP 29 对于一个属性来说，至少需要两个关键帧才能产生动画。现在我们已经在影片的开始时间记录了LOGO的位置和大小状态。接下来需要在影片的结尾部分指定LOGO状态。在【时间轴】窗口中按住鼠标左键向右拖动 到底（影片结束位置）。如图1-3-52所示。通过在【时间轴】窗口中来回拖动 工具，我们可以在【合成】窗口中浏览影片的动态效果。

STEP 30 在【时间轴】窗口中缩放参数栏中按住鼠标左键拖动参数至30%左右。可以看到，【合成】窗口中的LOGO缩小。将游标移动到【合成】窗口中LOGO上，按住鼠标左键将其拖动到图1-3-53所示的位置。可以看到，画面中出现一条虚线，这是LOGO的运动路径，指明了它的运动方向。

图 1-3-51

图 1-3-52

图 1-3-53

知识点：运动路径

为对象的位置进行动画后，在【合成】窗口和【图层】窗口中，会以运动路径的形式表示对象的移动状态。运动路径以一系列的点来表示。运动路径上的点越疏，表示层运动速度越快；运动路径上的点越密，则表示层运动速度越慢。单击【合成】窗口左上方的 按钮。在菜单中选择【视图选项】，在弹出的对话框中取消选择【运动路径】，可以隐藏运动路径。运动路径上的 符号代表路径上的关键帧。可以在

Chapter 01 | 走入合成的世界

Chapter 01

Chapter 02

Chapter 03

Chapter 04

Chapter 05

Chapter 06

Chapter 07

Chapter 08

Chapter 09

Chapter 10

【视图选项】对话框中取消选择【关键帧】，隐藏运动路径上的关键帧。可以在【合成】窗口中使用 按住鼠标左键拖动层至新位置。拖动层时，将游标放在层上进行拖动。不要拖动层的句柄。

下面是一些键盘操作技巧。

- 按键盘方向键，以当前缩放率移动1像素。
- 按住"Shift"键按方向键，以当前缩放率移动10像素。
- 按住"Shift"键在【合成】窗口中拖动层，以水平或垂直方向移动层。
- 按住"Alt + Shift"键在【合成】窗口中拖动层，使层的边逼近【合成】窗口框架。

可以通过移动运动路径上的关键帧，来改变层在【合成】窗口中的位置。也可以直接在运动路径上插入新的关键帧。通过调节运动路径上关键帧的方向线，可以准确地控制运动路径的形状。

- 在【合成】窗口中选中要修改运动路径的对象，显示运动路径。

在【工具】面板中选择 路径工具。然后在运动路径上选中要进行修改的关键帧。

- 按住鼠标左键，拖动路径工具，会出现关键帧句柄。拖动关键帧句柄修改运动路径形状。要显示关键帧方向线，确认【视图选项】对话框的【运动路径切线】处于选定状态。

STEP 31 在【时间轴】窗口中按"U"键展开所有设置了关键帧的属性（见图1-3-54）。可以看到，我们在【合成】窗口中拖动LOGO后，【时间轴】窗口中自动为位置属性增加一个关键帧。在 打开的状态下，我们对该属性所做的操作都会被自动记录为关键帧。

图 1-3-54

STEP 32 通过为LOGO的位置和大小设置关键帧，产生了LOGO在海面移动的效果。但是在影片结束时可以看到，由于观察角度的不同，LOGO和海面的角度很不协调。在这个角度LOGO应该显得更平一些。首先在【时间轴】窗口中向左拖动 至影片开始位置。

STEP 33 切换回【效果控件】对话框。单击参数倾斜的 按钮，将其激活成 ，在影片的开始位置，也就是LOGO离我们最近的位置记录一个关键帧。

STEP 34 在【时间轴】窗口中按住鼠标左键向右拖动 到底（影片结束位置）。将倾斜参数设置为 –75。

在【预览】面板中单击 按钮（见图 1-3-55），利用内存播放影片。在【合成】窗口中我们可以看到，产生LOGO在海浪上走过的效果。

这里涉及两个知识点：【预览】面板如何使用，以及内存预演的概念。

图 1-3-55

知识点：【预览】面板

通过【预览】面板，可以对素材、层、合成内容进行回放，还可以在其中进行内存预演设置。

▶：播放/暂停控制键。按此键可以播放当前窗口的对象。再按一次可以暂停播放。

▶▌ ◀▌：逐帧播放按钮。对播放进行逐帧控制的按键。每按一次这个键，对象就会前进或者后退一帧。

▶▌ ◀▌：按此键则自动到影片起始或结尾处。

◀》：音频键。内存预演时是否播放音频。

◻：循环播放键。当切换为这个键时，会不断循环播放素材，直至按下播放暂停键；单击可以切换到◻按钮，可以做一个乒乓播放；◻按钮则为播放完毕后，定格画面为当前时间指示器所在的位置。

▶▶：内存实时预演。按下这个键，After Effects会将工作区域内的合成载入内存进行实时预演。预演长度与内存大小有关。

知识点：内存预演

在影片制作过程中，经常需要对制作中的影片进行预演，并观看效果。内存预演以合成的帧速率或者系统允许的最大帧速率播放视频和音频。能够预演的帧数由分配给After Effects的连续内存块数量决定。内存预演只能在指定的工作区域内进行。

工作区域指出预视和渲染合成的区域。通过在输出设置中的设定，可以指定系统渲染全部合成或是工作区域内合成。如图1-3-56所示。通过拖动左右两头的工作区标记▌，为工作区域指定入点、出点。After Effects中有为数不少的操作都需要在指定工作区域进行。

我们可以在【预览】面板中进行内存预演控制。

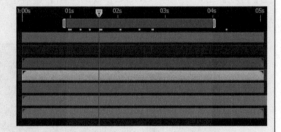

图1-3-56

首先在【帧速率】下拉列表中选择预演所使用的帧速率，一般我们选择和合成相同的帧速率，本例中选择25帧/秒即可。在【跳过】栏中可以输入一个帧忽略数。例如输入2，则系统在影片中每隔2帧建立预演。【分辨率】下拉列表中可以选择预演时所使用的分辨率。选择【从当前时间】选项，则系统从当前帧开始预演影片。选中【全屏】，系统在显视器上以满屏播放预演影片。

单击 ▶▶ 选项，系统开始预演影片。在实时播放前，系统需要进行内存预演计算。可以看到，【时间轴】窗口中标有绿线的区域即可以实时播放的影片。

如果当前层含有音频，在【预览】面板使声音按钮处于 ◀》 状态，就可以同时预演影片的声音效果。

After Effects CC提供了两种内存预演：RAM预览和Shift+RAM预览。两种预演方式完全相同。但是可以分别为两种预演方式设置不同的参数，例如不同的帧速率。然后按住"Shift"键在两种方式间进行预演切换，以显示不同的预演状态。

在显示和渲染合成时，层的内存需要量要比合成的长度或层的数量更为重要。合成的内存需求量取决于合成中内存需求量最大的层的需求量。可以通过使用塌陷、降低分辨率、降低层质量等方法降低合成的内存需求量。

在影片的制作过程中，系统会自动将一些操作记录在内存和指定的缓存盘中。所以，需要定时清理内存，以提高工作效率。选择菜单命令【编辑】>【清理】，在弹出的子菜单中可以选择清理内容。

▶ STEP 35 ┃ 在本片中我们设计的LOGO是由天上的巨大LOGO投射下来的影像。下面我们改变LOGO的颜色。注意【时间轴】窗口中选定的层仍然是"ADOBE LOGO.ai"。在其【效果控件】对话框的空白区域单击鼠标右键，选择菜单【效果】>【生成】>【填充】特技，为LOGO添加一种颜色。【填充】效果以选定的颜色对目标遮罩进行填充。

STEP 36 单击【颜色】参数的颜色块，在弹出的色板中选择米黄色作为标志颜色。如图1-3-57所示。

图 1-3-57

STEP 37 作为投射的海面上的影子，应该是透明的，并和海面重叠的。下面我们通过设置层的混合模式来达到效果。

知识点：层混合模式

After Effects可以通过层模式控制上层与下层的融合效果。当使用层模式时，使用层模式的层会依据其下层的通道发生变化，并产生不同的融合效果。层模式对于合成非常重要。利用层模式可以产生各种风格迥异的叠加效果。例如可以用【叠加】来产生柔光效果，或者用【差值】产生老旧效果。如图1-3-58所示，左为原图。

图 1-3-58

After Effects CC提供的层模式种类非常多，这里不再赘述。你可以自己试试不同的效果，我们在后面也会对常用的一些混合模式进行介绍。

对于特效合成来说，层模式是一个非常重要的概念。在大多数情况下，为了取得更好的合成效果，我们都要对层模式进行调节。掌握每一种层模式算法的不同效果，将使合成工作更加得心应手。

STEP 38 | 在【时间轴】窗口中，单击层 "ADOBE LOGO.ai" 的【模式】面板下方的参数，弹出列表参数栏。选择【叠加】混合模式。可以看到，【合成】窗口中的LOGO与海水融合在一起。如图1-3-59所示。注意如果在【时间轴】窗口中找不到【模式】面板，单击窗口下方的 切换开关/模式 按钮，或者按 "F4" 键切换到【模式】面板即可。

图 1-3-59

STEP 39 | 在【预览】面板中单击 ▶ 播放影片，可以看到，LOGO投影在海面上掠过，效果已经不错。但是还有一个问题，海面是波涛起伏的，所以投影也应该随之起伏。毕竟LOGO不是在一块平板上投射影子。下面我们让投影随波涛而动。

STEP 40 | 注意LOGO处于被选定状态。在【效果控件】对话框的空白区域单击鼠标右键，在弹出的菜单中选择【扭曲】>【置换图】特效。

STEP 41 | 【置换图】特效以指定的层作为置换图，参考其像素颜色值位移水平和垂直的像素为基准变形层。这种由置换图产生变形特技效果可能变化非常大，其变化完成依赖于位移图及设置的选项，可以使用当前合成中的任何层作为置换图。After Effects将置换图的层放在要变形的层上，并指定哪个颜色通道基于水平和垂直位置，并以像素为单位指定最大位移量。对应指定的通道，置换图中的每个像素点的颜色值用于计算图像中对应像素的位移。

调节参数如下。

- 置换图层：指定作为置换图的层。

- 用于水平置换：控制用得到的颜色值计算水平位移的颜色属性。After Effects 能从RGB通道、亮度、色调或饱和度获取颜色值。要显示所有像素的最大正值量，选择Full；要显示所有像素的最大负值量，选择Off，则不产生位移。

- 最大水平置换：最大水平置换量。以像素为单位，控制像素位移的最大距离。

- 用于垂直置换：控制用得到的颜色值计算垂直位移的颜色属性。

- 最大垂直置换：最大垂直置换量。

- 置换图特性：控制层中位移图的位置。【中心图】将图放在层中心，如果位移图尺寸与要变形的层尺寸一致的话；【伸缩对应图】以适合拉伸或收缩位移图，使其与变形层大小一致；【拼贴图】用许多位移图的复制平铺到变形层上，直至全部覆盖该层。

- 边缘特性：该参数指定如何处理图像边界。

STEP 42 | 在Displacement Map Layer下拉列表中选择层 "大海.avi" 作为置换层。这是因为我们要让LOGO随着波浪起伏而变形。调整水平和垂直置换量，观察【合成】窗口中的变形状态，直至满意为止。如图1-3-60所示。

Chapter 01 | 走入合成的世界

Chapter 01

Chapter 02

Chapter 03

Chapter 04

Chapter 05

Chapter 06

Chapter 07

Chapter 08

Chapter 09

Chapter 10

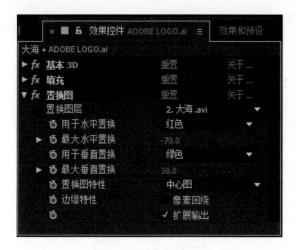 

图 1-3-60

STEP 43 如果在投射在海面上的LOGO上加一些光芒反射，效果就更加逼真了。注意LOGO层要被选定，在其【效果控件】对话框中单击鼠标右键，选择【风格化】>【发光】。该特效用于产生辉光效果。如图1-3-61所示。

STEP 44 接下来我们在影片中加入广告字幕。文字元素对于一部影片是非常重要的。它不但可以起到说明、注释的作用，还能够成为画面的一部分，让画面更加饱满、和谐。所以，在制作字幕时，文字的颜色、字体以及构图等都是需要着重考虑的。要让它和画面丝丝入扣，和谐共处。当然，做到这些的前提是要让观众可以清晰地理解到文字所以传递的信息内容，否则就本末倒置了（仅作为装饰用的文字则可以忽略这方面）。

STEP 45 首先我们在影片中加入LOGO。在【时间轴】窗口中选择层"ADOBE LOGO.ai"，按"Ctrl + D"键，创建一个副本。并在【模式】面板的下拉列表中将层模式改为【正常】。如图1-3-62所示。

STEP 46 注意选定的是我们复制出来的LOGO，按"F3"键切到该层的【效果控件】对话框中。选择除【填充】之外的特技，按"Delete"键将其删除。并单击【填充】特效的颜色块，将LOGO颜色改为红色。

STEP 47 在【时间轴】窗口中单击复制出来的LOGO层小三角，将其展开。再次单击【变换】属性旁的小三角，展开属性。单击【重置】按钮，将所有变换属性复位。单击【位置】和【缩放】属性前的 按钮，将关键帧自动记录关闭。如图1-3-63所示。

图 1-3-61

图 1-3-62

图 1-3-63

STEP 48 拖动缩放参数至20左右，缩小LOGO，并将其移动到图1-3-64所示的位置。

STEP 49 下面加入字幕。在After Effects CC左上方的工具栏中单击选择 工具。如图1-3-65所示。

STEP 50 找到【字符】面板。如果没有的话，按"Ctrl + 6"键，打开该面板。在左上方的字体下拉列表中选择制作字幕所使用的字体。这里我们选择【黑体】。如图1-3-66所示。【字符】面板专门用于对字幕的相关设置进行调整。我们在后面的课程中将对字幕制作进行系统地学习。

图 1-3-64

图 1-3-65

图 1-3-66

STEP 51 单击【字符】面板上方的【填充】 Color颜色块，在弹出的拾色栏中选择白色。如图1-3-67所示。

STEP 52 在【合成】窗口中单击，可以看到出现输入字符的光标。如图1-3-68所示。输入宣传语"创意汹涌彭湃的激情"。

图 1-3-67

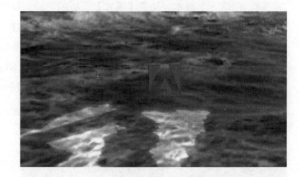

图 1-3-68

STEP 53 在窗口任意空白处单击，确定字幕创建。在【时间轴】窗口中单击选定刚才创建的字幕层。在【字符】面板的 **T 27 像素** 栏拖动参数，将文字大小改为27左右；在 **VA 700** 栏拖动参数，将字间距改为700左右。注意观察【合成】窗口中的文字大小和间距改变。

STEP 54 按住"Ctrl"键将游标移动到【合成】窗口中文字上方，可以看到，光标由字体工具变为选择工具。"Ctrl"键可以在当前工具和选择工具间进行切换。在【合成】窗口中将文字移动到合适位置。如图1-3-69所示。

STEP 55 松开"Ctrl"键，在"意"和"汹"之间单击，按空格键，在两个字符间空出LOGO的位置。继续按住"Ctrl"键切换回选择工具，将文字移动到图1-3-70所示的位置。

图 1-3-69   图 1-3-70

⬇ STEP 56 | 下面我们为文字设定一个由模糊到清晰的动画。首先单击屏幕左上方工具栏的 ▣ ，切换回选择工具。在【时间轴】窗口中右键单击文字层，选择【效果】>【模糊和锐化】>【快速模糊】。这是一个用于设置模糊的特技。你可以在水平或者垂直方向分别对目标进行模糊。

调节参数如下。

- ▪ 模糊度：调节和控制图像的模糊程度。

- ▪ 模糊方向：控制图像模糊方式。水平和垂直方式将在水平和垂直方向同时进行平均计算；垂直将只在垂直方向产生模糊效果；水平方式只在水平方向上产生模糊效果。

⬇ STEP 57 | 在【时间轴】窗口中拖动 ▣ 工具，注意观察窗口左上方的时间显示，到20帧左右即可。在【效果控件】对话框中单击激活【模糊度】参数的关键帧记录器，在当前位置创建关键帧。表示在影片20帧的时候文字清晰。

⬇ STEP 58 | 拖动 ▣ 工具到影片开始位置。将【模糊度】参数设为20左右。即产生文字由模糊到清晰的动画效果。如图1-3-71所示。

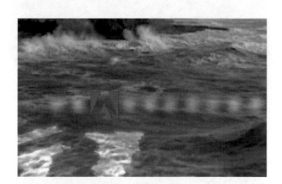
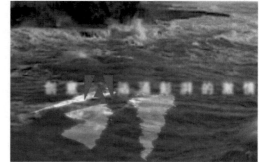
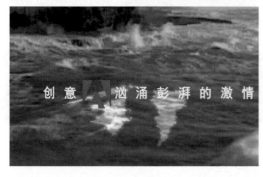

图 1-3-71

STEP 59 | 第一组分镜头就制作到这里。下面我们要制作最后一组定格分镜头。影片中其他几组分镜头的制作方法基本类似。参照配套光盘的授课部分学习制作即可。

1.3.2　最后一组分镜头：LOGO定格

STEP 01 | 首先产生一个合成。在【项目】窗口中选择素材"天空.avi"，按住鼠标左键将其拖动到窗口下方的 📼 上，以素材产生一个合成。如图1-3-72所示。

STEP 02 | 在【项目】窗口中选择素材"LOGO.tga"，按住鼠标左键，将其拖动到【时间轴】窗口中合成"天空"的层"天空.avi"上方。如图1-3-73所示。

STEP 03 | 在【合成】窗口中选中层"LOGO.tga"，按住"Shift"键将巨大LOGO向左水平移动到图1-3-74所示的位置。

图 1-3-73

图 1-3-72

图 1-3-74

STEP 04 | 接下来我们制作云层在LOGO上的反射效果。在【时间轴】窗口中框选两个层，按"Ctrl + D"键，复制层。如图1-3-75所示。

STEP 05 | 为了和原来的两个层相区别，我们需要为两个层改名。选择复制层"天空.avi"，按"Enter"键，可以看到，层的名称被激活，处于可编辑状态，输入"天空反射"，按"Enter"键确定。按照上面的方法将复制层"LOGO.tga"改名为"LOGO遮罩"。如图1-3-76所示。

图 1-3-75

图 1-3-76

Chapter 01 | 走入合成的世界

Chapter
01

Chapter
02

Chapter
03

Chapter
04

Chapter
05

Chapter
06

Chapter
07

Chapter
08

Chapter
09

Chapter
10

📥 STEP 06 ┃ 在【时间轴】窗口中选中层"天空反射",按住鼠标左键将其拖动到层"LOGO.tga"上方。如图1-3-77所示。在层"LOGO,tga"和"LOGO遮罩"间出现一条黑线,表明层"天空反射"移动后的位置。

📥 STEP 07 ┃ 因为反射是发生在LOGO身上的,所以,我们有必要将层"天空反射"拘束在LOGO的形状下。单击层"天空反射"的【轨道遮罩】下拉列表,选择Alpha遮罩"LOGO遮罩"。如图1-3-78所示。

📥 STEP 08 ┃ 可以看到,设定遮罩后,上方的层"LOGO遮罩"不再显示。轨道遮罩可以让当前层以其上方层的Alpha或者亮度通道为基准,产生遮罩遮蔽的效果。如图1-3-79所示。

图1-3-77

图1-3-78

图1-3-79

知识点:轨道遮罩

　　After Effects可以把一个层上方的层的图像或影片作为透明用的遮罩。可以使用任何素材片段或静止图像作为轨道遮罩。

　　当一个层被定义为其下层的轨道遮罩层时,系统会自动将其显示视频开关关闭。但是仍然可以对该层进行位置、缩放或旋转等操作。

　　可以通过Alpha通道或像素的亮度值定义轨道遮罩层的透明度。当轨道遮罩层没有Alpha通道时,可以使用亮度值设置透明度。在屏蔽中的白色区域可以在叠加中创建防止下面的层从中透过的不透明区域。黑色区域可以创建透明的区域,灰色的可以生成半透明区域。为了创建叠加片段的原始颜色,可以用灰度图像作为屏蔽。

　　在【轨道遮罩】下拉菜单中可以选择屏蔽方式。

- 没有轨道遮罩:不使用轨道遮罩层。不产生透明度,上面的层被当作普通层。
- Alpha遮罩:使用遮罩层的Alpha通道。当Alpha通道的像素值为100%时不透明。
- Alpha反转遮罩:使用遮罩层的反转Alpha通道。当Alpha通道的像素值为0%时不透明。
- 亮度遮罩:使用遮罩层的亮度值。当像素的亮度为100%时不透明。
- 亮度反转遮罩:使用遮罩层的反转亮度值。当像素的亮度值为0%时不透明。

📥 STEP 09 ┃ 由于LOGO是立体的,所以云层投射在其上应该产生变形。应该用什么方法呢?根据我们前边的经验,一定是【置换图】特技了。

📥 STEP 10 ┃ 右键单击层"天空反射",选择【效果】>【扭曲】>【置换图】。在【置换图层】下拉列表中选择"LOGO遮罩"。调整置换量,可以发现,出了一些问题。如图1-3-80所示。

📥 STEP 11 ┃ 观察上图可以发现,置换的LOGO和使用遮罩的LOGO错位了。这是因为【置换图】特效使用的置换层是素材的原始效果。而作为遮罩的层由于在合成中移动了位置,但是特效无视这种改变,所以产生了错位。那么应该怎么办呢?

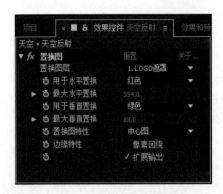

图 1-3-80

STEP 12 方法非常简单，我们只要对遮罩层进行预合成即可。预合成是一个非常重要的概念。我们经常需要使用重做简化层。同时，在很多情况下，我们需要对层进行预合成，才能产生正确的特效结果。预合成就好像我们把所有的操作进行了渲染而产生了一个新层一样。当然，预合成要比我们渲染一个新层更加灵活、方便。

知识点：预合成

After Effects可以在一个合成中对选定的层进行预合成。预合成时，所选择的层合并为一个新的合成，这个新的合成代替了所选的层，以层的形式在原合成中工作，并且在项目窗口中添加一个索引文件。

预合成是一个非常重要的概念。我们经常需要使用它重做简化层。同时预合成不光可以简化对象的操作，而且在After Effects中，许多效果要依靠预合成才能实现。例如，在一段影片中建立一个带有阴影的物体，并希望影子与其一同旋转。默认渲染顺序先渲染影子效果，然后对带有阴影的物体进行旋转。阴影并没有随着对象的旋转而发生角度的变化。而在现实生活中，由于光线的变化，这是不真实的。如图1-3-81上部所示。我们可以首先将建立旋转动画的层进行嵌套，然后对嵌套层应用阴影特效，从而产生真实的投影。如图1-3-81下部所示。

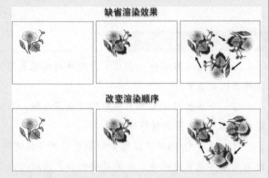

图 1-3-81

预合成时，After Effects提供了关键帧和层属性的如下设置选项。

- 保留层的所有属性：该选项在预合成层中保留所选择层的关键帧与属性，且预合成层的尺寸与所选层相同。该选项只对一个层预合成有效。

- 将所有属性移动到新合成：将所选层的关键帧与属性应用到预合成层，预合成层与原合成尺寸相同。

STEP 13 在【时间轴】窗口中选择层"LOGO遮罩"，按"Ctrl + Shift + C"键，弹出【预合成】对话框。选择"将所有属性移动到新和成"选项，如图1-3-82所示。单击【确定】按钮。

STEP 14 现在可以看到，由于进行了预合成，遮罩层前边移动位置的信息已经被合并到新层中，错位的现象被消除了。遮罩和置换效果自动使用了预合成后的新层。在【效果控件】对话框中，将【用于水平置换】设为明亮度。这样使用LOGO的亮度通道反射效果会更好。将【最大水平置】换设为900左右，

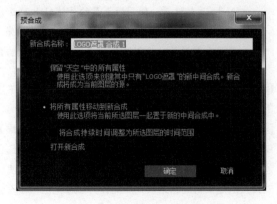

图 1-3-82

Chapter 01 ┃ 走入合成的世界

Chapter
01

Chapter
02

Chapter
03

Chapter
04

Chapter
05

Chapter
06

Chapter
07

Chapter
08

Chapter
09

Chapter
10

【最大垂直置换】设为0。激活【像素回绕】选项，在空白区域重复进行重复填充。效果如图1-3-83所示。

▼ STEP 15 ┃ 现在反射效果太强烈，整个成了玻璃LOGO。下面我们减弱反射效果。在【时间轴】窗口中层"天空反射"的【模式】下拉列表中将其层模式设为【变亮】。按"T"键展开该层的不透明度，将不透明度设为15％。效果如图1-3-84所示。

图 1-3-83

图 1-3-84

▼ STEP 16 ┃ 下面我们将背景的天空设为灰色，使得LOGO更加突出。在【时间轴】窗口中右键单击层"天空.avi"。选择【效果】>【颜色校正】>【颜色平衡(HLS)】。该特效用于调整图像的色相、亮度和饱和度。我们将饱和度降为−100，可以看到，背景天空变为灰色。如图1-3-85所示。

▼ STEP 17 ┃ 现在背景有点暗了。下面我们提亮背景。仍然是层"天空.avi"，选择【效果】>【颜色校正】>【色调均化】。可以看到，背景被提亮，对比度也加强了。如图1-3-86所示。【色调均化】特效对图像的阶调平均化。它自动以白色取代图像中最亮的像素；以黑色取代图像中最暗的像素；平均分配白色与黑色间的阶调取代最亮与最暗的之间的像素。

调节参数如下。

▪ 色调均化：指定平均化的方法。RGB基于红、绿、蓝平衡图像；亮度基于像素亮度；Photoshop 样式重新分布图像中的亮度值，使其更能表现整个亮度范围。

▪ 色调均化量：指定重新分布亮度值的程度。

图 1-3-85

图 1-3-86

STEP 18 接下来我们在LOGO上放置一个舞者。通过对比，更可以体现出LOGO的巨大。在【项目】窗口中选择素材"dancing"，按住鼠标左键将其拖动到【合成】窗口中。

STEP 19 在【时间轴】窗口中将层"dancing"移动到层"LOGO"下方。按"S"键展开其缩放属性，将其缩放值设为30%左右。在【合成】窗口中将舞者移动到图1-3-87所示的位置。

STEP 20 下面插入文字。选择 T 工具，在【合成】窗口单击，输入"创意无限"。在【字符】面板中调整文字字体、大小、间距和颜色，并移动到图1-3-88所示的位置。

图 1-3-87

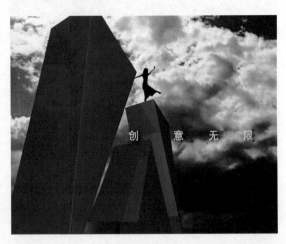

图 1-3-88

STEP 21 由于背景云层太亮，字体颜色又浅，所以看得不是很清楚。下面我们为文字加个阴影。右键单击文本层，选择菜单命令【图层样式】>【投影】，为文字加入阴影。在【颜色】栏选择阴影颜色为黑色，【不透明度】参数栏可以控制阴影的不透明度，【角度】参数控制阴影的角度。【距离】参数可以改变阴影的距离，【扩展】参数则可以扩展阴影，但是它和【大小】的阴影尺寸不同。如果你需要给阴影设置一个噪波效果，可以调整【杂色】参数。

知识点：层的风格

After Effects的【图层样式】和Photoshop中的图层【混合选项】是相同的，可以在层上添加外阴影、内阴影、浮雕等各种效果。由于这个工具的存在，所以我们在导入PSD文件的时候，可以直接选择导入【混合选项】效果，然后在After Effcts CC的合成中再进行编辑。

为目标层应用样式以后，该层会新增【图层样式】卷展栏。我们可以展开卷展栏进行编辑。和Photoshop相同，【图层样式】的参数栏分为两块。第一块是【混合选项】，这里是全局设置，包括全局灯光、整体颜色的调整等。第二块则是具体到我们所应用的风格调整。鉴于学习After Effects的读者大部分都有Photoshop的基础，而且参数比较简单，这里不再赘述，大家可以自己试着调调各种效果。尤其在做字体效果或者边框的时候，【图层样式】是非常方便的。我们在后面还会接触到这个功能。

STEP 22 接下来为文字设置模糊进入的动画。右键单击文本层，选择【效果】>【模糊和锐化】>【快速模糊】。

STEP 23 移动 至合成的2秒位置。激活【模糊度】参数关键帧记录器。回到合成开始位置，将该参数调整为18左右即可。

STEP 24 最后我们将Adobe标志加入影片。在【项目】窗口中选择素材"ADOBE LOGO.ai"，将其拖入【合成】窗口。

STEP 25 右键单击层"ADOBE LOGO.ai",选择【效果】>【生成】>【填充】特技,将LOGO改为白色。

STEP 26 注意选中层"ADOBE LOGO.ai",按"S"键打开其缩放属性,将缩放值设为15%左右,并移动到图1-3-89所示的位置。

STEP 27 最后一组分镜头到这里就制作完毕了。接下来我们需要将所有分镜头串接在一起,完成一个完整的影片。

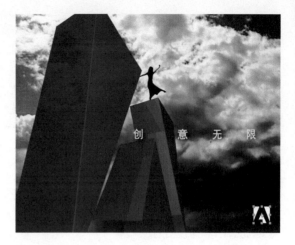

图 1-3-89

1.3.3 串接所有分镜头

STEP 01 在【项目】窗口中按照"大海""沙漠""都市""天空"的顺序选择四个合成。如图1-3-90所示。注意【项目】窗口中标识合成的图标为 ▦ 。

STEP 02 按住鼠标左键,将选定的四个合成拖动到窗口下方的 ▦ 上,弹出图1-3-91所示的【基于所选项新建合成】对话框。当我们使用多个素材产生合成的时候,该对话框会弹出,要求指定合成产生的方法。

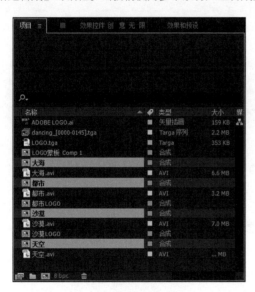

图 1-3-90

图 1-3-91

STEP 03 选择【单个合成】,单击【确定】按钮,产生一个新合成。可以发现,新合成中的层是由其他几个合成产生的。这种现象叫作嵌套,和前边的预合成有相似的地方。

知识点:嵌套

　　After Effects允许将合成作为一个层加入另一个合成。这种方式叫作嵌套。

　　当合成作为层加入另一个合成后,对该合成所做的一切操作将影响其加入到另一个合成的层。而对该合成加入到另一个合成中的层所进行的操作,则不影响该合成。例如将合成A加入合成B,成为合成B中的一个层。对合成A所做的一切操作,如旋转、缩放、效果等都会同时作用于其合成B中所对应的层;而对合成B中其对应的层所做的一切操作，则对合成A无影响。

可以对作为层使用的合成进行设定。选择该合成【合成设置】命令。在其设置窗口【高级】设置页面下，可以选择【在嵌套时或在渲染队列时，保留帧速率】和【在嵌套时保留分辨率】，决定是否使用原合成的分辨率和帧速率。在默认情况下，合成中的某些层开关设置将影响嵌套在该层中的合成，如卷展变化/连续栅格、质量、运动模糊、帧混合以及合成的分辨率设置等。

STEP 04 | 影片的视频部分制作到这里就结束了。下面为影片加入音乐。

STEP 05 | 在【项目】窗口中选择素材"音乐.wav"，按住鼠标左键，将其拖入新产生的合成"大海2"中。

STEP 06 | 在【预览】面板中单击 ▶ 按钮使用内存预演影片。注意如果要预演音频，记得激活 🔊 按钮。经过短暂的计算后，在【合成】窗口中观看播放的影片。可以发现，在结尾部分音乐结束得有点突兀。我们需要为其制作一个淡出的效果。

STEP 07 | 移动 🕐 至合成的7秒位置。单击层"音乐.wav"旁的小三角将其展开。单击【音频】旁的小三角展开参数。激活【音频电平】参数的关键帧记录器 🕐 。继续移动到影片的结束位置。拖动【音频电平】参数至–20左右。如图1-3-92所示。

图1-3-92

知识点：音频操作

在After Effects中，可以改变音频层的音量大小，并在指定的格式下，预览音频素材层。可以以操作素材层方法对音频层进行操作。在After Effects中对音频进行预览，首先需要设定音频预览的格式以及长度和质量。可以在偏好设置对话框的预览页面下，对音频属性进行设置。

选择菜单命令【编辑】>【首选项】>【预览】，会弹出属性设置对话框。在【音频试听】中可以设置预览音频的长度。可以在数值框中输入时间，来确定预览音频的持续时间。如图1-3-93所示。

图1-3-93

在After Effects中可以对音频层和带有音频的素材层进行预览。所能预览的音频长度由偏好设置对话框中音频持续时间的设置为基准。

在预览音频时，可以为其设置标记点。这利用音频进行入点和出点的设置。预览音频时按数字键盘上的"*"键，可以为其加入标记。注意在加入标记后，音频层上并不马上显示标记，并且会继续进行播放。停止预览后，可以看到音频层上的标记点。

在使用包含音频的素材时，可以通过调节音频面板中的分贝级别来调整音量大小。After Effects以一个正的分贝标准来增加音量；以一个负的分贝标准来降低音量。

选择菜单命令【窗口】>【音频】，打开音频面板。如图1-3-94所示。调整右侧的音量调整滑杆。调整音量时注意左侧的音量表，音量表顶部红色区域表示系统处理极限。如果音频超过音量表顶部，音量表上方喇叭会变为红色告警，这时会导致音频失真，可以单击喇叭取消告警。

图1-3-94

Chapter 01 | 走入合成的世界

01

Chapter
02

Chapter
03

Chapter
04

Chapter
05

Chapter
06

Chapter
07

Chapter
08

Chapter
09

要同时设置左、右声道音量，拖动中间滑块。

要设置左声道音量，拖动左边滑块，或在下方数值栏输入数值。

要设置右声道音量，拖动右边滑块，或在下方数值栏输入数值。

可以对音量的变化过程设置动画，产生声音淡入、淡出的效果。在【时间轴】窗口中展开一个音频层或者含有音频的动画层时，可以看到其下包括Audio属性。展开Waveform栏，可以看到音频层的波形状态。在Levels栏中，可以对音频的电平变化进行动画，产生音量渐变效果。

STEP 08 影片到这里基本完成了，仅欠缺最后一步。我们需要将影片输入为一个通用的播放格式。After Effects CC可以输出各种通用的视频格式，例如Windows下的AVI，MAC下的MOV，网络上通用的WMV、RMVB，以及家庭用的VCD、DVD等。下面我们来看看如何将影片输出为各种不同平台能够播放的格式。

1.3.4 输出不同平台的影片

我们当然希望一部好的影片有更多的人能够看到。能将影片输出为不同的文件格式，是After Effects的一个亮点。它涵盖了专业电影、家用影碟、网络媒体以及便携媒体等全方位的媒体平台。

After Effects CC通过两种方法输出影片：【添加到Adobe Media Encoder队列】和【添加到渲染队列】。二者的区别是：前者主要通过Adobe CC套装中的专业编码软件Adobe Media Encoder输出终端的成品，它包含更多、更广泛的视频格式；而后者则主要输出用于再剪辑的高质量专业视频或者序列图片格式。

家用平台（DVD/Blu-ray）

谈到家用的媒体播放平台，我们首先想到的一定是DVD了。我们首先来看看如何生成家用平台可以播放的影片。需要注意的是，与老版本不同，在After Effects CC中只能通过Media Encoder CC输出用于DVD和Blu-ray影碟编码的源文件。

还是刚才制作的影片，注意选中要输出的合成，按"Ctrl +Alt + M"键，会自动启动Media Encoder CC。可以看到，合成被添加到队列中。首先选择编码方式。单击左侧【格式】栏弹出编码器下拉列表，Media Encoder CC预置了大量主流的编码器。如果要刻录DVD可以选择MPEG2或者MPEG2-DVD。二者的区别是后者主要生成用于Adobe Encore刻录的M2V文件。如果要刻录高清蓝光碟片，可以选择MPEG2 Blu-ray或H.264蓝光。如图1-3-95所示。

图 1-3-95

选择MPEG2编码器。单击右侧【预设】栏，弹出【导出设置】对话框，对编码器做进一步设置。如图1-3-96所示。

首先对视频进行设置。在格式下拉列表中选择输出格式。和上面的编码器设置相同，这里使用默认即可。在预设中的下拉列表中可以选择编码器的不同压缩参数模板。MPEG2默认为匹配源，可能会产生码流很大的文件。这里选择PAL DV即可。如果安装了其他编码器，该下拉列表中还会有更多编码方式以供选择。注意选中【导出视频】和【导出音频】，这样我们输出的影片既有画面又有声音。

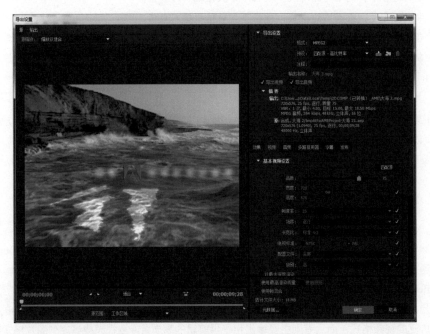

图 1-3-96

在基本视频设置中，可以对编码方式进行个性化定制。这比较简单，这里不再赘述，关于各种编码器的知识，读者可以参阅视音频编码的相关资料。一般情况下，没有特殊要求，我们都使用预制模板来输出标准影片。

设置完毕，单击【确定】按钮。在【输出文件】栏可以指定文件输出路径。

渲染前可以在下方【渲染程序】中进行指定。如果显卡支持CUDA加速，建议使用它。单击【队列】窗口右上方的 ■ 按钮进行渲染。如图1-3-97所示。如果队列中有多部影片，会按序渲染。

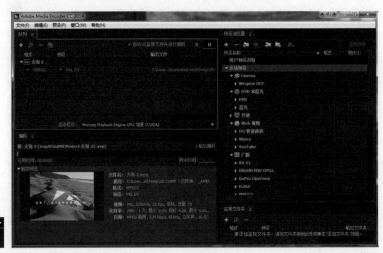

图 1-3-97

除了标清的DVD影片外，随着电视技术的飞速发展，高清电影已经越来越接近我们了。现在很多家庭都有了HDTV的电视。为了发挥高清电视的效果，高清影片的片源是必不可少的。

Chapter 01 | 走入合成的世界

Chapter
01

Chapter
02

Chapter
03

Chapter
04

Chapter
05

Chapter
06

Chapter
07

Chapter
08

Chapter
09

Chapter
10

输出蓝光影片的话，需要在Format下拉列表中选择MPEG2 Blu-ray或H.264 Blu-ray。这两种格式压缩方式略有不同。输出设置方式与上边的DVD相同。

网络平台

在这个互联网世界，我们所制作的大部分影片都需要在互联网上发布。Media Encoder CC内置了多种适应不同情况的互联网媒体格式。从高质量的高清影片到迅速发布的小体积视频无所不包。在【队列】窗口右侧的【预设浏览器】中展开【Web视频】，可以方便地找到各大视频网站支持的主流媒体格式模板套用。如图1-3-98所示。

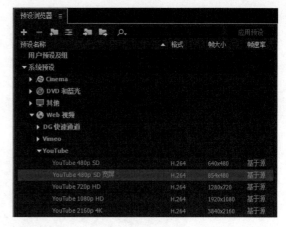

图 1-3-98

便携媒体

现在，便携媒体的视频播放功能已经越来越强大了。在Adobe CC中也特别加强了这方面的支持。现在，我们可以很方便地在After Effects CC中制作影片并在我们的手机、平板电脑中来播放。

同样在【预设浏览器】中展开【设备】栏，如图1-3-99所示，可以看到，主流的Android、Apple设备都在其列。输出在这些设备播出的影片，只要套用模板即可。如图1-3-99所示。

Media Encoder CC还提供了其他用途的各种主流格式，满足用户的全方位要求。编码解码器的主要作用是对视频信号进行压缩和解压缩。数字化后的模拟视频信号数据量非常大。庞大的数据量使得数据传输、存储和处理都非常困难。因此，必须采用压缩编码技术。我们可以看到，既然有编码，也就对应着解码。这就要求如果我们用一种编码器压缩生成影片而在播放影片的电脑上必须也有相对应的解码器才能播放。

用于再次制作

很多时候，一部影片需要在多个软件中进行制作。例如我们在三维软件中制作素材，在After Effects中进行特效合成，然后在Premiere Pro中来剪辑。这时候，我们在After Effects中制作的影片就不是最终的影片了，它是作为还需要在Premiere Pro中再次剪辑的素材来使用的。当然，我们可以直接将After Effects的项目导入到Premiere Pro中剪辑，但是将制作的影片计算成一个成片会提高工作效率（如果需要反复在两个软件中进行制作的话，导入项目效率则会更高）。在这种情况下，我们上面的几种输出方式就无法满足需要了，因为它们都需要对影片进行压缩。一般情况下，在影片没有最终完成前，我们要尽可能减少压缩的机会，以保证影片质量。

在After Effects 中选择需要输出的合成，按"Ctrl + M"键，弹出【渲染队列】窗口。如图1-3-100所示。

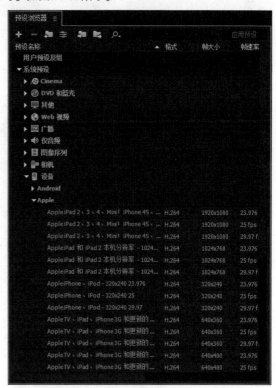

图 1-3-99

图 1-3-100

知识点：渲染队列

    After Effects在【渲染队列】对话框中进行渲染和输出设置，并渲染合成。在渲染开始前，可以在【渲染队列】对话框下方查看渲染队列，其中依序排列等待渲染的影片。可以拖动影片位置，改变影片的渲染顺序。每个待渲染影片显示影片渲染输出的一些信息。在渲染队列区域显示了部分渲染信息。

    【渲染设置】中主要对渲染质量进行设置，包括渲染的分辨率，是否只用帧混合等。一般情况下，使用预制的最佳质量即可。如图1-3-101所示。

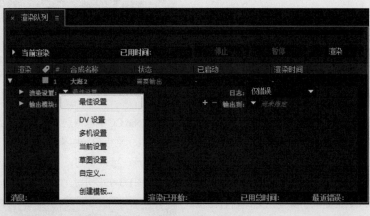

图 1-3-101

在【输出模块】栏单击小三角，在弹出的菜单中选择【自定义】，会弹出图1-3-102所示的对话框。

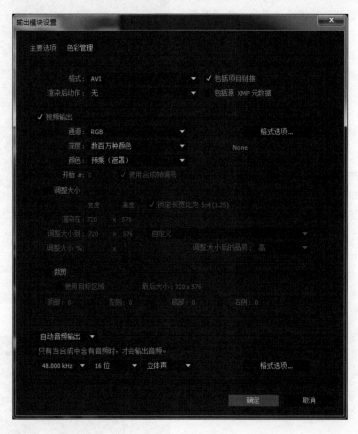

图 1-3-102

首先我们需要在【格式】下拉列表中选择输出的格式。对于后期制作来说，After Effects CC提供了各种图片序列格式来解决这个问题。图片序列的知识我们已经在前面讲过。大部分的图片序列都可以提供无损压缩，来满足再次编辑的需要。在【格式】下拉列表中可以看到，只要带有Sequence的格式，都是可以输出的图片序列。After Effects CC可支持的图片序列非常广泛，除了常用的JPEG、TGA、TIF等，它还提供了用于电影的Cineon格式、SGI工作站上的SGI格式、MAYA的IFF格式、Softimage的PIC格式等。

输出图片序列有一个需要注意的地方就是无法带有声音，如果影片有声音的话，我们需要单独输出一个声音文件。

TGA是PC平台上常用的图片格式。它具有无损压缩，且可以输出Alpha通道的特性。同时，它又广泛地被国际上的图形、图像工业所接收，并已经成为数字化图像以及光线追踪和其他应用程序（如3ds Max）所产生的高质量图像的常用格式。TGA属于一种图形、图像数据通用格式，大部分文件为24位或32位真彩色。由于它是专门为捕获电视图像所设计的一种格式，所以TGA图像总是按行存储和进行压缩的，这使它成为计算机产生的高质量图像向电视转换的一种首选格式。选择TGA格式后，注意单击【格式选项】按钮，弹出图1-3-103所示的对话框进行设置。

图 1-3-103

如果输出的影片带有Alpha通道的话，请勾选32位/像素，没有的话选择24位/像素即可。

同时输出多种格式

有时候我们需要将相同的影片输出为多种不同格式的文件。After Effects CC提供了同时输出多种格式文件的功能。

将需要输出的合成加入【渲染队列】后，在【渲染队列】窗口中选择合成，单击右侧【已启动】栏的 ➕ 按钮，新增一个输出模块。在其中选择输出格式即可。如图1-3-104所示，可以添加多个输出模块，指定不同格式同时输出，并且可以分别指定不同的文件夹，非常方便。

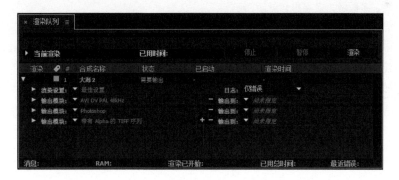

图 1-3-104

1.4　本章小结

本章的学习到这里就结束了。通过一个实例的制作，我们学习了合成的基本流程，了解了After Effects CC的使用方法。最后，我们将本课的重点知识点做一个总结。

知识点1：什么是合成

合成实质上就是将各种不同的元素有机地组合在一起，进行艺术性地再加工，来得到最终的作品。

知识点2：项目和初始化设置

很枯燥，但是很重要，后面工作是否顺利，它是基础。

知识点3：导入素材

导入素材的方法很多，最常用的是双击了。记住文件夹也是可以导入的。

知识点4：Alpha通道设置

合成的工作时时刻刻都在和透明度打交道。所以，Alpha通道的概念一定要清楚，特别是分清楚两种不同的Alpha通道，导入效果出问题的时候就想想它们。

知识点5：【合成】和【时间轴】窗口

两个最重要的窗口，我们的工作间。一个是面向空间操作，一个是面向时间操作，哥俩"焦不离孟、孟不离焦"，要分清楚。不过这还真不难，因为我们后面和它哥俩打交道的地方还多着呢。

知识点6：变换属性

很重要，大部分操作都是在这几个属性上捣鼓呢。锚点、位置、旋转、尺寸、不透明度，要记牢，以后还得经常见面呢。

知识点7：关键帧属性

这又是一个很重要的知识点。做视频合成就是和动画关键帧打交道，所以一定要理解它。不同的时间点对对象属性进行变化，而时间点间的变化则由计算机来完成。记住，你是动画师，画关键的几幅画，其他的给助手计算机解决。不过记录动画的方法的确很简单，注意掌握关键帧导航器的用法。

知识点8：层混合模式

用的地方很多，不过这些层模式也太多了。多花点心思试试效果吧，会有用的。

知识点9：轨道遮罩

很小的一个知识点了，不过经常会用到的。记住了，拿自己上面层的Alpha或者亮度通道当遮罩来遮蔽自己。

知识点10：预合成和嵌套

重要的不得了的知识点（有点夸张了，不过没有它们你可能都没办法完成很多效果），有一点点小难度，关键是要理解。多做做，多想想，就明白了。

知识点11：特效

这部分很吸引眼球吧。注意它们的使用方法，改变特效的排列顺序，效果也会变的。After Effects的特效太多了，还有得我们学呢。不过只要掌握了基本的设置方法，那就什么都不怕了。

知识点12：输出格式

这些都很简单，大部分使用预制的模板就可以了。你要记住的就是：After Effects CC能输出什么格式。

Chapter

02

遮蔽的力量

本章将通过实例展示After Effects中遮蔽（蒙版）的力量，它可以把要留的地方留下来，不要的地方剪去。另外，你还能学到不少插件的知识。

学习重点

- 蒙版模式
- 蒙版属性
- 3D Stroke和Shine插件

2.1　遮蔽

　　这一课的题目是"遮蔽的力量"。遮蔽？什么是遮蔽，它又有什么力量呢？

　　我们在上一课已经领略到合成的实质就是将不同的元素艺术性的组合在一起。这个组合在一起就牵涉一个非常重要的概念：透明。上一课中我们对层已经有了比较深刻的认识，了解到层实际上就是一个绘图玻璃纸。有图的部分显露出来，无图的部分透明，显出下方的图画。而我们在实例中，无论是字幕还是LOGO标志或者是那个跳舞的人，都体现出了这个概念。

　　现在我们碰到了一个问题，如果我们拿到手的素材不含透明度信息怎么办？就像图2-1-1显示的那样。这种情况下的合成只能用一张图覆盖另外一张，没有办法实现我们上面提到的艺术性的组合在一起。

图 2-1-1

　　仔细想想有几种解决办法？

　　答案一：用Photoshop来创建透明，套索可是个好东西啊。然后存储为PSD或者TGA这样可以包含图层信息或者Alpha通道的文件，在After Effects中使用。

图 2-1-2

是个不错的选择，我们也经常会这么做，但是有一个问题，如果需要透明的对象不是图片，而是影片应该怎么办？

答案二：用层混合模式来创建透明。这个办法也不错，而且就算是影片也没有问题。

又面临一个问题，当我们需要比较虚幻的效果时，用层混合模式不错，但是如果我们希望得到一个清晰的边缘来合成到场景中时，可能会失望。

图 2-1-3

看看，不管用哪种层模式，都无法得到一个清晰的边缘。

答案三：用抠像。这个知识点我们还没学到，不过是个好办法。但是它也有缺陷，必须有一个与主体物反差较大的纯色背景，看来我们又要失望了。

那接下来就是最后一种选择了，也是本课要学习的重点知识——利用蒙版来遮蔽，产生透明。

看看下面的图，我们就能明白蒙版的作用了。

是的，蒙版是一把剪刀，是我们手中的遮蔽利刃。它的作用就是把我们需要的地方留下来，把不需要的地方剪去。这下产生透明就没有问题了。当然，蒙版比普通的剪刀可好用多了，因为我们还可以随时把这个剪刀的效果关掉。

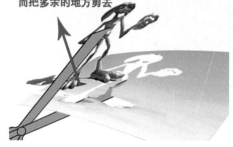

图 2-1-4   图 2-1-5

这就是蒙版的作用了——遮蔽，下面，我们来看看After Effects CC中的蒙版究竟应该怎么使用。

2.2 制作一个实例

还是和前面一样，实践出真知。我们通过一个实例开始蒙版的学习。在本课中，我们通过蒙版工具合成一个魔幻场景。效果如图2-2-1所示。

图 2-2-1

2.2.1 用蒙版提取人物

STEP 01 | 在【项目】窗口单击 按钮，弹出如图2-2-2所示的【合成设置】对话框。我们要在对话框中进行一些设置，产生一个新合成。设置完毕后，单击【确定】按钮，即可产生新合成。

图 2-2-2

知识点：新建一个合成

在上一课中，我们学习了如何使用素材来产生合成。但大部分时候，我们的制作步骤都是新建一个合成，然后加入素材进行制作，例如本例。

打开合成设置对话框后，可以对新建的合成进行一些设定。我们来看看有哪些需要设定的。

首先当然是为合成起一个名字。缺省情况下，After Effects 以创建合成的顺序自动命名为合成 #，如果是以素材产生合成，则以素材的名字命名合成。在【合成名称】栏中我们可以输入一个新的名称。

接下来我们需要设置一下合成的大小。在【预设】下拉列表中列出了常用的视频格式模版。例如标清PAL制、N制电视格式，高清的720P，1080I格式，电影的2K、4K格式以及用于网络的视频格式。如果

Chapter 02 | 遮蔽的力量

Chapter 01
Chapter 02
Chapter 03
Chapter 04
Chapter 05
Chapter 06
Chapter 07
Chapter 08
Chapter 09
Chapter 10

这些格式都无法满足我们的需要，还可以在【宽度】和【高度】栏中输入我们需要的大小尺寸（以像素计算）。在本例中我们选择矩形像素即可。

在【像素长宽比】下拉列表中可以设置合成的像素宽高比。第一次接触这个名词大家可能比较陌生。下面我们来简单的讲解一下。

像素宽高比是指图像中一个像素的宽度和高度之比，帧宽高比则是指图像的一帧的宽度与高度之比。

某些视频输出使用相同的帧宽高比，但使用不同的像素宽高比。例如，某些NTSC数字化压缩卡产生4:3的帧宽高比，使用方像素（1.0像素比）及640×480分辨率，D1 NTSC采用4:3的帧宽高比，但使用矩形像素（0.9像素比）及720×486分辨率。如图2-2-3所示，分别为4:3帧长宽比和16:9帧长宽比。

如果在一个显示方形像素的显示器上不作处理的显示矩形像素，则会出现变形现象。如图2-2-4所示。

一般情况下，如果使用标准的视频模板，会自动设定像素宽高比，所以，我们一般不再修改它。如果是计算机上播放的影片，我们一般使用矩形像素。但是素材的像素宽高比经常需要设定，因为有可能我们的素材是多个渠道得到的，所以像素宽高比都不太一样，这样一般情况有必要让它和我们的合成相统一起来。

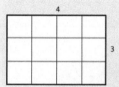
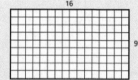

图 2-2-3

图 2-2-4

要设定素材的像素宽高比，可以在【项目】窗口中选择素材后，按"Ctrl + Alt + G"键，在弹出的【解释素材】对话框的【像素长宽比】中选择相应的像素宽高比。如图2-2-5所示。

帧速率也是在选择模版后自动设定的，一般不用去管它。

【分辨率】下拉列表中指定分辨率，一般设为【完整】即可了。这里的设定并不重要，因为

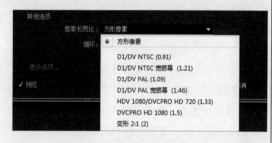

图 2-2-5

在【合成】窗口中也有对应的分辨率设置。一般情况下，我们输出最终影片都要设为【完整】。而在拖动【当前时间指示器】观看影片的时候，如果影片比较复杂，可能会延迟的比较厉害，这时候可以选择一个较低的分辨率来提高刷新速度。不过有时候降低分辨率看到的效果不是很准确，这一点需要注意。

【持续时间】中设定影片的总时间。在本例中我们设为8秒即可了。【开始时间码】栏可以设定时码记录的开始时间。例如设为1秒的话，合成的开始时间是1秒，而不是0秒。一般情况我们都设为0秒。

◤ STEP 02 ◢ 继续在【项目】窗口中双击，导入LESSON 2 > FOOTAGE下的所有素材。

◤ STEP 03 ◢ 把素材"人物"拖入刚才新建的合成。

◤ STEP 04 ◢ 首先双击层"人物"，将其打开在【图层】窗口。现在我们需沿着人物的轮廓制作一个蒙版，把人物从背景中分离出来。

知识点：图层窗口

对于合成中的图层，After Effects可以使用【图层】窗口将其打开。可以通过该窗口预览层内容，设置层的入点和出点。还可以在【图层】窗口中执行制作遮罩，移动定位点等操作。【图层】窗口中仅显示当前层，这样就减少了其他的干扰因素。

STEP 05 | 在工具栏中选择 ✐ 工具。将工具栏右方的【旋转贝塞尔曲线】选项激活。这样，沿形状勾边的时候会自动产生一条平滑的旋转贝塞尔曲线。如果要产生比较尖锐的角度，可以缩短点之间的距离。也可以后边通过 ✎ 工具来改变曲率。

知识点：钢笔工具

✐ 钢笔工具通过创建控制点，并在控制点间连线，来产生一个自由形状的蒙版。同规则形状的蒙版不同的是，钢笔工具即可以产生一个封闭的蒙版，来进行遮蔽，产生透明，也可以画一条开放的线，它主要用来产生各种特效。

在工具箱面板中将游标移动到钢笔工具上按住鼠标左键单击，会弹出扩展工具栏。下面是几个工具的用处：

✐ 添加"顶点"工具。它的作用是增加路径上的节点。

✐ 删除"顶点"工具。它的作用是删除路径上的节点。

✎ 转换"顶点"工具。它的作用是改变路径的曲率。单击后可以让控制点在曲线和直线控制间转换。

✐ 蒙版羽化工具。

STEP 06 | 将游标移动【合成】窗口中，可以看到，游标显示为钢笔笔头形状。单击鼠标左键，会产生一个方形控制点。移动游标再次单击鼠标左键，会产生第二个控制点，两个控制点间会产生连线。重复上面的操作，可以以控制点勾勒形状。注意实心的控制点表示当前激活正待操作的点。最后通过单击第一个控制点或者最后一个控制点时双击来闭合遮罩。这时候，笔头旁边会显示一个小圈。

STEP 07 | 如图2-2-6所示的形状，沿人物边缘勾勒一个遮罩。注意，绘制过程中熟练使用鼠标滚轮放大缩小观察图像，并使用热键"H"移动视图。

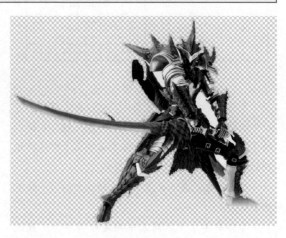

图 2-2-6

知识点：蒙版形状属性

创建一个蒙版以后，可以随时对蒙版的形状进行编辑修改的。蒙版是由多个控制点组成的形状。通过移动这些控制点，就可以改变蒙版的形状，如图2-2-7所示。

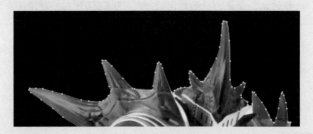

图 2-2-7

要移动蒙版的控制点，首先要选择 ✎ 工具，然后将游标移动到控制点上移动就可以了。绘制过程中也可以随时移动控制点修改形状。选择控制点后钢笔工具会自动切换到选取工具，移动控制点位置即可。如果要继续绘制，记住选择绘制的最后一个控制点，即可继续。

Chapter 02 ｜ 遮蔽的力量

Chapter
01

Chapter
02

Chapter
03

Chapter
04

Chapter
05

Chapter
06

Chapter
07

Chapter
08

Chapter
09

Chapter
10

除了移动控制点来改变蒙版的形状外，改变曲率也是一个修改形状的好办法。当我们勾选【旋转贝塞尔曲线】选项后，可以自动绘制曲线。如果未勾选该项，则绘制的蒙版都是直线组成的。只要我们改变曲率这些直线就可以变为曲线。首先我们应该在工具栏中单击 ![img]，在弹出的扩展工具中选择 ![img] 工具。如图2-2-8所示。

🖊	钢笔工具　　　　　　G
✛	添加"顶点"工具
✎	删除"顶点"工具
⌐	转换"顶点"工具
🖋	蒙版羽化工具　　　　G

图 2-2-8

![img] 转换"顶点"工具是一个曲率转换工具。这个工具在绘制直线和旋转贝塞尔曲线下状态不太一样。在旋转贝塞尔曲线上，该工具单击控制点可以将当前曲线变为尖角。再次单击，则变为曲线。按住鼠标拖动，可以改变曲线的曲率大小，决定曲线弧度更大或者偏向尖角。

在直线上，该工具可以让控制点在直线和曲线间进行切换。选择它每单击控制点一次，就会转换一次。将直线控制点转换为曲线控制点以后，我们可以看到，控制点旁边出现两个控制句柄，它们通常被称为贝塞尔句柄。拖动这两个句柄，改变它们的方向，就可以改变曲线的曲率了。如图2-2-9所示。

如果按住"Ctrl"键来拖动句柄的话，两个句柄会呈一条直线来改变曲率。通过上面的操作，我们改变了蒙版的形状。注意使用 ![img] 工具拖动贝塞尔句柄，可以单独控制一边的句柄，这样可以产生一边直线一边曲线的形状。而 ![img] 工具拖动贝塞尔句柄，则可以同时控制两边句柄，产生平滑的曲线。在绘制过程中，通过按住鼠标左键绘制，也可以直接创建贝塞尔曲线，并进行编辑。

如果我们需要整体移动蒙版的话，注意选择 ![img] 工具，在蒙版的任意一个控制点上双击，我们可以看到，所有的控制点都被选中了，且蒙版周围出现一个约束框。如图2-2-10所示。这时候我们可以移动、缩放或者旋转整个蒙版，就像我们操作层那样简单。

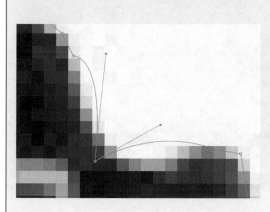

图 2-2-9

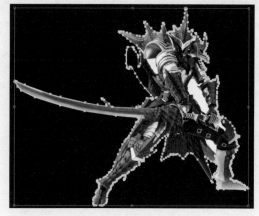

图 2-2-10

蒙版的操作不只限于一个点，如果按住"Shift"键单击来选择控制点的话，可以选择多个控制点（你也可以按住鼠标左键拖动来选择一个区域的控制点）。选中多个控制点后在控制点上双击的话，可以看到就这几个控制点产生了一个约束框（这不仅限于一个蒙版，我们可以同时选择多个蒙版的控制点，并一起进行操作）。

创建蒙版的时候，有两个【合成】或者【图层】窗口的按钮我们来注意下：

![img] 【切换蒙版和形状路径可见性】工具一般情况下请激活它。它可以在【合成】窗口中显示蒙版或者形状（有关于形状的知识我们在下一课会学到，和蒙版很像，但是又很不同）的外形。如果我们要编辑蒙版形状的话，不激活它可是无法编辑的啊。每次在【合成】窗口中建立蒙版时，系统都会自动打开Layer蒙版。

![img] Toggle Transparency工具一般情况下也请激活它。它可以显示一个透明背景，更方便我们观察遮蔽效果。当然，不单单是在使用蒙版遮蔽的情况下可以使用 ![img] 按钮，在其他合成状态下我们一般也打开它。关闭它的话，会显示背景的颜色。

▣ STEP 08 ┃ 武士的外轮廓勾画完毕，选择 ▧ 工具，对个别控制点的曲率进行调整，到满意为止。

▣ STEP 09 ┃ 可以看到，胳膊和腿之间的部分还需要去除。继续选择 ▧ 工具，按照上面的方法再绘制多个蒙版。如图2-2-11所示。注意在【图层】窗口中绘制的时候，可以取消窗口下方的【渲染】选项勾选，以方便观察绘制多个蒙版。

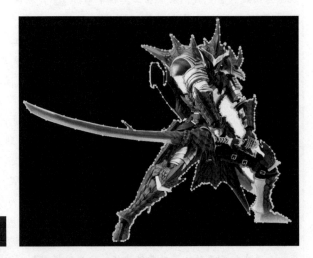

图 2-2-11

▣ STEP 10 ┃ 现在虽然已经绘制了多个蒙版，但是却没有透明效果。注意选择新绘制的几个蒙版，在旁边的模式模板中将蒙版的存在状态设为相减。如图2-2-12所示。

图 2-2-12

知识点：蒙版模式

蒙版的模式决定了蒙版如何在层上起作用。默认情况下，蒙版模式都为相加。

当一个层上有多个蒙版时，可以使用蒙版模式来产生各种复杂几何形状。可以在蒙版旁边的模式面板中选择蒙版状态。如图2-2-12所示。

在【无】的状态下蒙版采取无效方式，不在层上产生透明区域。如果建立蒙版不是为了进行层与层间的遮蔽透明，可以使该蒙版处于该种模式。系统会忽略蒙版效果。我们在使用特效时，经常会遇到某种特效需要为其指定一个蒙版路径进行定义的问题。此时，可将遮罩处于【无】状态。

在【相加】状态下采取蒙版相加方式，在【合成】窗口中显示所有蒙版内容。蒙版相交部分不透明度相加。如图2-2-13所示。椭圆蒙版不透明度为60%，矩形蒙版不透明度为30%。

在【相减】状态下蒙版采取相减方式，上面的蒙版减去下面的蒙版，被减去区域内容不在【合成】窗口中显示。如图2-2-14所示。椭圆蒙版不透明度为60%，矩形蒙版不透明度为30%。

Chapter 02 | 遮蔽的力量

Chapter
01

Chapter
02

Chapter
03

Chapter
04

Chapter
05

Chapter
06

Chapter
07

Chapter
08

Chapter
09

Chapter
10

图 2-2-13 　　　　　　　　　　　　　　　　　　图 2-2-14

　　在【交集】状态下蒙版采取交集方式，在【合成】窗口中只显示所选蒙版与其他蒙版相交部分内容，所有相交部分不透明度相减。如图2-2-15所示。椭圆蒙版不透明度为60%，矩形蒙版不透明度为30%。

　　【变亮】与【相加】方式相同，但蒙版相交部分不透明度以当前蒙版的不透明度为准。如图2-2-16所示。椭圆蒙版不透明度为60%，矩形蒙版不透明度为30%。

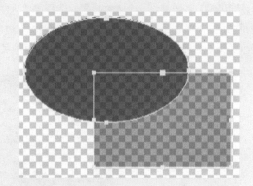

图 2-2-15 　　　　　　　　　　　　　　　　　　图 2-2-16

　　【变暗】与【交集】方式相同，但蒙版相交部分不透明度以当前蒙版的不透明度为准。如图2-2-17所示。椭圆蒙版不透明度为60%，矩形蒙版不透明度为30%。

　　在【差值】状态下蒙版采取并集减交集方式，在【合成】窗口中显示相交部分以外的所有蒙版区域。如图2-2-18所示。椭圆蒙版不透明度为60%，矩形蒙版不透明度为30%。

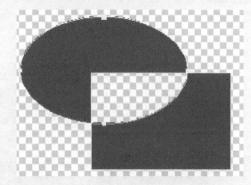

图 2-2-17 　　　　　　　　　　　　　　　　　　图 2-2-18

　　在默认情况下，蒙版以建立的顺序命名，例如根据顺序为蒙版1、蒙版2、蒙版3……我们可以为蒙版改名，这在蒙版比较多的时候尤其有用。改名方法同层相同，按键盘"Enter"键即可。

STEP 11 | 在【项目】窗口中选择素材"背景.jpg"，将其拖入合成，放在层"人物"下方，并且缩小背景和人物到如图2-2-19所示。

STEP 12 | 把背景上的石头抠出来放在人物上面形成遮挡效果。首先选择层"背景"，按"Ctrl + D"键，创建一个副本，并改名为"石头"，将其放在人物上方。

STEP 13 | 选择 ✏ 工具，沿着层"背景"石头边缘创建蒙版，效果如图2-2-20所示。

图 2-2-19   图 2-2-20

STEP 14 | 下面制作一个人物投影。选择层"人物"，按"Ctrl + D"键，创建副本，改名为"投影"。右键单击层"投影"，选择【效果】>【扭曲】>【边角定位】。在【合成】窗口中拖动四角顶点，使投影符合透视关系。如图2-2-21所示。调整的时候可以暂时关闭上方石头的显示方便观察。

图 2-2-21

STEP 15 | 右键单击层"投影"，选择【效果】>【生成】>【填充】，将颜色设为黑色。

STEP 16 | 下面产生一个柔和的投影，选择层"投影"，按"F"键，展开蒙版的羽化属性，选择所有蒙版，拖动【蒙版羽化】参数，产生一个模糊的投影。如图2-2-22所示。

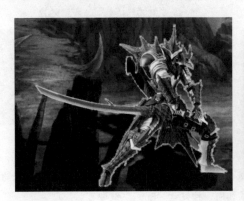 

图2-2-22

知识点：蒙版属性

如果我们单击蒙版旁边的小三角，可以展开蒙版的属性列表。蒙版包括了4种属性，它们用于控制蒙版的不同状态。如图2-2-23所示。

【蒙版路径】属性可以对蒙版的形状进行控制。这个形状包含很多，包括蒙版的外形、位置、角度等。

图 2-2-23

【蒙版羽化】属性对蒙版边缘做一个羽化设置。这是最常用的属性之一。因为通常情况下，我们创作的蒙版边缘较硬会感觉不舒服，给一个适当的羽化值的，可以让它和背景融合得更好。

需要注意的是，【蒙版羽化】参数是可以分别进行水平或者垂直羽化的。只要单击参数栏旁的 🔗 图标，将其关闭即可分别设置。水平或垂直羽化的蒙版在制作电影电视中会经常用到，例如，我们制作一个水平羽化的矩形作为字幕条，效果如图2-2-24所示。按"F"键可以仅打开蒙版的羽化属性。

说到【蒙版羽化】属性，再来看看 🖌 蒙版羽化工具。比起前者，该工具更加灵活，能够产生复杂的羽化效果。在工具栏选择该工具后，注意在【时间轴】窗口中选择需要修改的蒙版，将 🖌 工具移动到蒙版路径上时会出现"＋"，在路径上单击，可以看到蒙版周围出现外边缘范围框，这就是羽化控制框。在蒙版路径不同位置单击，可以增加新的控制点，通过拖动这些控制点，就可以产生不同部位的羽化效果。如图2-2-25所示。

图 2-2-24

图 2-2-25

通过设置【蒙版不透明度】，可以控制蒙版内图像的不透明度。蒙版不透明度只影响层上蒙版内区域图像，不影响蒙版外图像。连按"T"键可以展开蒙版的不透明度属性进行设置。

通过调整【蒙版扩展】参数，可以对当前蒙版进行扩展或者收缩。当数值为正值时，蒙版范围在原始基础上扩展。当数值为负值时，蒙版范围在原始基础上收缩。

在默认情况下，蒙版范围内显示当前层的图像，范围外透明。可以通过【反转】蒙版来改变蒙版的显示区域。

STEP 17 选择层"投影"，按"T"键，展开层的【不透明度】属性，降低不透明度到70%左右即可，产生半透明阴影。

STEP 18 场景到这里基本场景完毕，接下来我们制作太刀上的火焰和闪电效果。

2.2.2 制作火焰和闪电特效

STEP 01 首先来制作刀身的火焰效果，让火焰缠绕在刀身上燃烧。第一步我们把刀身利用蒙版抠出来。选择层"人物"，按"Ctrl + D"键创建副本，改名为"太刀"。

STEP 02 按"M"键展开层"太刀"上的所有蒙版并选择，按"Delete"键删除所有蒙版。

STEP 03 选择 🖌 工具，沿刀身绘制蒙版。如图2-2-26所示。

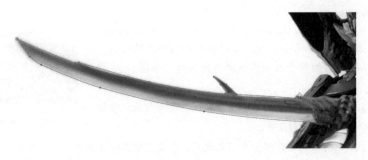

图 2-2-26

STEP 04 右键单击层"太刀",选择【效果】>【扭曲】>【湍流置换】。【置换】方式设为湍流,将【数量】设为300左右,【大小】缩小为10左右,将【复杂度】设为4左右,效果如图2-2-27所示。

STEP 05 在影片开始位置激活【偏移(湍流)】参数关键帧记录器,在影片结束位置,向上拖动Y轴偏移参数,产生火焰流动效果。

STEP 06 仍然右键单击层"太刀",选择【效果】>【颜色校正】>【色光】。展开【输出循环】卷展栏,在【使用预设调板】下拉列表中选择火焰。

STEP 07 还是层"太刀",选择【效果】>【风格化】>【发光】,为火焰增添辉光效果。

STEP 08 在【时间轴】窗口中,【模式】面板下将层"太刀"的混合模式设为相加。效果如图2-2-28所示。

图 2-2-27

图 2-2-28

STEP 09 下面给太刀制作闪电缠绕效果。仍然是层"太刀",应用【效果】>【生成】>【高级闪电】。注意在【效果控件】中激活特效的【在原始图像上合成】选项。

STEP 10 在【闪电类型】下拉列表中选择击打。在合成窗口中将闪电的源点和方向两个控制点分别放在太刀的两头。如图2-2-29所示。

图 2-2-29

STEP 11 激活【传导率状态】参数关键帧记录器,在影片的开始和结束位置分别设备不同参数,即可产生闪电颤动效果。

Chapter 02 | 遮蔽的力量

Chapter
01

Chapter
02

Chapter
03

Chapter
04

Chapter
05

Chapter
06

Chapter
07

Chapter
08

Chapter
09

Chapter
10

STEP 12 太刀的动画效果制作完毕，接下来在场景中加入火焰效果。在【项目】窗口中选择素材"火焰1.mov"拖入合成，放在背景层上方，将图层混合模式设为相加。如图2-2-30所示。

STEP 13 在工具栏中选择 ▣ 工具，在层"火焰1"绘制一个矩形蒙版。将火焰的底部切割掉一小部分。如图2-2-31所示。

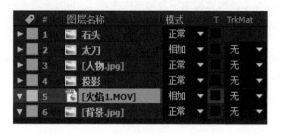

图 2-2-30

图 2-2-31

STEP 14 按"F"键展开层"火焰"的【蒙版羽化】属性，将其设为50左右，在火焰与地面间产生一个柔和过渡。

STEP 15 在场景中复制多个"火焰"层，移动和缩放火焰，放置在场景中的不同位置，形成整个场景燃烧的效果。可以从【项目】窗口中拖入另外两个火焰层，增加场景火焰的复杂程度。处于山崖上的火焰，可以使用 ◉ 工具依据地形绘制蒙版，效果如图2-2-32所示。

图 2-2-32

知识点：规则形状的Mask

After Effects CC提供了各种形状的蒙版，但总结出来就是两大类：规则形状和不规则形状的蒙版。

蒙版是一个路径或轮廓图，在为对象定义遮罩后，将建立一个透明区域，该区域将显示其下层图像。After Effects中的遮罩是用线段和控制点构成的路径，线段是连接两个控制点的直线或曲线，控制点定义了每个线段的开始点和结束点。路径可以是开放的也可以是封闭的。开放路径有着不同的开始点和结束点，如直线或曲线。封闭路径是连续的，但是如果要产生遮蔽透明，则必须使用封闭的路径产生遮罩。

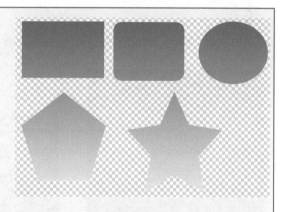

图 2-2-33

After Effects CC的规则形状蒙版一共有5种：矩形、圆角矩形、椭圆形、多边形和星形，如图2-2-11所示。

选择一种蒙版工具后，我们在【合成】窗口中按住鼠标左键拖曳，就会产生一个蒙版。如果是建立多边形或者星形的蒙版的话，移动鼠标可以旋转蒙版。还有就是按住"Shift"键的同时拖动鼠标的话，可以创建规矩的形状。例如正方形，正圆等等。

STEP 16 | 在熊熊大火中，盔甲应该会有强烈的反射效果。下面来进行制作。在【时间轴】中选择层"人物"，按"Ctrl + D"键，创建副本，改名为"铠甲"。

STEP 17 | 删除层"铠甲"上的所有蒙版。选择 工具，如图2-2-34所示，按照铠甲形状绘制多个蒙版。

STEP 18 | 在【项目】窗口中选择素材"火焰2.mov"，将其拖入【时间轴】窗口，放在层"铠甲"和"人物"之间。将"火焰2"的图层混合模式设为相加，在【轨道遮罩】下拉列表中选择【Alpha遮罩"铠甲"】，将刚才绘制的一组蒙版作为遮罩使用。如图2-2-35所示。

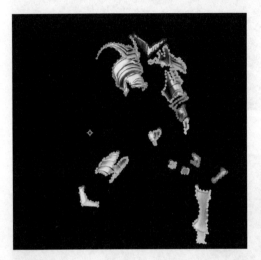

图 2-2-34　　　　　　　　　　　　　　　　　　图 2-2-35

STEP 19 | 按"T"键展开层"火焰2"的【不透明度】属性，将其设为45%左右，减弱反射。

STEP 20 | 场景制作基本已经完成，接下来对整个场景做调色处理。

STEP 21 | 首先选择前景的层"石头"，右键选择【效果】>【颜色校正】>【曲线】。在【效果控件】对话框中，首先在【通道】下拉列表中选择红色，将图像中的红色输出整体拉大，接下来选择蓝色，减弱暗部的蓝色输出量。如图2-2-36所示。

STEP 22 | 选择【效果】>【风格化】>【发光】，为石头增加火焰照射的发光效果。将【发光阈值】调小，【发光强度】加大，加强发光效果。如图2-2-37所示。

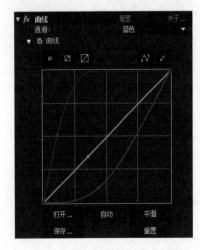

图 2-2-36　　　　　　　　　　　　　　　　图 2-2-37

Chapter 02 | 遮蔽的力量

Chapter 01
Chapter 02
Chapter 03
Chapter 04
Chapter 05
Chapter 06
Chapter 07
Chapter 08
Chapter 09
Chapter 10

▣ STEP 23 │ 接下来对中景进行处理。选择层"背景"，按"Ctrl + D"键创建副本，改名为"中景"。选择 ✎ 工具，如图2-2-38所示勾选中景范围。这里可以绘制粗糙一些。

▣ STEP 24 │ 为层"中景"应用【效果】>【颜色校正】>【曲线】。分别在RGB通道中加大图像对比度，加大红色通道输出量，减弱蓝色通道输出量。如图2-2-39所示。

图 2-2-38

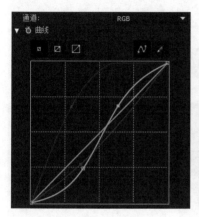

图 2-2-39

▣ STEP 25 │ 中景的蒙版边缘太硬，效果不好。选择中景，按"F"键展开【蒙版羽化】属性，将其设为500左右，可以看到一个柔和的边缘向远方展开。如图2-2-40所示。

▣ STEP 26 │ 最后，为层"中景"应用【效果】>【风格化】>【发光】，魔幻场景制作完成。

图 2-2-40

　　魔幻场景的蒙版应用实例到这里就结束了。蒙版的遮蔽功能也全部学完了。前边我们说过，蒙版除了遮蔽的功能外，它还经常被用于产生一些特效。下面，我们来看看一些和蒙版有关的特效。限于篇幅，我们不再一一列举，挑几个比较典型的学习。希望大家能做到举一反三。

2.3　和蒙版有关的特效

　　After Effects CC中有很多特效都和蒙版有关，我们需要根据给定的蒙版形状进行描边或者填充等，例如Raio Waves、Stroke、Fill等。它们大部分都集中在【生成】特效组里。下面，我们对和蒙版有关的特效进行学习。

2.3.1   3D Stroke & Shine

　　说到和蒙版有关的特效，就不得不提到3D Stroke。这个包含在Trapcode插件包里的特效插件，可以说是After Effects中使用频率最高的插件之一。它可以根据给定的蒙版形状来进行描边，并且可以对描边效果做变形处理，做出非常眩目的效果。如图2-3-1所示，就是使用3D Stroke插件制作沿蒙版描边并且变形的动画，并结合光效插件Shine来得到的最终效果。

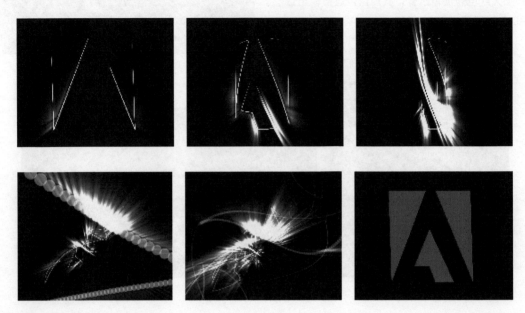

图 2-3-1

知识点：第三方插件

　　After Effects之所以能在众多优秀的合成软件中脱颖而出，成为用户群最广的合成软件。除了其简单的操作和强大的功能外，众多第三方插件的支持也是其成功的重要原因。全世界有不计其数的计算机厂商和电脑爱好者为After Effects编写特效插件。在本书中我们就将接触到不少After Effects的经典插件。

　　After Effects插件种类繁多。其中有的插件是对After Effects原有特效功能的补充完善。例如著名的Boris系列插件就属于该类。另一些插件则提供了更多After Effects所没有的特殊效果。

　　After Effects CC的插件存放Adobe After Effects CC > Support Files > Plug-ins目录下，扩展名为".Aex"。

　　After Effects CC的插件有两类：

　　一类是提供安装文件的插件包，通常在插件包中带有"Setup.exe"文件，这一类型的插件只要执行安装文件"Setup.exe"就可以进行安装。

　　另一类插件是直接提供".Aex"，除非有特殊的说明，否则直接将这些文件拷贝到Adobe After Effects CC > Support Files > Plug-ins目录下使用即可。

　　第三方插件在安装完成后重新启动After Effects，被安装的插件会自动集成到After Effects的【效果】菜单下，控制界面也使用After Effects的标准【效果控件】对话框。

　　掌握更多的插件可以让工作更加得心应手，作品也更加出色。但是要注意，插件仅仅是一种辅助手段，对于软件基本功能的掌握才是最重要的。提醒您在使用插件的同时，不要沉迷其中，而忽略了合成的基本。

STEP 01 首先要做的当然是创建一个合成了。按照PAL制模版创建一个30秒长的合成即可。

STEP 02 按"Ctrl + Y"键，在合成中新建一个纯色层。

STEP 03 接下来要做的就是在工具中选择 ⬚ 工具，绘制一个如图2-3-2所示的Adobe标志。注意把钢笔工具的【旋转贝塞尔曲线】选项关闭，以方便我们绘制直线。

STEP 04 接下来就是为蒙版应用描边特效了。3D Stroke插件被正确安装后，我们可以在【效果】>【Trapcode】插件组中找到。选择【3D Stroke】，为目标层应用三维描边插件。在【合成】窗口中可以看到，【3D Stroke】自动沿着蒙版边缘产生描边。如图2-3-3所示。

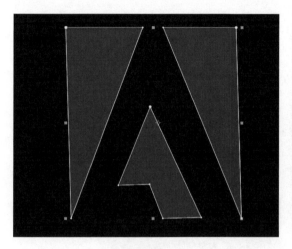

图 2-3-2　　　　　　　　　　　　　　　　图 2-3-3

STEP 05 现在描边太粗，效果看上去不是很好。我们把边缘变细一下，再给描边换个颜色。在【效果控件】对话框中展开【3D Stroke】特效，将Thickness参数设为2，单击Color参数旁的颜色块，将描边设为淡黄色。

STEP 06 下面来设置描绘动画。我们沿蒙版来画出一个LOGO来。将世界指示器移动到影片开始位置，激活【End】参数的关键帧记录器，并且将该参数设为0。

STEP 07 将【当前时间指示器】移动至4秒左右位置，将【End】参数设为100。播放动画会发现，所有蒙版同时开始描边。如图2-3-4所示。这同我们需要的按顺序描边有出入。激活【Stroke Sequentially】选项即可解决这个问题。

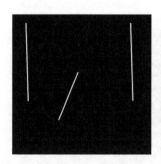

图 2-3-4

STEP 08 可以看到，如图2-3-5所示，产生了描绘的效果。

Chapter
03

Chapter
04

Chapter
05

Chapter
06

Chapter
07

Chapter
08

Chapter
09

Chapter
10

图 2-3-5

知识点：描绘动画

　　描边特效的动画设置是通过从路径的开始（Start）到结束（End）来设置关键帧产生效果的。例如上边的设置，【End】参数为100的时候，表示路径描绘完成，处于结束位置。0则表示开始位置。所以，设置【End】参数0~100的变化，就产生了描绘的效果。

　　想一想，如果把【Start】参数设为100~0会怎么样？

　　【Offset】参数表示了路径上描边的位置。通过这个参数的调节，可以在蒙版路径上改变描边的位置。如图2-3-6所示。

图 2-3-6

　　激活【Stroke Sequentially】选项后，3D Stroke可以根据蒙版的创建顺序来进行顺序描绘。注意，是蒙版的创建顺序，不是排列顺序，也不是名称顺序。也就是说，先画的先描。

STEP 09 ｜ 描边的动画做好了。现在笔划的粗细是一样的，我们可以使其产生变化，得到一个更好的效果。展开【Taper】参数栏，注意激活【Enable】选项。如图2-3-7所示，笔触有了变化。

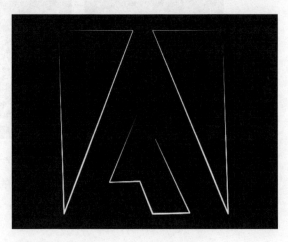

图 2-3-7

Chapter 02 | 遮蔽的力量

Chapter
01

Chapter
02

Chapter
03

Chapter
04

Chapter
05

Chapter
06

Chapter
07

Chapter
08

Chapter
09

Chapter
10

知识点：笔触的虚实变化

【Taper】参数来专门用于对笔触产生虚实变化。激活【Enable】选项后该参数生效。【Start】和【End Thickness】参数栏分别控制一笔开始和结束部分的粗细。设为0时，开始和结束部分最细，就产生了如图 2-3-7的变化。设为100，则和我们在【Thickness】参数栏中设置的整体笔划粗细是相同的。

【Taper Start】和【End】参数栏控制的是笔触开始收缩变化的位置。

【Shape】栏的【Start】和【End】参数则分别控制笔触开始和结束收缩的形状、幅度。数值越高，收缩影响的范围也就越大，这样，笔触会显得更细一些。

STEP 10 接下来我们开始制作LOGO变形的动画。我们首先让LOGO卷曲，然后变形成一条条夸张的线条，最后在恢复到LOGO的。

STEP 11 展开【Transform】卷展栏。在4秒左右位置，激活【Bend】参数的关键帧记录器。

STEP 12 将【当前时间指示器】移动至10秒左右位置，将Bend参数设为3.5，可以看到，LOGO被卷曲起来。如图2-3-8所示。

STEP 13 将【当前时间指示器】移动至17秒左右的位置，将【Bend】参数设为7左右，给一个更佳的卷曲值。可以看到，LOGO卷曲的更加厉害了。

STEP 14 前边说过，我们最后要让LOGO恢复原装。将【当前时间指示器】移动至28秒左右位置，将【Bend】参数设为0，可以看到，卷曲被取消，LOGO恢复原状。

STEP 15 播放动画来看一下，会发现LOGO只是在那里简单的卷来卷曲，并没有产生我们希望看到的线条。不要着急，我们一步一步来达到需要的效果。

STEP 16 将【当前时间指示器】移动至10秒左右位置，即第二个【Bend】关键帧处。激活【Bend Axis】参数的关键帧记录器。

STEP 17 将【当前时间指示器】移动至17秒左右位置，将【Bend Axis】参数设为85°左右，可以看到，卷曲效果被扭曲了。

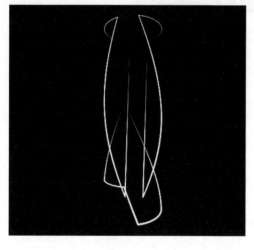

图 2-3-8

图 2-3-9

知识点：弯曲

3D Stroke特效中，通过【Bend】参数对线条进行弯曲变形。想象一下，好像我们把一张纸卷成一个筒一样。【Bend】参数值越大，扭曲效果越强烈，好像我们把纸卷了好几圈的感觉。这是一种规则的扭曲，但是我们设置【Bend Axis】后效果就产生了大的变化。这相当于把我们扭曲的坐标系再做了一个扭曲，扭上加扭，那效果就好像拧麻花一样，线条弯曲的相当复杂了。

在【Transform】栏中我们还可以对线条的位置和旋转进行动画。因为叫做3D Stroke，所以，线条的操作也一定是针对三维空间的。从扭曲到可以设置Z轴的位置和角度等，都可以体会到这一点。三维和弯曲再结合稍后要讲到的重复功能，把3D Stroke特效从同类的描边特效中真正的凸显出来，成为当之无愧的描边NO.1。

除了用【Bend】参数来弯曲线条外，我们还有一种可控性更高的弯曲方法，什么呢？其实就是对蒙版路径进行动画。试着操作一下，可以看到，所有的蒙版路径的修改，都立即会反馈到我们在3D Stroke中产生的描边线条上。

◤ STEP 18 ▏制作弯曲后，线条的变化是比较丰富了，但是整个画面中由于只有一组线条，还是比较单调的。下面展开【Repeate】卷展栏。激活【Enble】参数。来看看效果。如图2-3-10所示。

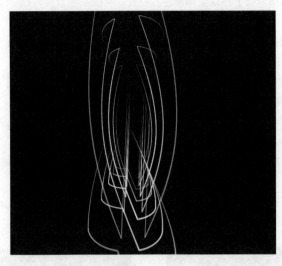

图 2-3-10

知识点：重复

3D Stroke通过重复（Repeater）来产生复杂的线条效果。当我们激活该卷展的【Enable】选项后，重复效果会被激活。缺省情况下，当前图形的两边会各产生两个一模一样的复制图形。

如果要修改重复的数量，更改【Instances】参数就可以了。不过需要注意的是【Symmetric Doubler选项】。这个选项被激活，图形两边产生重复，关闭的话，则仅有一边重复。也就是说，如果【Instances】设为2，且【Symmetric Doubler】被激活，重复的图形就是4个，关闭的话则是两个。

【Opacity】参数可以设置重复图形的不透明度。缺省情况下100%，重复的图形会和源图形相同。不过很多时候使用完全相同的不透明度，会感觉比较杂乱，而且设置不透明度后，纵深感也会好一点。需要注意的是，这里的【Opacity】参数设置后，不透明度是有中心的源图形开始向外递减的。

缺省情况下重复的图形和源图形大小相同。通过调整【Scale】参数，就可以放大或者缩小重复图形；而【Displace】参数则控制着重复图形和源图形间的距离。当这几个参数都为0时，就和源图形重合了；【Rotate】参数从X、Y、Z轴上选中重复图形。通过对上面这些参数的设置修改，重复的图形和源图形可能就会大相径庭了。

◤ STEP 19 ▏首先将【Opacity】参数设为45左右，让重复的图形产生一个递减透明的效果。

◤ STEP 20 ▏将【当前时间指示器】移动到10秒左右位置。激活【Z Displace】参数的关键帧记录器。将参数设置为0。

Chapter 02 ┃ 遮蔽的力量

Chapter 01
Chapter 02
Chapter 03
Chapter 04
Chapter 05
Chapter 06
Chapter 07
Chapter 08
Chapter 09
Chapter 10

◤ STEP 21 ┃ 将【当前时间指示器】移动到14秒左右位置，将【Z Displace】参数设为400左右；将【当前时间指示器】移动至24秒左右位置，将【Z Displace】参数设为0。这样就产生一个图形向外扩展收缩的动画效果。如图2-3-11所示。

◤ STEP 22 ┃ 下面我们来进一步对线条效果进行设置。展开【Advanced】卷展栏。将【当前时间指示器】移动至10秒左右位置，激活【Adjust Step】参数的关键帧记录器。

◤ STEP 23 ┃ 将【当前时间指示器】移动至17秒左右，将【Adjust Step】参数设为800左右，如图2-3-12所示，线变成了点。

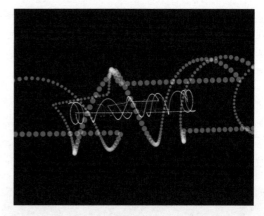

图 2-3-11   图 2-3-12

知识点：步幅

　　线是由点构成的，这个常识大家都知道，After Effects 中的线当然也不例外。【Adjust Step】参数控制线的步幅，也就是线上点的密度。当密度足够的时候，我们看到的是线不是点了。

　　通过增大【Adjust Step】参数值，就可以减少点的密度，产生圆点效果。需要注意的是，3D Stroke中的线在【Adjust Step】100的情况下，即可很平滑的显示。如果把线放大的很厉害，可以适当的减小该值。但是注意不要太小，不然由于点的密度太大，会导致计算速度急剧下降。

◤ STEP 24 ┃ 将【当前时间指示器】移动至24秒左右位置，将【Adjust Step】参数设为100即可。播放动画看看，效果如图2-3-13所示。

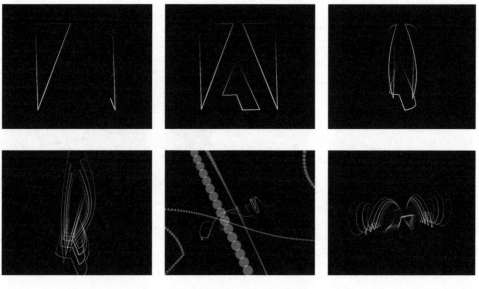

图 2-3-13

STEP 25 | 在【效果控件】对话框中单击右键，选择【风格化】特效组下的【发光】特效，为描边线条加入辉光。效果如图2-3-14所示。

STEP 26 | 描边的动画到这里就制作完毕了。接下来，我们为影片加入光效。这里要用到同样是Trapcode插件包里的光效插件Shine。比起3D Stroke来说，Shine的使用范围更加广泛。它具有效果好，操作简便，速度极快三大特色。这也是Shine能够在众多的After Effects光效插件中脱颖而出的制胜法宝。它也可以说是After Effects上最有名，使用频率最高的第三方插件。

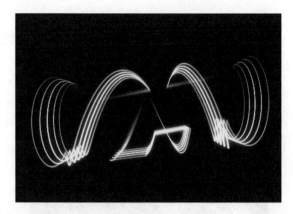

图 2-3-14

STEP 27 | 在【效果控件】对话框中单击鼠标右键，选择【Trapcode】特效组下的【Shine】特效。如图2-3-15所示。出现光芒发射的效果，是不是很熟悉呢？现在很多广告或者片头中使用的光效插件都是它了。

STEP 28 | 首先我们设置光效的颜色。展开【Colorize】参数栏，选择【Romance】，将【Boost Light】参数设为5。【Ray Length】设为8。在【Transfer Mode】中选择Add。效果如图2-3-16所示。

图 2-3-15

图 2-3-16

知识点：设置光效

　　Shine预制了多种光效模版，使用起来非常方面。我们只需要在【Colorize】下拉列表中选择一种模版即可。这些模版可以随时修改。Shine最多支持5种颜色的光效过渡。如图2-3-17所示。我们可以看到，从上到下分别是由亮到暗的过渡，也就是光芒从发光点开始向外扩散衰减的过程。单击每个颜色块，可以分别设置不同阶段的颜色。一般我们都是由亮到暗的变化。

图 2-3-17

　　【Boost Light】控制光芒的亮度。数值越高，从发光点发射出来的光线也就越强。如图2-3-18所示左图【Boost Light】值就较小。需要注意的是，不要将该参数设的过高，会让画面充斥白光。

Chapter 02 ｜ 遮蔽的力量

Chapter
01

Chapter
02

Chapter
03

Chapter
04

Chapter
05

Chapter
06

Chapter
07

Chapter
08

Chapter
09

Chapter
10

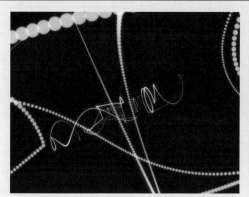 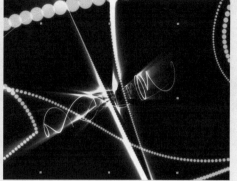

图 2-3-18

【Ray Length】参数控制的是光线的长度。一般情况下，在Boost Light数值一定的时候，光线越长，光芒强度也就越弱，因为衰减厉害了。

【Transfer Mode】下拉列表中可以设置光芒和原始素材的混合模式。类似于我们前面学习的层模式。一般情况下，我们选择Add。这样可以让光芒以加亮的方式叠在本体上，既有光芒效果，也可以看清楚本体的形状。有时候我们也使用None方式，这时候不显示本体形状，只呈现光芒的效果。如图2-3-19所示。

图 2-3-19

STEP 29 把【当前时间指示器】移动至影片前半段，即沿LOGO描边的动画状态。可以看到，在这个位置，光芒效果还是比较弱的。在【Base On】下拉列表中选择Alpha Edges。并且将【Edge Thickness】参数设为10。可以看到，光芒效果被加强了。如图2-3-20所示。左图为使用亮度通道时的效果。

图 2-3-20

知识点：发光通道

在默认情况下，Shine是基于图像的亮度通道产生光芒。图像中较亮的部分，产生的光芒也更耀眼，暗部的光芒就比较黯淡了。这也是本例中为什么光芒会显得较暗的原因。图像中整体是黑色背景，无法产生光芒。而线条也比较细，所以光芒也就比较暗了。这种情况下，一味的提高【Booslight】参数是没有效果的，这样只会使亮的地方变得一片惨白，而暗的地方只会有微弱的提升。

除了基于亮度通道产生光芒外，实际上Shine也是可以根据目标的Alpha通道来产生光芒的。这正好使用于目前这种状况。

除了上述通道外，图像的R、G、B通道也是可以产生光芒的。具体可以根据使用的需要来选择。

STEP 30 | 现在可以看到，光芒方向有点过于向下了，应该让光芒方向靠上一点。拖动【Souce Point】参数栏的到397～408。可以看到，光线方向靠上了。如图2-3-21所示。

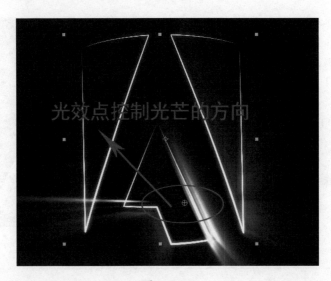

图2-3-21

知识点：光线的方向

【Souce Point】控制光线从哪儿发出。离该点越近，光效也就越强。它控制了光效的方向。向下拖动光效点的话，光线会向上；而向左拖动光效点的话，光线会朝右。一般情况下，我们都是通过对该参数设置动画来产生扫光等效果的。例如，设置光效点从左往右水平移动的动画，得到一个由右向左的扫光效果。如图2-3-22所示。注意一下光效点的位置。单击选择 ⊕ 按钮后，也可以根据在【合成】窗口中出现的十字线快速定位光效点的位置。

图2-3-22

STEP 31 | 接下来我们对光线进行一些调整。展开【Shimmer】设置栏。将【Amount】参数设为500，【Detail】参数设为8。如图2-3-23所示。

Chapter 02 ｜ 遮蔽的力量

Chapter
01

Chapter
02

Chapter
03

Chapter
04

Chapter
05

Chapter
06

Chapter
07

Chapter
08

Chapter
09

Chapter
10

图 2-3-23

知识点：光线的细节

　　【Shimmer】是专门由于设定光线细节的。一般情况下，使用缺省的参数值就可以得到足够好的效果了。但是有时候我们可能需要一些更为夸张的光效，外形更清晰的光效，这时候【Shimmer】就可以派上用场了。

　　【Amount】和【Detail】两个参数是一起使用的。前者控制光线的强度，而后者控制光效的细节。这两个参数值都高的时候，可以得到一个有着清晰外形的光束效果。如图2-3-24所示。

　　【Phase】也是个比较重要的参数。它控制光线的相位。通过为这个参数设置关键帧动画，可以产生光线流动的效果。

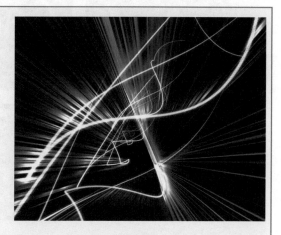

图 2-3-24

◤ STEP 32 ｜ 将【当前时间指示器】移动至影片开始，激活【Phase】参数的关键帧记录器；将【当前时间指示器】移动至影片结束，将该参数设为50。

◤ STEP 33 ｜ 光效到这里就全部设置完毕了。影片的最后我们要显示Adobe标志。按"Ctrl + D"键，复制一个层。选择上方的层，按"F3"键展开【效果控件】对话框。选择所有特效，按"Delete"键删除。

◤ STEP 34 ｜ 按"Ctrl + Shift + Y"键，将该层设为红色。将【当前时间指示器】移动至28秒左右位置。按"T"键，展开该层的【不透明度】属性。将其关键帧记录器激活，设为0；将【当前时间指示器】移动至29秒左右位置，将【不透明度】参数设为100。

◤ STEP 35 ｜ 选择下方应用了描边和光效的层，按"T"键展开其【不透明度】属性。在28秒稍靠后一点的位置将其关键帧记录器激活，参数为100；将【当前时间指示器】移动至29秒稍靠后一点的位置，将【不透明度】参数设为0。这样就制作了一个光效和LOGO之间的叠化过渡效果，光效渐弱，标志淡入。

◤ STEP 36 ｜ 最后为影片配上音乐。在【项目】窗口中双击，导入配套素材>LESSON 2 > FOOTAGE下的Music2.mp3，将其拖入合成。输出一个影片观看效果。

　　通过一个实例学习了3D Stroke和Shine的应用方法。下面是一个没有在实例中涉及到，但是又非常重要的知识点，我们来补上。

知识点：3D Stroke的摄像机系统

既然是三维空间中的描边效果，那一定离不开摄像机系统了。3D Stroke中提供了两种摄像机系统。

首先是特效自带的摄像机系统。展开Camera卷展栏后可以看到。通过对Position（位置）和Rotation（旋转）的操作，可以改变线条的观察视角。这些参数当然也是可以动画的。Zoom参数是用来调整镜头大小的。数值越小的话，视角越广，呈现广角效果。

另外在View下拉列表中除了选择Camera视角以外，还可以选择其他诸如顶视、侧视各种视角，以方便我们的观察。

除了自动的摄像机系统外，使用起来更加灵活方便的是Comp Camera系统。激活这个选项后，3D Stroke就可以使用After Effects的摄像机系统来操作了。这对于把3D Stroke特效产生的线条与其他层的效果整合在一个空间，使用相同视角来动画是有至关重要的作用的。我们来看看图2-3-25，上方使用了特效的摄像机系统，在动画过程中文字和线条视角不同，无法同步。而下图使用Comp Camera后，文字层和3D Stroke产生的线条由于共用了摄像机，所以被整合在一个空间内，移动旋转都是同步的了。

图 2-3-25

要使用Comp Camera，首先需要在当前合成中新建一个摄像机，然后勾选特效的Comp Camera选项，在工具栏中选择摄像机工具████操作即可。以后要设置调整动画，都针对合成中的摄像机层即可。有关于三维空间和摄像机的知识我们将在后面几课中详细进行学习。

另外还有一个重要的问题就是遮挡的问题。由于我们制作的线条都是三维空间中的，所以如果要和三维空间中的其他物体共存，就会出现一个遮蔽的问题。但是由于After Effects的三维空间系统是没有厚度概念的，而且它的三维空间深度信息和特效的深度信息没有共享，所以我们在特效中产生的线条无法和After Effects的三维空间物体前后遮挡。更不用说，是和合成中一个普通层来产生遮蔽了。但是麻烦的是，这种前后遮蔽的效果我们在制作影片中是经常会碰到的，例如，一束光线绕着一个LOGO上行，如果没有遮蔽，就无法达到让人满意的效果。如图2-3-26所示。

图 2-3-26

Chapter 02 | 遮蔽的力量

Chapter 01
Chapter 02
Chapter 03
Chapter 04
Chapter 05
Chapter 06
Chapter 07
Chapter 08
Chapter 09
Chapter 10

　　3D Stroke的【Z Clip】参数是解决这个问题的好办法。它控制着描边线条的深度信息。我们可以设置深度来确定显示哪一部分的线条。例如，【Z Clip Front】控制向前延展，【Z Clip Back】控制靠后延展。通过修改这两个参数，我们就可以产生遮蔽了。需要注意的是，实际操作的时候，眼睛看到的前后方不一定就是实际线条的前后方，因为如果旋转了线条，它的方向就颠倒了。所以，我们还是需要看着画面，试着调整两个参数来得到满意的效果。

　　还是以上图为例，首先需要调整处于LOGO上方的线条的【Z Clip Back】值，拖动参数可以看到，数值越低，前方显示的线条也就越少，提高该参数，则线条向后延展。所以我们只需要把数值调整到接近LOGO后方遮蔽的位置即可。如图2-3-27所示。

图 2-3-27

　　需要注意一下【Start Fade】参数，这个参数控制线条两头的衰减。它和线条在Z轴上的位置有关。根据位置我们来调整参数大小，一般来说，数值小则衰减高。

　　前半部分的线条制作完毕以后，接下来需要制作后半部分被遮挡的线条。这时候我们需要拷贝这个应用了3D Stroke特效的层，将它放在LOGO的下方。这样就会被遮挡了。

　　处于LOGO下方的应该是后方的线条。所以，我们需要调整一下【Z Clip】参数，把后方的线条露出来。这时候我们需要把【Z Clip Back】参数调大，可以看到，线条靠后延展到完全显示就可以了。调大【Z Clip Front】参数值，可以看到，线条向后收缩了，处于前方的线条被屏蔽了。如图2-3-28所示，对比两张图可以看到，这下，前后的光线都有了，而LOGO处于中间，所以产生了屏蔽的效果。

图 2-3-28

　　如果LOGO中的摄像机是动态的，我们则需要为【Z Clip】设置关键帧动画，以适应LOGO的移动位置，来产生遮蔽。上面例子中制作了线条描绘动画后最终的效果如图2-3-29所示。

图 2-3-29

2.3.2 内部/外部键

有时候我们需要为复杂的画面设置透明。例如将一个少女保留，而将背景剔除。这时候，丝丝纤细的发丝成了我们最头痛的问题。用蒙版绘制这些发丝将是一个艰难的工作，但是，使用内部/外部键后，一切困难都将迎刃而解。这个工具非常像Photoshop中的Extract工具。

内部/外部键是After Effects提供的一种高级透明工具。利用这种工具，我们可以为非常复杂的画面设置透明，而所要做的只是绘制一个简单的蒙版。内部/外部键根据限定的蒙版，判断蒙版边缘象素的细微差别，来定义透明。

首先需要为图像绘制蒙版。推荐将图像打开在【图层】窗口中来绘制。选择 ✐ 工具后，沿人物轮廓绘制一个封闭蒙版。如图2-3-30所示。

接下来继续沿人物轮廓绘制一个新的蒙版。如图2-3-31所示。注意第一个蒙版沿人物的轮廓偏里绘制，而后一个蒙版则沿人物的轮廓偏外绘制。注意取消【图层】窗口右下方的【渲染】选项。使用原稿显示以方便绘制。

蒙版绘制完毕后，为目标层应用特效。选择【效果】>【键控】>【内部/外部键】。我们可以看到，系统在使用内部/外部键特效后，自动将刚才绘制的蒙版分配给特效。在【前景（内部）】栏使用了绘制的第一个里边蒙版。该蒙版定义图像中保留的像素范围。在第二个【背景（外部）】栏则使用了绘制的第二个外边缘蒙版。该蒙版定义图像中键出的像素范围。系统根据内外蒙版路径进行像素差异比较，完成键出人物。如果图像更加复杂，需要多个蒙版才能完成透明。我们也可以绘制更多的蒙版，并在【其他前景】和【其他背景】扩展栏中进行添加。如果透明效果不满意，可以适当调整【薄化边缘】参数，调整键出的区域边界。正值表示边界在透明区域外，即扩大透明区域。负值减少透明区域。而【羽化边缘】和【边缘阈值】参数则分别控制键出区域边界的羽化度和键出边缘的阈值。

放大了看，每一根发丝都清晰可见的，单纯使用蒙版，是无论任何也达不到这种效果的。如图2-3-32所示。

图 2-3-30

图 2-3-31

图 2-3-32

2.3.3 通道转化蒙版

对于动态影片来说，逐帧绘制蒙版将是一项非常繁琐的工作。After Effects CC提供了最新的通道转化工具【自动追踪】。利用该工具，可以将图像的通道转化为蒙版。配合【内部/外部键】使用，可以使非常复杂的抠像难题迎刃而解。

【自动追踪】在菜单命令【图层】下，选择该命令后，会弹出设置对话框。如图2-3-33所示。

【时间跨度】设置栏中对转化的时间范围进行设置。【当前帧】选中情况下，系统仅在影片的当前帧进

Chapter 02 | 遮蔽的力量

Chapter 01
Chapter 02
Chapter 03
Chapter 04
Chapter 05
Chapter 06
Chapter 07
Chapter 08
Chapter 09
Chapter 10

行转化；【工作区】则在工作区域内转化影片通道。影片每一帧的通道都转化为蒙版。产生动画蒙版。

【容差】设置转化容差度。控制通道产生的蒙版平滑程度。低数值产生复杂的，形状准确的蒙版。但使用的转化时间也较长。如图2-3-34所示。左图使用较低容差值，蒙版比较平滑。

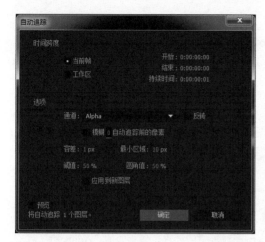

图 2-3-33

图 2-3-34

【阈值】参数控制图像通道转化蒙版的边缘临界度。使用较低数值时，图像中会有更多的像素边缘被检索，产生更多更复杂的蒙版；较高数值时，检索的像素会相对简单，颜色相近的像素会转为共同的蒙版，产生比较少的简约的蒙版。如图2-3-35所示。

【通道】下拉列表中需要指定转化蒙版的目标通道。After Effects允许以图像的明亮度通道、RGB通道或者Alpha通道来转化蒙版。

图 2-3-35

【模糊】参数可以在自动追踪前对像素进行模糊。如果画面中颜色比较复杂，可以模糊以后进行追踪，以产生简约的蒙版。

激活【应用到新图层】选项，转化完成后，自动建立一个新层并将所有转化的蒙版放在该层上。需要注意的是，【自动追踪】产生的蒙版，在缺省情况下，其混和模式都为【无】。要使用蒙版产生屏蔽，必须在模式下拉列表中进行设置。

2.4　本章小结

有关于蒙版屏蔽的知识我们就学到这里，在后面的学习中我们还将不断的接触到蒙版。下面对本课的重点知识点做一个回顾。

知识点1：理解什么是蒙版

蒙版是一个形状，它利用一个形状来定义区域，然后产生透明。

知识点2：如何创建蒙版

两种蒙版，规则的和自由的；开放或封闭。钢笔工具是我们最常用到的了。注意它的使用方法，通过控制点来连接线段，然后产生一个形状。

知识点3： 蒙版混合模式

当多个蒙版共存的时候，它们怎么协调自己的存在？记住每一种模式，都会有用。当然，单个蒙版的时候，它们的模式仍然是有效的。

知识点4： 蒙版属性

形状、透明度、柔化度、扩展度，这就是蒙版的全部属性。都非常重要。当然，重中之重是形状了。记住操作它的方法，和层的操作方法很像，但是注意，改变形状的时候是通过调整控制点的。多练练，就会熟练掌握钢笔工具了。

知识点5： 3D Stroke & Shine

两个非常有用的特效插件，一定要掌握。3D Stroke对路径的应用也是After Effects中其他同类描边特效的使用方法，只不过功能更强一点。Shine的重要性在以后实际工作中就能感觉到了，这两个插件的确是一个也不能少啊。

知识点6： 内部/外部键 & 自动追踪

需要精细的透明效果的时候可以考虑它。不过它也不是万能的，还是注意前景和背景反差越大越好抠。糊成一团的话，神仙也帮不了你，只能靠自己的手了；Auto-trace对素材的要求也是相同的。Adobe给了我们一个选择，但是更多的时候，还得靠自己的手来。

矢量图形

本章介绍的是After Effects中全新的矢量绘图，它提供了对图形的多元化控制。在本章实例中，你能领略到人偶系统的美妙之处。

学习重点

- 蒙版和形状工具
- 填充和描边属性
- 操控点系统

3.1　矢量绘图

After Effects的矢量绘图工具非常强大，它提供了对图形的多元化控制，其独有的操控点系统可以制作各种复杂的动作。

要讨论矢量绘图，首先要对矢量的含义做一个了解。学习过Illustrator或者CorelDRAW这类软件的读者应该对这个概念非常熟悉了。

矢量图形是与分辨率独立的图形。它通过数学方程式来得到，并由叫作矢量的数学对象所定义的直线和曲线组成。矢量根据图形的几何特性来对其进行描述。在图3-1-1所示的矢量图形中，所有内容是由数学定义的曲线（路径）组成，这些曲线放在特定位置并填充有特定的颜色。移动、缩放图片或更改图片的颜色都不会降低图形的品质。

矢量图形与分辨率无关，可以被缩放到任意大小和以任意分辨率在输出设备上打印，都不会遗漏细节或损伤清晰度。因此，矢量图形是文字（尤其是小字）和粗图形的最佳选择，这些图形（比如徽标）在缩放到不同大小时都能保持清晰的线条。矢量图形还具有文件数据量小的特点。

After Effects的矢量绘图和蒙版共享工具。这也是为什么我们要将矢量绘图放在蒙版之后来讲的原因。它们使用的工具，以及绘制和修改形状的方法

图 3-1-1

都是相同的，但是在属性调整方面又有着巨大的差异。下面我们将通过一个实例对矢量绘图进行深度学习。关于绘图的方法没有特别需要我们就不再详细说明了。

After Effects中可以导入"AI"这样的矢量文件。在使用这些文件的时候需要注意一点，如果要对这些文件进行放缩，且不希望失真的话，需要打开该层的【连续栅格化】开关 ✱ 。对于一个预合成、嵌套产生的层或者Illustrator矢量文件，该开关有重要的作用。开关没有选定的时候，After Effects以当前合成的层质量来显示影片。打开该开关后，After Effects在预视和渲染时使用层的原始信息。

3.2　创建一个矢量场景

首先，我们来创建一个矢量场景。如图3-2-1所示。这个场景中的人物、背景需要分别进行制作，这是根据后面制作动画的要求而定的。

图 3-2-1

看看这个场景，是一个金融人士钓"$"的的动画。我们来分析一下场景，确定影片该如何制作。要制

Chapter 03 | 矢量图形

Chapter
01

Chapter
02

Chapter
03

Chapter
04

Chapter
05

Chapter
06

Chapter
07

Chapter
08

Chapter
09

Chapter
10

作人物动画，必须单独绘制图形，和背景的图形区分开来。背景图形是可以绘制在一层上的。分析完毕后，我们可以动手制作了。这里注意一下，After Effects中绘制的图形被称为形状图层。

首先从最简单的开始，我们绘制背景。

3.2.1 创建背景

STEP 01 首先按"Ctrl + N"键新建一个合成。合成的设置如图3-2-2所示。这里将【像素长宽比】设为"方形像素"，并将【背景颜色】设为"白色"。

STEP 02 在工具栏中选择 ✎ 工具，在【合成】窗口绘制图3-2-3所示的【形状图层】。注意取消【旋转贝塞尔曲线】，因为我们还需要绘制直线，这样会方便一些。需要绘制曲线的时候按住鼠标左键拖动，可以出现贝塞尔句柄，移动鼠标可以改变曲率。

图 3-2-2

图 3-2-3

知识点：蒙版和形状工具状态

你也许已经注意到了，在有层被选中的情况下选择 ✎ 工具和没有层被选中的情况下工具栏的状态是不同的，如图3-2-4所示。

选中层的情况下

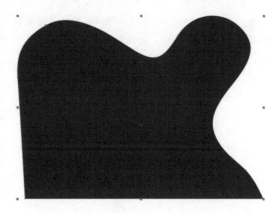

没有选中层的情况下

图 3-2-4

如果选择一个层后选择 ✎ 或者其他规则形状工具，这时候产生的是一个蒙版。而在没有选中层或者选中的是一个形状图层的情况下，默认创建的就是形状，也就是我们说的矢量图形。

这时候可能又会有一个问题：可以在形状图层上绘制蒙版吗？答案是肯定的。如果选中一个形状图层，钢笔工具的 ★▣ 按钮会被激活。这时候，选择五角星就是绘制新的形状，而选择 ▣ 则是创建蒙版。

STEP 03 | 形状画好以后，可以看到，上方的
【填充】和【描边】栏被激活。这里我们绘制的是
一片蓝天，所以要将形状设为一个有渐变过渡效果
的蓝色。单击【填充】按钮，弹出图3-2-5所示的对
话框。

图 3-2-5

知识点：填充和描边属性

　　After Effects中的所有形状均具有【填充】和【描边】属性。所谓【填充】，就是形状的颜色；而通过
设置【描边】，则可以为其加一个描边效果。这个我们在前面的字体中已经接触过了。

四种填充或渐变方式

　　【填充】和【描边】属性都需要设置其颜色。单击旁边的颜色块后，会弹出图3-2-5所示的【填充选
项】对话框。其中共有4种填充或者描边方式。它们分别是：

　　▪ 只显示路径的 ◢ 方式。它用在什么时候呢？形状又不能像蒙版一样被特效使用。实际上，如果我
们要产生一个镂空的效果的话，仅需要使用描边的设置，不需要进行填充。这时候可以选择该方式。默认
情况下，描边宽度为0。可以在工具栏中【描边】旁的参数栏拖动，以设置描边宽度。

图 3-2-6

　　▪ 单色的 ▣ 方式。它非常简单，使用一种颜色来进行填充或者描边。

　　▪ 渐变色的 ▣ 和 ▣ 模式。前者以一条直线进行渐变过渡，后者以辐射模式做渐变过渡。下面我们着
重说一下渐变模式。

使用渐变的方法

　　选择渐变方式后，单击颜色块，会弹出图3-2-7所示的【渐变编辑器】对话框。

　　我们可以看到一个渐变滑条。它表示过渡开始和结束的颜色。处于下方的【色标】选定后可以在下
方的颜色区域中指定参与渐变的颜色。处于上方的【不透明度色标】则可以做一个不透明度的渐变。只要
给滑条上不同位置的【不透明度色标】设定不同的参数值就可以了。选择滑块后，可以在下方的【不透明
度】参数栏设置不透明度。

　　滑条上的色标是可以增加的。这样，我们就可以产生一个复杂的过渡效果。在滑条的空白位置单击即
可产生。上方单击是不透明度，下方单击是颜色。如图3-2-8所示。选择滑块以后按"Delete"键可以删除
该滑块。

Chapter 03 | 矢量图形

Chapter 01
Chapter 02
Chapter 03
Chapter 04
Chapter 05
Chapter 06
Chapter 07
Chapter 08
Chapter 09
Chapter 10

拖动色标可以改变颜色或不透明度在过渡色条中所处的位置。在选定一个色标后，我们可以看到，色标两边出现两个小三角（开始和结束位置的滑块则只有一个），拖动这两个小三角，则可以改变当前色标的颜色（不透明度）在整个色条中所占的比例。如图3-2-9所示，对比图3-2-7，可以看到，通过向右拖动红色滑块的小三角，扩大了红色所占比例。

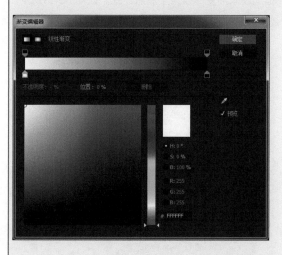

图 3-2-7

图 3-2-8

图 3-2-9

为形状设置渐变以后，可以使用工具来改变渐变的方向和位置。这个操作我们将在下面的实例中学习，这里不再赘述。

设置【描边】

在设置【描边】时，有几个选项比较重要。首先是【描边宽度】，这个选项控制着描边的宽度；可以单击工具栏的【描边颜色】打开同上边【填充】相同的【渐变编辑器】窗口对描边进行渐变设置。

在【时间轴】窗口中展开形状的【内容】>【形状】>【描边】参数，可以看到更多的调节参数；你可以通过【线段端点】参数的改变，来控制描边的尖角问题。它们分别对应【平头端点】参数产生一个尖角，【圆头端点】产生一个圆角，而【矩形端点】产生一个方角。如图3-2-10所示。

另外，我们还可以为描边添加一个【虚线】值，并把描边分割成若干小块。如图3-2-11所示。在【描边】卷展栏下单击【虚线】旁的 ＋ 按钮，即可添加虚线。调整【虚线】参数可以控制分段的数量，【偏移】则可以让各段偏移移动。

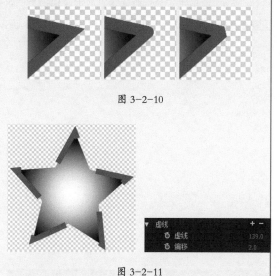

图 3-2-10

图 3-2-11

STEP 04 在【填充】中选择【线性渐变】 ，单击【确定】按钮退出。单击【填充】旁的颜色块，弹出【渐变编辑器】对话框。设置一个由天蓝到淡蓝的渐变过渡。设置完毕后，单击【确定】按钮退出。

STEP 05 天空制作完毕，接下来我们制作河流。注意选中形状图层，按"Enter"键，将其改名为"背景"。

STEP 06 展开该层的【内容】属性，将刚才建立的【形状1】改名为"天空"。选中层"背景"，继续选择 ![icon] 工具，绘制图3-2-12所示的河流，并在【时间轴】窗口中将其改名为"小河"。

STEP 07 现在我们可以看到，在形状的约束框内出现由两个小圆控制点组成的直线。这条线控制着渐变的方向和位置。分别调整控制点，将直线改为垂直，并拖动观察渐变的效果至满意位置。如图3-2-13所示。有个需要注意的地方是，要调整控制线，选择的工具必须为 ![icon] 。

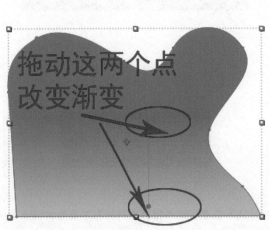

图 3-2-12

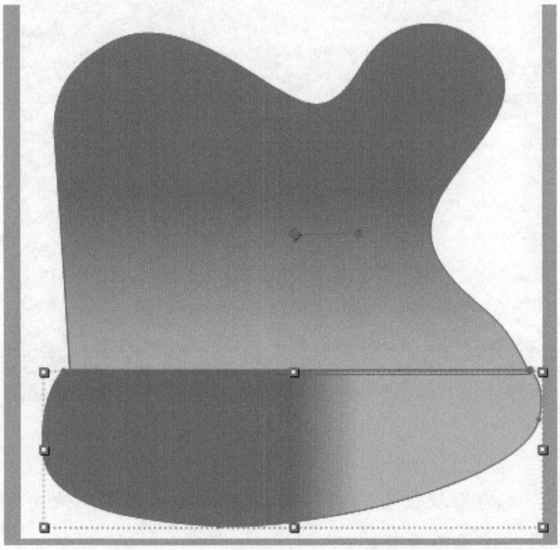

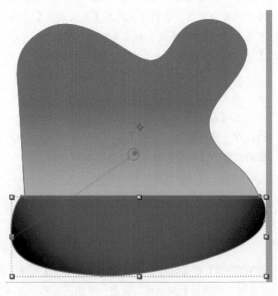

图 3-2-13

STEP 08 注意选定的形状为"小河"，单击工具栏上方【填充】颜色块，将渐变方式改为【径向渐变】。设为蓝色到黑色渐变，并扩大蓝色范围。如图3-2-14所示。有个快捷选择填充或者描边方式的方法：按住"Alt"键单击工具栏中【填充】或【描边】旁的颜色块，即可自动循环切换表现方式。

STEP 09 单击【确定】按钮退出。在【合成】窗口中拖动渐变控制至图3-2-15所示的效果。

图 3-2-14

图 3-2-15

知识点：径向渐变

同线性渐变相比，辐射渐变的设置会更复杂一些。它的控制线除了控制渐变方向和位置外，还需要设置渐变中高光的方向。如图3-2-16所示，我们可以看到，除了两个控制点外，还有一个圆圈。移动这个圆圈即可改变高光的位置和方向。默认情况下，高光控制和渐变的末端控制是在一起的。

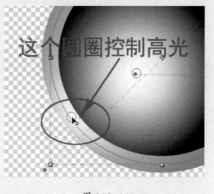

图 3-2-16

▣ STEP 10 ▏仍然注意选中层"背景"，继续绘制图3-2-17所示的三个形状，构成一座小桥。注意它们的排列问题，先画最里边的腿，然后是桥面，最后是靠外边的腿。

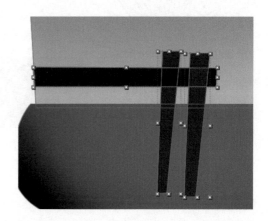

图 3-2-17

知识点：同一个形状图层的多个形状

就好像一个图层上可以创建多个蒙版一样，同一个形状图层上也可以绘制多个形状。这些形状如何共存就产生了一个问题。

类似于蒙版，多个形状之间也可以调节它们的共存模式。但是和蒙版的模式是有很大的区别的。蒙版的模式是根据布尔运算做不同遮罩之间的加减或者交集、并集的，而形状的模式更类似于层模式。

After Effects将绘制的形状放在【内容】卷展栏下。创建形状后，每个形状都可以在其模式面板中的下拉列表中选择一种混合模式。如图3-2-18所示。这些混合模式的计算方法和层混合模式是相同的。通过设置不同形状之间的混合模式，我们可以创建出复杂的矢量绘图效果。

除了可以为形状指定混合模式外，形状的【填充】和【描边】属性也是可以设置混合模式的。展开目标形状，可以看到【描边】和【填充】属性在模式面板中有同样的混合模式下拉列表。如图3-2-19所示。【描边】的混合模式常用于设置描边和填充之间的共存状态。通过设置它，可以产生风格迥异的描边效果；而【填充】的混合效果更类似形状，可以在多个形状间产生叠加效果，只不过前者只对填充的颜色有效，后者则对整个形状有效。

图 3-2-18

图 3-2-19

Chapter
04

Chapter
05

Chapter
06

Chapter
07

Chapter
08

Chapter
09

Chapter
10

　　我们可以在一个形状图层上制作多个形状，而同一个形状上也可以添加多种颜色。这是什么概念呢？很简单，它就是说，我们可以在同一个形状上添加多个【填充】和【描边】。这样，通过设置不同【填充】和【描边】之间的混合模式，或者为不同【描边】设置宽度，可以产生复杂的形状效果。如图3-2-20所示。

　　要添加更多的【填充】或者【描边】属性非常方便，只要选择形状，然后在旁边的模式面板中单击【添加】按钮，在弹出的下拉列表中选择需要添加的属性即可，如图3-2-21所示。你还可以为形状添加更多的属性，我们在稍后进行相关的学习。

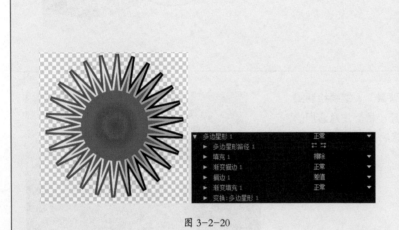

图 3-2-20　　　　　　　　　　　　　　　　图 3-2-21

STEP 11 我们要让桥腿插在水中的部分变暗，改变层模式就可以办到。在形状图层中选择 "河流" ，将其拖动到新建的三个形状上方，将其层模式设为【变暗】。如图3-2-22所示，在河流中的桥腿就变暗了。

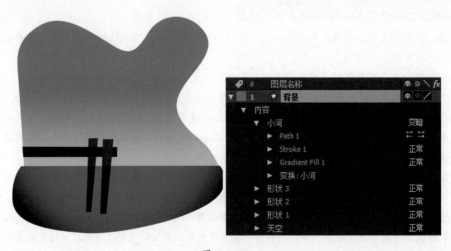

图 3-2-22

STEP 12 下面为了操作方便，我们把三个组成桥的形状组合在一起。After Effects提供了群组形状的功能。这个功能的好处是，既可以单独操作每个形状，又可以将组内的形状作为一个整体操作。选择【形状1】、【形状2】、【形状3】，按 "Ctrl＋G" 键，将其组合为一个组，并改名为 "小桥"。如图3-2-23所示。

STEP 13 下面我们来制作一个太阳。还是层 "背景"，在工具栏中选择 ⭐ ，在【合成】窗口中绘制星形。选择辐射渐变填充，效果如图3-2-24所示。

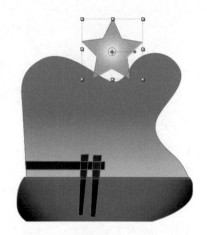

图 3-2-23   图 3-2-24

⬇ STEP 14 | 在【时间轴】窗口中展开【多边形1】
的【多边形路径1】属性。如图3-2-25所示。

图 3-2-25

知识点：规则形状的设置

与蒙版不同，形状中的规则图形具有更多的可调整属性。例如矩形就比蒙版多出了圆角属性，利用这个属性，可以轻易地产生圆角的矩形。这在制作一些背景框的时候尤其有用。如图3-2-26所示。

图 3-2-26

如果说矩形仅仅是增加了一个圆角的功能的话，那多边形和星形增加的可就多了。首先来看看多边形。

多边形中比较重要的几个参数是【点】、【外径】和【外圆度】。它们分别控制多边形的边数、半径和圆角。通过对这三个参数进行调整，再配合填充和描边属性的控制，可以制作出各种形状的多边形。如图3-2-27所示。注意【外圆度】参数是可以设置为负值的。

星形的设置就更多一些了。它除了点的参数，半径和圆角都有里外之分，图3-2-28所示的是各种不同参数下的星形。

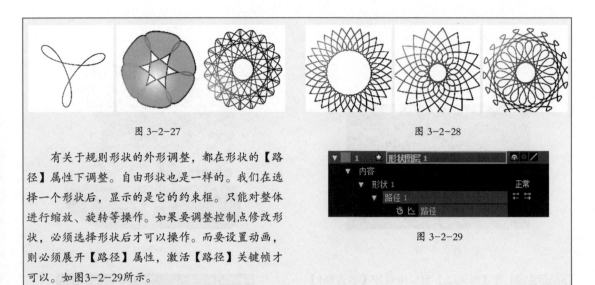

图 3-2-27   图 3-2-28

有关于规则形状的外形调整，都在形状的【路径】属性下调整。自由形状也是一样的。我们在选择一个形状后，显示的是它的约束框。只能对整体进行缩放、旋转等操作。如果要调整控制点修改形状，必须选择形状后才可以操作。而要设置动画，则必须展开【路径】属性，激活【路径】关键帧才可以。如图3-2-29所示。

图 3-2-29

▶ STEP 15 | 将【点】参数设为45，【内径】参数设为75，【内圆度】设为210，【外圆度】参数设为255。效果如图3-2-30所示。记得顺便将形状改名为"太阳"。

▶ STEP 16 | 最后我们为"小河"增加一点波浪效果。选择图形"小河"，单击模式面板的【添加】按钮，在弹出的下拉列表中选择【Z字形】，并添加【锯齿】效果。这个效果可以为图形产生涟漪。在【点】下拉列表中选择【平滑】，产生一个平滑的涟漪。在影片开始位置激活【每段的背脊】参数的关键帧记录器，并将其设为0。移动时间指示器至影片的中间位置，将该参数设为4，到影片的结束位置将该参数设为0。效果如图3-2-31所示。

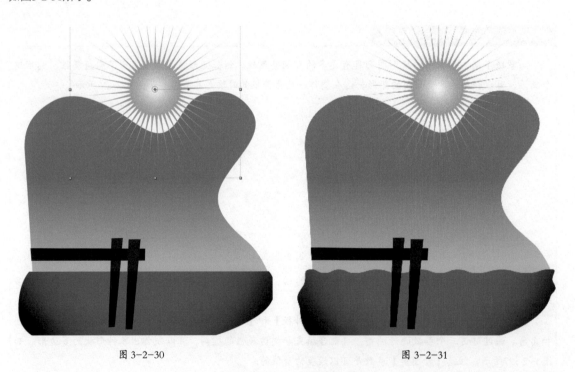

图 3-2-30   图 3-2-31

背景的创建到这里就全部结束了。本节所创建的图形相对都比较简单。但是通过这些简单的图形，我们已经掌握了After Effects形状的基本功能。在下一节中，我们将开始创建人物。

Chapter 03 | 矢量图形

Chapter
01

Chapter
02

Chapter
03

Chapter
04

Chapter
05

Chapter
06

Chapter
07

Chapter
08

Chapter
09

Chapter
10

3.2.2 创建人物甲

本节将创建钓鱼的人物。它同背景的创建有两点不同：一是形状比较复杂；二是绘制的多边形也更多一些。

STEP 01 首先，我们新建一个形状图层。在【时间轴】窗口的空白区域单击鼠标右键，选择菜单命令【新建】>【形状图层】。合成中出现新的形状图层，将其改名为"人物甲"。

STEP 02 我们首先来绘制人脸。选择 ✐ 工具，创建图3-2-32所示的人脸。将填充模式设为单色，并选择肉色填充。

STEP 03 然后我们画人脸上的阴影，仍然是 ✐ 工具，沿着人物脸部轮廓画阴影，效果如图3-2-33所示。将阴影设为褐色。注意画的时候让阴影靠近脖子和发根的地方大一点，这样可以挡住下面的脸，不至于脸露出来。后面画阴影的时候，都遵循这个原则。

图 3-2-32

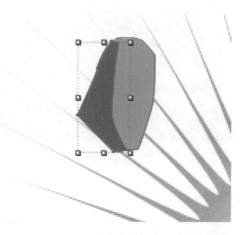

图 3-2-33

STEP 04 接下来画鼻子，如图3-2-34所示。

STEP 05 画头发时我们用黑色到白色辐射渐变来表现光感。如图3-2-35所示，调整渐变的控制线。

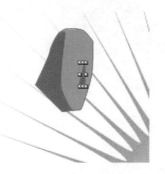

图 3-2-34

图 3-2-35

STEP 06 头部到这里就绘制完毕了，分别将这几个形状改名为"面孔""阴影""鼻子""头发"等，你也可以改成自己喜欢的名字。

STEP 07 选择头部的所有元素，按"Ctrl + G"键，将其合成为一个组，并改名为"头部"。

STEP 08 接下来我们按照上面的方法绘制身体。如图3-2-36所示。需要注意的是，同图层相同，形状也遵循处于上方的图形遮挡处于下方图形的规则。所以，在绘制的时候注意创建顺序，当然你也可以在绘制完毕后改变上下顺序来修改遮挡关系。

▶ STEP 09 | 接下来我们绘制一个"$"符号。这里我们不使用形状工具，而用一种新办法来创建符号。

▶ STEP 10 | 选择 Ｔ 工具，在【合成】窗口中打出"$"符号。

▶ STEP 11 | 在文本层上单击鼠标右键，选择【从文字创建形状】，如图3-2-37所示，可以看到，沿着文本的边缘产生一个形状，并且出现一个名为"轮廓"的形状图层。

图 3-2-36

图 3-2-37

▶ STEP 12 | 展开层"轮廓"的内容卷展栏，选择刚才产生的图形。按"Ctrl +X"键，剪切图形。选择层"人物甲"，按"Ctrl +V"键，将其粘贴到该层中，并放在所有形状的最上方。

▶ STEP 13 | 在【合成】窗口中双击图形"$"，将其移动到图3-2-38所示的位置，并且将其填充属性设为金色的辐射渐变，将描边宽度设为4左右。

▶ STEP 14 | 选择所有形状（除"头部"），按"Ctrl + G"键，群组图形，并更名为"身体"。

▶ STEP 15 | 整个人物就创建完毕了，效果如图3-2-39所示。接下来，我们要开始制作动画。

图 3-2-38

图 3-2-39

Chapter 03 | 矢量图形

Chapter
01

Chapter
02

Chapter
03

Chapter
04

Chapter
05

Chapter
06

Chapter
07

Chapter
08

Chapter
09

Chapter
10

3.2.3 创建人偶动画

知识点：操控点系统

操控点系统是After Effects中配合形状工具的一个动画制作系统。我们可以把目标当作一个人偶，通过设置关节，产生各种动作。这是一个非常方便的动画制作系统，它通过在目标的各个部位设置关节点，根据这些关节点锁定影响范围、柔度等来产生复杂动画。这样我们就从繁重的关节帧设置中解脱出来，可以将精力更多的投入到艺术性的创作中去。

除了应用在形状图层上，操控点系统也可以应用在其他层上。

工具栏中的 ▨▨▨▨ 为操控点系统工具。我们首先来看看这几个工具的使用方法。

- ▨：【操控点】工具，用来设置关节点。关节点有两个作用：一个是锁定，另一个是移动。我们将在下面的实例操作中来领会它的功用。
- ▨：操控点【叠加】工具，可以设置某片身体是在前方还是隐藏在背后。
- ▨：操控点【扑粉】工具，把刷到的地方变硬，不柔软，无法变形。

▣ STEP 01 ┃ 在工具栏中选择 ▨ 工具，在人物的头部、手部、两个脚后根、鱼线底部分别单击，设定关节点。如图3-2-40所示。

▣ STEP 02 ┃ 设置关节点以后，可以看到，图形上出现网格。而在工具栏旁也出现扩展的参数栏。【三角形】参数控制网格的复杂程度。这里的网格影响【叠加】和【扑粉】工具在刷取范围时的精细程度；而修改【扩展】参数可以让网格外框扩展或者收缩。

▣ STEP 03 ┃ 我们来看看为什么要设置关节。我们需要做的动画效果是个钓鱼的过程，在开始有个使劲拉杆，并和"$"较劲的过程。首先选择头部的关节，移动黄色关节点看看效果。

图 3-2-40

图 3-2-41

▣ STEP 04 ┃ 可以看到，我们在拖动头部关节的时候，身体随之弯曲变形，而脚则依后跟的关节点随之旋转，整体却没有移动。因为我们设置的关节点将它锁定在这个位置。手部和鱼线底的道理也是相同的。

▣ STEP 05 ┃ 再按住"Shift"键加选手部和鱼杆顶部的关节点，移动关节点，如图3-2-42所示。可以看到，整个身体包括鱼竿都在动，脚和鱼线底部依然锁定在那里。但是由于关节点的不同，和移动头部关节点时身体的倾斜效果是不同的。

STEP 06 通过上面的动作，我们已经初步掌握了关节点控制动作的要领。还有一个问题，可以看到，我们在移动关节点的时候，人物的头部变形很厉害，好像面捏的一样。下面，我们来设置头部。

STEP 07 选择 ■ 工具，在人物头部单击，创建一个红点，可以看到，红点旁边的区域变蓝，调整【范围】参数可以设置影响区域的大小，将其调整到整个头部即可。不同的控制点是可以分别设置【范围】参数的。如图3-2-43所示。而【数量】参数则控制硬化的程度。数值越高，硬度越高。将其设为20左右即可。

图 3-2-42   图 3-2-43

STEP 08 切换到 ■ 工具。现在移动头部的黄色关节点，可以看到，头部不再变形了。如图3-2-44所示，和图3-2-41对比一下即可看出效果。

STEP 09 除了头部需要硬化外，人身体的几个部位还需要刷一下。胳膊的关节、膝盖的关节、脚都需要硬化。

STEP 10 选择 ■ 工具，准备刷的时候会发现一个问题，网格太大了。我们只需要对小局部进行硬化。下面来细化网格。注意选择人物，切换到 ✗ 工具，修改【三角形】参数为500。如图3-2-45所示，网格被细化了。需要注意的是，调高【三角形】参数会大大降低刷新速度，所以在网格够用的情况下，我们尽量使用最低的三角形值。

图 3-2-44   图 3-2-45

STEP 11 下面我们开始为人物的动作设置动画。选择 ■ 工具，如图3-2-46所示进行设置，注意有些地方（例如脚部），可以调低【范围】参数，多设置几个点来刷网格。

Chapter 03 | 矢量图形

Chapter
01

Chapter
02

Chapter
03

Chapter
04

Chapter
05

Chapter
06

Chapter
07

Chapter
08

Chapter
09

Chapter
10

STEP 12 | 现在控制点都已经设置完毕了，接下来开始制作动画。首先将时间指示器移动到影片的开始位置，然后切换到 ▨ 工具。我们先来对头部进行动作设计。头部实际上牵动着全身的动作。按住"Ctrl"键拖动头部的关节点，做钓鱼动作。想象一下钓鱼时的情景：开始先是缓慢地、一前一后地和目标胶着着，最后突然发力拉起钓竿。做动作的时候注意观察黄色边框，它显示我们的动作效果。我们所做的动作会在完成后自动被记录为关键帧。如图3-2-47所示。

图 3-2-46

图 3-2-47

知识点：实时动画

    After Effects的操控点系统提供了实时动画的功能。按住"Ctrl"键拖动关节点的时候，可以看到出现黄色边框时显示当前的动作状态。这样我们就可以完全依靠真实的动作手感来调节动画，效果非常逼真，之后只需要简单对关键帧做一些调整。如果纯粹使用关键帧来制作动画，不论是制作难度还是最后的效果，都要逊色不少了。

    单击工具栏上方的【记录选项】栏，会弹出设置对话框。该对话框对实时动作做一些简单的设定。【速度】栏设置动画速度。默认情况下是100%，和我们拖动时的动作速度是一样的；【平滑】栏设置动作平滑度。激活【显示网格】选项则可以在动作的时候显示网格。如图3-2-48所示。

    动画可以针对单个关节点设置，也可以同时对多个关节点一起设置，这样它们的影响范围也会有所区别，我们根据具体需要来制作。动画制作完毕以后，可以展开Mesh卷展栏的【变形】参数项查看。可以看到，操控点分别对应我们设置的关节点。设置了动画的关节点上会自动产生关键帧。我们可以对这些关键帧做一些精细调整，使动画效果更好。如图3-2-49所示。

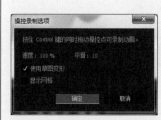

图 3-2-48

图 3-2-49

STEP 13 可以看到，在动画的前半段，人物和"$"呈胶着状态，而后半段突然发力，"$"被钓了上来。由于我们仅对头部的关节点做了动画，而"$"的关节点被锁定在水中，所以需要对其他几个关节点设置动画。

STEP 14 将时间指示器移动到人物最后开始发力的位置。按住"Shift"键选择手部和鱼竿顶部的关节点。按住"Ctrl"键猛地向上拖动，注意观察黄色边框的动作变化，如图3-2-50所示。如果这里制作的不是很精确，问题也不大，我们之后可以在【变形】设置栏中选择这两个关节点的关键帧再做一些调整。

图 3-2-50

STEP 15 如果刚才制作的提起鱼竿动画时间太长，可在【变形】设置栏中选择这几个关键帧，移动它们的位置，观察画面，使其和头部关节点的关键帧动作相对应。

STEP 16 最后制作"$"的动画。将时间指示器移动到鱼竿拉起的位置，并选择"$"的关节点。按住"Ctrl"键将其拉起，然后来回晃几下，越晃越慢，最终停下即可。同前面的动画设置相同，完成动作以后，在【变形】设置栏中选择其对应的关键帧，参照手部和鱼竿顶部的动作进行对应的调节。

STEP 17 人物甲的动画到这里就全部完成了。接下来，我们制作在水中的人物乙的动画效果。

3.2.4 为人物乙制作动画

STEP 01 首先新建形状层"人物乙"，如图3-2-51所示进行绘制，并将所绘制的形状群组，将形状图层的层模式设为【颜色加深】。

图 3-2-51

STEP 02 接下来设置人偶动画。首先选择 ⚑ 工具，如图3-2-52所示设置关节点。

图 3-2-52

STEP 03 切换到 ⚒ 工具，分别为头部、两个肘部设置硬化。如图3-2-53所示。

图 3-2-53

STEP 04 按住"Ctrl"键分别为头部、左右手制作呼救的动作效果。如图3-2-54所示。

图 3-2-54

STEP 05 影片制作完毕，下面为影片加入音乐。打开配套素材下的LESSON 3 > FOOTAGE下的音频文件，将其加入并合成即可。最后可以利用Media Encoder将合成输出为一个网络播出的影片。输出方法第一课已经学习，这里不再赘述。

Chapter
03

Chapter
04

Chapter
05

Chapter
06

Chapter
07

Chapter
08

Chapter
09

Chapter
10

3.3   本章小结

本课的内容就学习到这里，在我们的配套光盘中，李老师的授课内容中还会讲解更复杂的动画。下面我们对本课的重要知识点做一个回顾。

知识点1：什么是矢量图形

矢量图形是与分辨率独立的图形。它通过数学方程式来得到，并由叫作矢量的数学对象所定义的直线和曲线组成的。矢量根据图形的几何特性来对其进行描述。

矢量图形与分辨率无关，可以被缩放到任意大小和以任意分辨率打印在输出设备上，都不会遗漏细节或损伤清晰度。注意层的连续栅格化开关 的使用方法，我们以后还要经常碰到。

知识点2：注意区别蒙版和形状工具

如果选择一个层后选择 或者其他规则形状工具，那么产生的是一个蒙版。而在没有选中层或者选中的是一个形状图层的情况下，默认创建的就是形状，也就是我们说的矢量图形。

知识点3：填充和描边属性

After Effects中的所有形状均具有填充和描边属性。而且可以设置变化多端的颜色，再加上多重填充、描边、混合模式，还有一些特技效果，这些功能加在一起，还有什么画不出来的呢？以后不要再考虑工具的问题了，关键是你的想象力。

知识点4：操控点系统

操作点系统非常好用，记住，操控点的作用是影响区域，锁定对象。刷前后关系和软硬关系也很重要。要做动画就按住“Ctrl”键即可，真是太方便了。

Chapter

三维合成 04

本章通过一个动感时尚的实例讲解After Effects的三维合成功能，在After Effects中，可以把简单的二维图形搭建成三维场景。

学习重点：

- 文本层的局部动画
- 灯光和材质
- 关键帧插值
- 动画速度的调节

4.1　三维空间

现在回想一下，你一定曾经被电视或电影中天旋地转的三维镜头搞得瞠目结舌、头晕脑胀。目前，除了那些模拟真实世界的动画外，连极具风格的Flash动画都成三维的了。看来，三维化真成了动画发展的趋势。我们当然也不能被时代潮流遗弃，是时候学习制作一段具有三维效果的动画片头了。

要制作三维动画，首先得对三维空间有个感性的认识。在现实中的所有物体都是处于一个三维空间中的。所谓三维空间，是在二维的基础上加入深度的概念而形成的。例如，一张纸上的画，它并不具有深度，无论怎样旋转、变换角度，对于纸上的画来说，它都不会产生变化。画并不具有深度，它只是由X、Y两个坐标轴构成。

如果是一个物体，在旋转它或者改变观察视角时，所观察的内容将有所不同。如图4-1-1所示。

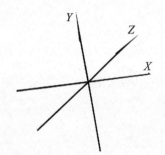

图 4-1-1

三维空间中的对象会与其所处的空间互相发生影响。例如产生阴影、遮挡等。而且由于视角的关系，还会产生透视、聚焦等影响，就是我们平常所说的近大远小、近实远虚等感觉。

实际上，在上面的例子中，纸上的画相对于纸来说，处于一个二维空间。但是这张纸却仍然是处于三维空间中的，它也是一个三维物体。只不过它很薄而已。如图4-1-2所示。

三维建模和动画软件有很多，例如Maya、3ds Max、C4D、Riho等。After Effcts和这些软件有所不同，它虽然具有三维空间的合成功能，但还只是一个特效合成软件，所以，After Effects并不具备三维

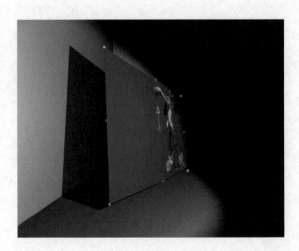

图 4-1-2

建模能力。所有的层都像是我们上边例子中的画纸，可以对其进行三维空间中的位置、角度等变化。也可以通过对三维空间中的层进行拼接，产生一些简单的三维物体。

After Effects虽然自身没有建模能力，但是通过和三维软件C4D的无缝结合，我们可以将C4D的场景文件调入After Effects进行真正的三维合成。

在这一节中，我们将通过一个实例学习After Effects的三维合成功能。我们将一些人物、圆、箭头等元素搭建为一个三维场景，产生一段时尚动感的三维动画。效果如图4-1-3所示。你也可以打开配套素材LESSON 4下的3D COMP.FLV观看效果。

Chapter 04 | 三维合成

Chapter
01

Chapter
02

Chapter
03

Chapter
04

Chapter
05

Chapter
06

Chapter
07

Chapter
08

Chapter
09

Chapter
10

图 4-1-3

4.2 三维空间中的合成

首先，我们搭建一个三维场景。

—— 4.2.1 搭建三维场景 ——

▣ STEP 01 | 如图4-2-1所示，首先新建一个合成。把背景颜色设为白色。

▣ STEP 02 | 选择 ◉ 工具，按住"Shift"键，创建一个红色正圆。如图4-2-2所示。

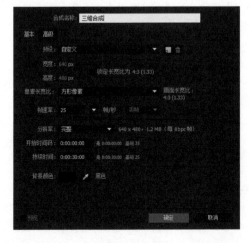

图 4-2-1　　　　　　　　　　　　　　　　　图 4-2-2

STEP 03 │ 接下来在【项目】窗口中双击，导入配套素材>LESSON 4 > FOOTAGE下的所有素材。并将两个矢量AI素材加入合成。

STEP 04 │ 激活刚才画的圆和新导入素材在【时间轴】窗口开关栏的 ⬡ 按钮，将这三个层转化为三维层。如图4-2-3所示。

图 4-2-3

知识点：三维层

　　在After Effects中进行三维空间的合成时，需要将对象的 ⬡ 3D属性打开。打开3D属性的对象，即处于三维空间内。系统在其X、Y轴的坐标基础上，自动为其赋予三维空间中的深度概念——Z轴。对象的各项变化属性中自动添加Z轴参数。三维层的操作方法和二维层没有什么区别，只不过每个层都多出一项Z轴参数。

STEP 05 │ 接下来创建一个摄像机。按"Ctrl+Alt+Shift+C"键，创建一个摄像机。弹出摄像机设置窗口。在Zoom栏中输入300，如图4-2-4所示。按【确定】按钮确定。

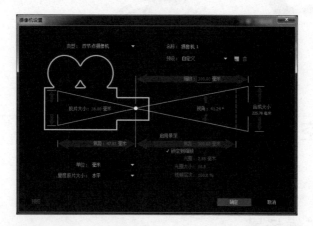

图 4-2-4

知识点：摄像机

　　我们通过在合成中建立摄像机，对三维场景进行观察。在【名称】栏中需要指定摄像机的名称。默认状态下，系统按照建立顺序，分别将其命名为摄像机1、摄像机2、摄像机3……【单位】下拉列表中可以指定在设置中各项参数所使用的单位，可以使用像素、英寸或者毫米。【量度胶片大小】下拉列表中可以选择摄像机如何计算胶片尺寸，可以使用水平、垂直对角计算胶片尺寸。

　　在【预设】下拉列表中可以选择摄像机所使用的镜头类型。After Effects提供了九种常用的摄像机镜头。从标准的35mm镜头，到视野范围极大的15mm广角镜头和200mm的鱼眼镜头，都可以在这里找到。

　　15mm广角镜头具有极大的视野范围，它类似于鹰眼观察世界。由于它具有极大的视野范围，所以会看到更广阔的空间。但是，会产生较大的透视变形。

　　200mm鱼眼镜头与鱼眼观察世界类似。鱼眼镜头视野范围极小，从这个视角只能观察到极狭小的空间。它几乎不会产生透视变形。

　　35mm的标准镜头类似于人眼视角。

　　在【缩放】、【视角】、【胶片大小】和【焦距】栏中可以对摄像机视角进行自定义设置。这几个参数是相互关联的。改变其中一项参数后，其他参数也会随之进行调整。在【缩放】栏中可以对摄像机的可视范围和层平面间的距离进行设置。在【视角】中，需要对摄像机可拍摄的宽度范围进行调整。数值越小，则可视范围越小，越接近于鱼眼镜头。数值越大，可视范围越大，越接近于广角镜头。【胶片大小】

则是指定胶片用于合成图像的尺寸面积。【焦距】用于设置摄像机的焦点长度。该数值越小，摄像机视野范围越大。

STEP 06 摄像机创建完毕后，下面先对视图做一个调整。单击【合成】窗口下方的窗口设置栏，选择4个视图。如图4-2-5所示。我们可以看到，左侧分别显示三维场景的三视图，右侧大图是摄像机视图。

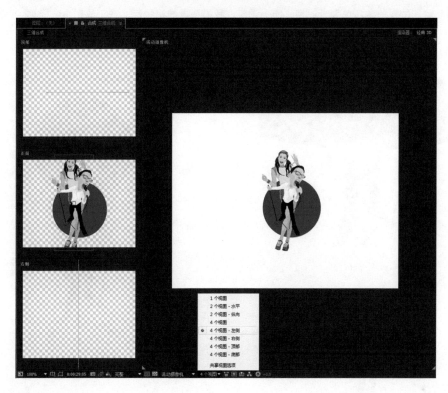

图 4-2-5

知识点：三维视图

在视图数目下拉列表中可以选择当前【合成】窗口中显示的视图数目。我们可以选择显示1个、2个或者4个视图，而且可以选择视图的布局方式。

在视图数目左侧的下拉列表中选择使用的视图模式。在进行三维空间中的合成时，我们经常需要使用三视图来进行调整。所谓三视图是指【正面】或【背面】视图、【顶部】或【底部】视图、【左侧】或【右侧】视图。利用这些视图，可以从不同角度观察三维空间中的对象，更加方便和准确地进行调节。

【正面】视图和【背面】视图分别可以从三维空间中的正前方和正后方观察对象。我们在X、Y轴上移动层时，可以直接从这两个视图中观察效果。

【顶部】视图和【底部】视图分别从三维空间中的正上方和正下方进行观察。在这两个视图中，我们可以直观的看到层在X轴和Z轴上的位置。

【左侧】视图和【右侧】视图分别从三维空间的正左和正右方观察对象。从该视图中，可以看到层在Y和Z轴上的位置。

【自定义视图】通常用于对象的空间调整。它不使用任何透视，在该视图中可以直观地看到对象在三维空间中的位置，而不受透视产生的其他影响。

如果建立摄像机，可以在【活动摄像机】视图中对3D对象进行操作。通常情况下，如果需要在三维空间中进行特效合成，最后输出的影片都是【摄像机】视图中所显示的影片。【摄像机】视图就好像我们扛着一架摄像机进行拍摄一样。

STEP 07 下面我们对场景中的元素进行排列。首先选择刚才建立的圆形。在工具栏中选择 ▣ 工具，将其移动到【活动摄像机】视图中圆的红色X轴坐标上，坐标轴上会显示X。按住"Shift"键将其旋转90°，效果如图4-2-6所示。

STEP 08 观察旁边的三视图，可以看到，由于圆被翻转，在【顶部】视图中可以看到圆的正面了，而在前视和侧视中看到的都是圆的侧面。如图4-2-7所示。

STEP 09 现在的视角离角色太近，为了便于调整，我们将摄像机拉远。在工具栏中选择 ▣ 工具，移动到【活动摄像机】视图中，按住鼠标左键向上拖，视图效果如图4-2-8所示。从旁边的三视图中我们也可以看到摄像机位置的变化。

图 4-2-6

图 4-2-8

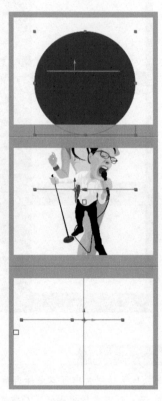

图 4-2-7

知识点：摄像机工具

在场景中建立摄像机后，系统允许使用工具箱中的摄像机工具 调节摄像机视图。

▣ 工具可以自由操作摄像机。配合鼠标左键为旋转工具，配合滚轮为移动工具，配合右键为拉伸工具。

▣ 工具可以旋转摄像机视图。选择该工具，将游标移动到摄像机视图中。左右拖动鼠标水平旋转摄像机视图，上下拖动鼠标垂直旋转摄像机视图。

▣ 工具可以移动摄像机视图。选择该工具，将游标移动到摄像机视图中。左右拖动鼠标水平移动摄像机视图，上下拖动鼠标垂直移动摄像机视图。

▣ 工具可以沿Z轴拉远或推近摄像机视图。选择该工具，将游标移动到摄像机视图中。向下拖动鼠标拉远摄像机视图，向上拖动鼠标推近摄像机视图。

摄像机工具在其他视图中也是可以使用的，这时候它针对视图进行缩放移动，以方便观察。

Chapter 04 | 三维合成

Chapter 01
Chapter 02
Chapter 03
Chapter 04
Chapter 05
Chapter 06
Chapter 07
Chapter 08
Chapter 09
Chapter 10

◤ STEP 10 ┃ 接下来改变两个卡通角色的位置。首先我们把男性放在圆的上方。这时候切换到【正面】视图操作起来会比较方便。首先缩小两个卡通角色到50%左右，然后选择"BOY.ai"，并选取 工具，将游标移动到绿色坐标轴上，显示当前操作为Y轴。按住鼠标左键，向上拖动角色到图4-2-9所示的位置。

◤ STEP 11 ┃ 选取 工具，将游标移动到蓝色坐标轴上，显示当前操作为Z轴。旋转角色至图4-2-10所示。让角色与地面平行。

图 4-2-9

图 4-2-10

知识点：坐标系

在三维空间中进行特效合成工作时，需要确定一个工作坐标系。After Effects提供了3种坐标系工作方式。它们分别是本地轴、世界轴和视图轴。

【本地轴模式】使用当前对象的坐标系统进行变换。这是最常用的坐标系。可以在工具箱面板下方的坐标系统中选择 ，使用当前坐标系。

【世界轴模式】 使用合成的坐标系统进行变换。这是一个绝对坐标系。对合成中的层进行旋转时，可以发现坐标系没有发生任何改变。实际上，建立一个摄像机，并使用摄像机工具调节摄像机视角时，即可直观地看到世界坐标系的变化。

【视图轴模式】 使用【正面】视图定位坐标系。

◤ STEP 12 ┃ 接下来调整女性角色。首先在【时间轴】窗口中选择"GIRL.ai"，按"S"键展开缩放参数栏。取消锁定链接，将Y轴的缩放参数设为–50，可以看到女性角色被翻转过来。接下来选择 工具，在【合成】窗口中将其移动到与圆形对齐。效果如图4-2-11所示。

◤ STEP 13 ┃ 按"F11"键切换到【自定义视图】，选择摄像机工具，旋转并缩放看看当前角色的位置，如图4-2-12所示。

图 4-2-11

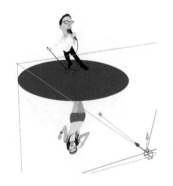

图 4-2-12

⬛ STEP 14 ┃ 接下来我们加入箭头元素。切换到【活动摄像机】视图。首先选择 ▣ 工具，绘制一个矩形。然后选择 ⬤ 工具，绘制一个多边形。展开【时间轴】视图新建图层中【多边星形】的【多边形路径】参数栏，将【点】参数设为3，并且将三角形旋转90°。移动到图4-2-13所示的位置，箭头制作完毕，注意将箭头颜色改为黑色。选择【多边星形】和【矩形】，按"Ctrl + G"键组合矩形和三角形。

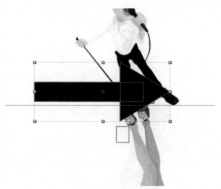

图 4-2-13

⬛ STEP 15 ┃ 选择组合的箭头，按"Ctrl + D"键，创建两个副本，并将其水平移动到图4-2-14所示的位置。然后将最后一个箭头设为白色。

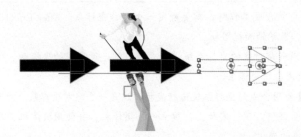

图 4-2-14

⬛ STEP 16 ┃ 接下来我们对箭头进行变形，让其沿圆形旋转。选择箭头所在的形状图层，为其应用特效【扭曲】>【极坐标】。将【差值】参数设为100％，在【转换类型】下拉列表中选择【矩形到极线】。效果如图4-2-15所示。【极坐标】特效可以将直角坐标转换为极坐标或将极坐标转换为直角坐标。

⬛ STEP 17 ┃ 按"Ctrl + Shift + C"键，将该层以【将所有属性移动到新合成】方式重组，并将重组层更名为"黑色箭头"，以便于后边的操作。

⬛ STEP 18 ┃ 激活层"黑色箭头"的 ⬛ 开关，将其旋转并移动到图4-2-16所示的位置。

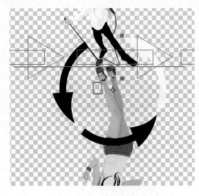

图 4-2-15   图 4-2-16

Chapter 04 | 三维合成

Chapter
01

Chapter
02

Chapter
03

Chapter
04

Chapter
05

Chapter
06

Chapter
07

Chapter
08

Chapter
09

Chapter
10

⬛ STEP 19 ┃ 按"Ctrl + D"键，将黑色箭头复制两层。沿Z轴向上拖动，并分别缩放到130%和150%左右。为两个层应用【填充】特效，填充为中黄。然后将两个层分别改名为"黄色箭头1""黄色箭头2"。如图4-2-17所示。

⬛ STEP 20 ┃ 按照上面的方法向下方的女性角色周围复制三组箭头，分别设为红色和黄色。如图4-2-18所示。在搭建场景时建议多使用【自定义视图】视图。因为该视图不存在透视，所以可以避免视角原因而产生的差错。

图 4-2-17

图 4-2-18

知识点：GPU设置

可以在After Effects中使用显示卡硬件加速显示三维场景。使用硬件加速可以极大地提高操作三维场景时的刷新速度。按"Ctrl+Alt+:"键，在弹出的对话框中的【预览】页面下。单击【GPU信息】按钮，可以检视显示卡状态。如果显卡支持CUDA加速，在【光线追踪】下拉列表中选择GPU。如图4-2-19所示。

在常规设置中指定使用GPU硬件加速后，按住鼠标左键单击合成窗口下方的 ▦ 按钮，在弹出的菜单中选择【自适应分辨率】即可。如图4-2-20所示。

图 4-2-19

图 4-2-20

场景到这里基本就搭建完毕，在下一节中我们为场景中的元素设置动画，并在场景中加入三维字幕。

4.2.2 为三维场景中的元素设置动画

⬛ STEP 01 ┃ 下面我们为场景中的元素设置动画。首先在合成中加入音乐。在【项目】窗口中选择"Music.mp3"拖入合成。

STEP 02 | 先为男性角色设置动作。双击层"BOY.ai"，将其在【图层】窗口打开。在工具栏中选择 ■ 工具，如图4-2-21所示设置关节点。注意将【三角形】参数尽量设低，以减少网格复杂度。这样在动画关节点的时候，可以减少计算机运算量，并尽可能和音频同步。

STEP 03 | 选择 ■ 工具，为头部设置硬化。如图4-2-22所示。

图 4-2-21   图 4-2-22

STEP 04 | 切换回 ■ 工具。按住"Ctrl"键跟随音乐节奏拖动头部关节点设置动作。注意在【时间轴】中将【操控】参数栏下的【在透明背景上】设为【开】。这里有个问题我们需要注意一下：由于网格的复杂程度和计算机的运算能力等诸多方面的原因，我们移动关节点的动作有可能不能和音乐同步，如果出现这种情况，单击【记录选项】栏，在弹出的对话框中根据我们的同步程度，将【速度】参数调低，如图4-2-23所示。

STEP 05 | 接下来为女性角色设置动作。选择 ■ 工具，如图4-2-24所示设置关节点。

STEP 06 | 如图4-2-25所示，刷头部的硬化部分。

STEP 07 | 接下来按住"Ctrl"键跟着音乐节奏设置动作。分别控制头部、腰部、左右手的关节点来设置动画。注意左手的动作小一点，否则会变形。将将【操控】参数栏下的【在透明背景上】设为【开】。

图 4-2-23

图 4-2-25   图 4-2-24

Chapter 04 ｜ 三维合成

Chapter 01
Chapter 02
Chapter 03
Chapter 04
Chapter 05
Chapter 06
Chapter 07
Chapter 08
Chapter 09
Chapter 10

STEP 08 ｜ 人物动作设置完毕，接下来我们为箭头设置旋转动画。选择"黑色箭头"，按"R"键展开其旋转属性，可以看到三维层有【方向】和【旋转】两项参数。二者基本相同，但是在设置动画的时候，方向无法设置旋转圈数，也就是不管怎么转它只能在一圈的范围内。所以，如果要设置旋转动画，应该对【旋转】参数设置关键帧。在影片开始位置激活【Z轴旋转】参数的关键帧记录器。将当前时间指示器移动到影片结束位置，可以看到，前边一个参数为圈，后边为度数。我们设置旋转15圈左右即可。如果设置为负数的话，则为逆时针旋转。

STEP 09 ｜ 按照上面的方法，为其他几组箭头做旋转动画。注意顺时针和逆时针动画搭配着设，这样可以让箭头的旋转看起来更复杂一些。

STEP 10 ｜ 下面我们在场景中加入三维文字。在工具栏中选择 🖵 工具，在【合成】窗口中单击，输入文字（这里的文字内容大家就自由发挥吧），将文字设为橙色。如图4-2-26所示。

STEP 11 ｜ 在工具栏中选择 ⬤ 工具，在文本层上按住"Shift"键画一个正圆的蒙版，注意将蒙版混合模式设为【无】。如图4-2-27所示。

图 4-2-26

图 4-2-27

STEP 12 ｜ 在文本层的开关面板中单击【动画】下拉列表，选择【启用逐字3D化】。可以看到，在三维开关的那一栏，文本层显示为 🔲，表示当前层为三维文本。如图4-2-28所示。

STEP 13 ｜ 选择 🖐 工具，将游标移动到红色坐标轴上，显示当前操作为X轴。按住"Shift"键沿X轴将文本层旋转270°，使文本层和红色的圆以及箭头平行。如图4-2-29所示。

图 4-2-28

图 4-2-29

STEP 14 ｜ 为了观察方便，我们暂时仅显示文本层。单击打开文本层左侧的【独奏】开关 ⬤。独奏开关被打开后，系统仅显示打开该开关的层。

STEP 15 ｜ 展开文本层【文本】卷展览下的【路径选项】参数栏。在【路径】下拉列表中选择【Mask 1】，即我们刚才绘制的蒙版。如图4-2-30所示，可以看到，文本沿着路径对齐。

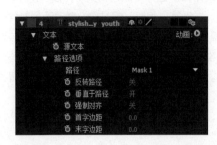

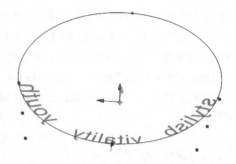

图4-2-30

STEP 16 现在可以看到，文本还是平的，并没有真正的三维立体效果。我们需要让文本沿路径垂直。仍然是单击【动画】下拉列表，选择【旋转】。可以看到，文本层的属性下新增了【动画 1】属性。将【X轴旋转】设为90°。如图4-2-31所示，文本垂直于路径了。拖动【首字边距】参数移动文本观察效果。

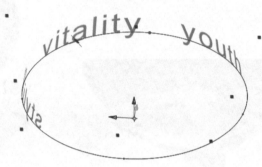

图4-2-31

知识点：文本层的局部动画

  After Effects为文本层提供了局部动画功能。展开文本层的【文本】属性后，可以看到开关面板中显示【动画】参数栏。单击参数栏的 ⬥ 按钮，会弹出所有可以设置动画的属性。

  选择需要动画的属性，After Effects自动在【文本】属性栏下增加一个【动画】属性。如图4-2-32所示。【动画】属性由三部分组成，分别是：【范围选择器】负责指定动画范围，【高级】对动画进行高级设置以及指定动画的属性。

  【范围选择器】用于指定动画参数影响的范围。在【文本】属性栏下选择展开该参数。可以看到，【合成】窗口中文本对象左右两旁的开始和结束位置出现标记线。如图4-2-33所示。

图4-2-32

图4-2-33

Chapter 04 | 三维合成

Chapter
01

Chapter
02

Chapter
03

Chapter
04

Chapter
05

Chapter
06

Chapter
07

Chapter
08

Chapter
09

Chapter
10

　　【范围选择器】属性卷展栏中的【起始】参数控制选取范围的开始位置，【结束】参数控制选取范围的结束位置。After Effects以百分比显示选取范围。0%为整个文本的开始位置，100%为结束位置。通过调整【起始】和【结束】参数，即可改变范围。如图4-2-34所示。选取范围为50%～70%。

　　设定好选取范围后，可以调整【偏移】参数，改变选取范围的位置。通过对这三个参数记录关键帧，即可实现文本的局部动画。

　　【高级】卷展栏用于调整控制动画状态。【单位】下拉列表用于指定使用的单位；【依据】下拉列表中可以选择动画调整基于何种标准；【模式】下拉列表可以设置动画的算法；【数量】参数设置动画属性对字符的影响程度；【形状】下拉列表指定动画的曲线外形；【缓和高】和【缓和低】参数控制动画曲线的平滑度，可以产生平滑或者突变的动画效果。

图 4-2-34

　　【范围选择器】和【高级】以外的另一个参数，即前面指定的动画属性。该属性对指定的文本区域发生影响。After Effects CC可以对文本的变换、颜色、字距、字符等属性进行动画。

　　为文字添加动画后，可以看到，【文本】下增加了【添加】下拉列表。该下拉列表可以在当前动画中新增【属性】或者【选择器】。如图4-2-35所示。同时，我们也可以在【文本】下设置若干个动画，产生复杂的文字动画。

图 4-2-35

STEP 17 ┃ 关闭文本层的独奏开关。双击蒙版，展开其约束框。按住"Shift"键放大蒙版，使其大于中间的红色圆圈，并将其移动到圆圈的位置。在【字符】面板拖动 T 93像素 ，加大文字尺寸。效果如图4-2-36所示。

STEP 18 ┃ 接下来我们为文本层设计动画。动画效果是让文本从四面八方逐个飞进。这里要用到三个属性：不透明度、缩放和位置属性。

STEP 19 ┃ 展开文本层，单击【动画】下拉列表，选择【不透明度】属性。可以看到，文本新增【动画制作工具2】。将【不透明度】参数设为0%，文本全部透明了。如图4-2-37所示。

图 4-2-36

STEP 20 ┃ 下面我们通过设置文字区域，来实现文本逐个出现的效果。在影片的开始位置，将【范围选择器】参数栏的【起始】参数设为0，激活关键帧记录器。

图 4-2-37

STEP 21 ┃ 将当前时间指示器移动至8秒位置，将【起始】参数设为100。预览动画可以看到，文字逐个出现。

STEP 22 ┃ 接下来我们设置文字由大变小的动画。单击【动画制作工具2】旁的【添加】栏，选择【属性】下拉列表中的【缩放】属性。在【动画制作工具2】中新增缩放属性，将其设为500。

STEP 23 | 接着添加位置属性产生由远方飞来的效果。仍然单击【动画制作工具2】旁的【添加】栏，选择【属性】下拉列表中的【位置】属性。如图4-2-38所示。

图 4-2-38

STEP 24 | 接下来为文本增加一个旋转的动画效果。在影片开始位置激活【首字边距】参数的关键帧记录器。将当前时间指示器移至影片结束位置，将其设为5 000。

STEP 25 | 文本进入场景的动画设置完毕了。接下来我们继续为文本设置一段动画。在影片的8秒以后，我们不想让文本太过于死板，希望有一些自由放大、消失出现的效果，且这些效果节奏感比较强。

STEP 26 | 选择【动画】下拉列表的【缩放】属性，为文本新增【动画制作工具 3】。将【缩放】参数设为300左右。按照前面的方法展开【范围选择器】参数栏，从8秒开始到影片结束，设置【起始】参数栏0％到100％的动画。

STEP 27 | 接下来单击【添加】按钮，增加【不透明度】属性，将其设为0％。

STEP 28 | 播放动画，可以看到，还是和前面一样逐个显示的效果，和我们要求的效果差距还比较大。不用着急，单击【添加】按钮，选择【选择器】下的【摆动】。如图4-2-39所示。现在播放影片，看看效果如何。需要注意的是【摇摆/秒】参数控制每秒抖动的参数，数值越高，随机抖动的幅度就越快。而抖动的幅度则是通过【最大量】/【最小量】参数来控制的。

图 4-2-39

STEP 29 | 现在随机抖动应用到了整个影片中。而我们只需要8秒以后开始抖动控制。在9秒左右位置打开【最大量】/【最小量】的关键帧记录器，在8秒位置将这两个参数都设为0。

STEP 30 | 三维场景的元素动画到这里就设置完毕了，可以预览影片看一下效果。

本节我们为三维场景中的所有元素设计了动画。下一节，我们将为场景设置灯光，产生投影，并使用摄像机制作一段镜头拉近推远的动画。

4.2.3 设置灯光、材质和摄像机动画

STEP 01 | 首先我们在场景中创建灯光，产生投影。按"Ctrl+Alt+Shift+L"键，弹出灯光设置对话框。如图4-2-40所示。在【灯光类型】下拉列表中选择【点】，激活【投影】选项，按【确定】按钮确定。

图 4-2-40

Chapter 04 | 三维合成

Chapter
01

Chapter
02

Chapter
03

Chapter
04

Chapter
05

Chapter
06

Chapter
07

Chapter
08

Chapter
09

Chapter
10

知识点：照明系统

　　After Effects利用照明灯来模拟三维空间的真实光线效果。可以使用新建命令在三维场景中建立多盏照明灯，以产生复杂的光影效果。

　　如果要在【合成】窗口中显示光影效果，必须保证合成在【时间轴】窗口开关面板的 3D草图开关没有被按下。

　　创建灯光时，在【灯光类型】下拉列表中可以选择一种照明灯类型。After Effects提供了4种照明灯。它们分别是平行光、聚光、点光、环境光。

　　▪平行光从一个点发射一束光线照向目标点。平行光提供一个无限远的光照范围。它可以照亮场景中处于目标点上的所有对象。其光照不会因为距离而衰减。

　　▪聚光从一个点向前方以圆锥形发射光线。聚光灯会根据圆锥角度确定照射的面积。可以在Cone Angle（圆锥角度）栏中对聚光灯圆锥角度进行设置。

　　▪点光从一个点向四周发射光线。随着对象离光源的距离不同，受光程度也有所不同。距离越近，光照越强。距离越远，光照越弱。由近至远光照衰减。

　　▪环境光没有光线发射点。它可以照亮场景中的所有对象，但是无法产生投影。

　　系统会自动将建立的照明灯添加到【时间轴】窗口中。可以在【时间轴】窗口中随时改变灯光类型。

　　选择灯光类型后，有必要对灯光的一些参数进行设置。根据选择灯光不同，可供设置的参数也有所不同。

　　▪【强度】：需要在【强度】栏中设置灯光强度。强度越高，场景越亮。当灯光强度为0时，场景变黑。可以将灯光强度设为负值。负值强度具有吸光的作用。当场景中有其他灯光时，负值强度的灯光可以减弱场景中的光照强度。

　　▪【锥形角度】：选择聚光后，该参数被激活。可以在【锥形角度】栏中对聚光灯圆锥角度进行设置。角度越大，光照范围越广。

　　▪【锥形羽化】：该选项同样仅对聚光有效。可以为聚光灯照射区域设置一个柔和边缘。默认情况下，该数值为0。光圈边缘界线分明，比较僵硬。

　　▪【颜色】：可以在【颜色】栏中设置灯光颜色。默认情况下，灯光为白色。

　　▪【投影】：选择该选项，灯光会在场景中产生投影。需要注意的是，打开灯光的投影属性后，还需要在层的材质属性中对其投影参数进行设置。

　　▪【阴影深度】：该选项控制投影的颜色深度。当数值较小时，产生颜色较浅的投影。

　　▪【阴影扩散】：该选项可以根据层与层间的距离产生柔和的漫反射投影。较低的值产生的投影边缘较硬。

　　▪【衰减】：为灯光照明设置衰减。下拉列表中可选择衰减方式。设置衰减后，可在【半径】和【衰减距离】中对衰减强度进行设置。

　　在合成中建立灯光后，可以改变其位置，对其进行旋转，并设置动画。操作方法同层和摄像机的方法相同。

　STEP 02 | 可以看到，场景中的所有元素变暗，这是因为灯光辐射范围和照度不够引起的。而且，我们虽然激活了【投影】选项，但场景中还是没有产生投影。不用着急，我们一步一步来。

STEP 03 首先选择层"BOY.ai"和"GIRL.ai",展开该层,可以发现新增了【材质选项】卷展栏。展开卷展栏,激活【投影】,将其状态设为【开】。关闭【接受阴影】和【接受灯光】,使其处于【关】状态。如图4-2-41所示。

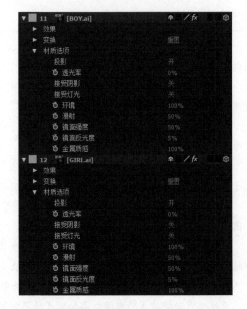

图 4-2-41

知识点:材质系统

在场景中设置灯光后,场景中的层如何接受灯光照明、如何进行投影将由层的材质属性控制。合成中的每一个3D层都具有其材质属性。您可以在【时间轴】窗口中展开层的【材质属性】卷展栏,对层的材质属性进行设置。

· 【投影】:该选项决定了当前层是否产生投影。关闭该选项,则当前层不产生投影。默认状态下是关闭。

· 【透光率】:该选项产生一个类似于阳光照射到玻璃上的透明阴影。数值越高,效果越强烈。

· 【接受阴影】:该选项决定当前层是否接受阴影。默认状态下是开启。

· 【接受灯光】:该选项决定了当前层是否受场景中的灯光影响。关闭选项,当前层不受灯光影响。默认状态下是开启。

· 【环境】:该参数控制当前层受环境光的影响程度。

· 【漫射】:该参数控制层接受灯光的发散级别,决定层的表面将有多少光线覆盖。该参数数值越高,则接受灯光的发散级别越高,对象显得越亮。

· 【镜面强度】:该参数控制对象的镜面反射级别。当灯光照到镜子上时,镜子会产生一个高光点。镜子越光,高光点越明显。调整该参数,可以控制对象的镜面反射级别。数值越高,反射级别越高,产生的高光点越明显。

· 【镜面反光度】:该参数控制高光点的大小光泽度。该参数仅当Specular不为0时有效。数值越高,则高光越集中。

· 【金属质感】:该参数控制层的金属质光泽感。

根据层的材质属性不同,其对灯光的反射和吸收也大相径庭。可以试一试不同的材质属性,观察不同的照射效果。

STEP 04 可以看到,男女角色不受灯光照明的影响,但是阴影仍然投射出来。

STEP 05 对其他元素做一个设置。选择红色圆形,展开其【材质选项】卷展栏,关闭【接受灯光】选项。

STEP 06 选择其他所有没有设置的元素,展开其【材质选项】卷展栏,设置【投影】、【接受阴影】和【接受灯光】处于【关】状态。

STEP 07 在【合成】窗口中调整照明灯到图4-2-42所示的男性角色头顶位置。注意观察阴影的投射效果,至满意为止。

Chapter 04 | 三维合成

Chapter
01

Chapter
02

Chapter
03

Chapter
04

Chapter
05

Chapter
06

Chapter
07

Chapter
08

Chapter
09

Chapter
10

▣ STEP 08 | 复制"灯光 1"，并将其拖动到女性角色头顶。如图4-2-43所示。

图 4-2-42

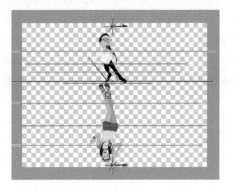

图 4-2-43

▣ STEP 09 | 接下来我们开始设置摄像机动画。在创建动画前，我们先对预设参数做一个修改。按"Ctrl ＋ Alt ＋ ："键，弹出【首选项】对话框。在【常规】栏中激活【默认的空间差值为线性】。如图4-2-44所示。之所以激活这个选项，是因为默认的关键帧插值是贝塞尔插值，这样在制作较为复杂摄像机动画的时候由于产生的是一条曲线，在设置关键帧时无法很好地预测最终的运动效果，有可能在推进拉出或者旋转的时候就会出现一个镜头摇过头等的误差。所以，我们设置为线性的关键帧插值，便于调节。如果需要平滑的曲线路径，我们也可以在设置完成以后调整运动路径。

图 4-2-44

知识点：关键帧插值

After Effects的关键帧通过插值方式对关键帧进行控制。插值可以使关键帧产生多变的运动，使层的运动产生加速、减速或者匀速等变化。

After Effects提供了多种插值方法对运动进行控制。可以对层的运动在其时间属性或空间属性上进行插值控制。

After Effects基于贝塞尔曲线进行插值控制。通过调节关键帧方向句柄，对插值的属性进行调节。时间插值在【时间轴】窗口中以不同的图标形式表现，如图4-2-45所示。

线性插值　　　线性进入　　自动贝塞尔插值　贝塞尔或连续贝塞尔

图 4-2-45

在【合成】窗口或【图层】窗口中，可以对运动路径上关键帧的空间插值进行调节。通过对关键帧空间插值的调节，可以改变运动路径的平滑度。效果如图4-2-46所示。

线性插值　　　贝塞尔插值　　连续贝塞尔插值　自动贝塞尔插值

图 4-2-46

▪ 线性：线性插值为After Effects的默认插值设置。它对关键帧产生相同的变化率，其变化节奏比较强，相对比较机械。如果层上的所有关键帧都使用线性时间插值，则从第一个关键帧开始匀速变化到第二个关键帧。到达第二个关键帧，变化率转为第二至第三个关键帧的变化率，匀速变化到第三个关键帧。关键帧结束，变化停止。两个线性插值关键帧连接线段在值图中显示为直线。如果层上的所有关键帧都使用线性空间插值，则层的运动路径皆为直线构成的角。

▪ 贝塞尔插值方法可以通过调节句柄改变值图形状和运动路径，为关键帧提供最精确的插值。它具有极高的可控性。如果层上的所有关键帧都使用贝塞尔时间插值，则关键帧间产生一个平稳的过渡。贝塞尔插值通过保持方向句柄的位置平行于连接前一关键帧和下一关键帧的直线来实现。通过调节句柄，可以改变关键帧的变化率。

▪ 连续贝塞尔：同贝塞尔插值相同，连续贝塞尔插值在穿过一个关键帧时，会产生一个平稳的变化率。同自动贝塞尔插值不同，连续贝塞尔插值的方向句柄总是处于一条直线。如果层上的所有关键帧都使用连续贝塞尔空间插值，则层的运动路径皆为平滑曲线构成。

▪ 自动贝塞尔：自动贝塞尔插值在通过关键帧时产生一个平稳的变化率。它可以对关键帧两边的值图或运动路径进行自动调节。如果以手动方法调节自动贝塞尔插值，则关键帧插值变为连续贝塞尔插值。如果层上的所有关键帧都使用自动贝塞尔空间插值，则层的运动路径皆为平滑曲线构成。

▪ 定格插值依时间改变关键帧的值。关键帧之间没有任何过渡。使用定格插值，第一个关键帧保持其值不变，直至下一个关键帧，突然进行改变。

▣ STEP 10 ▏按 "F12" 键将【正面】视图切换到【活动摄像机】视图中。

▣ STEP 11 ▏首先在【时间轴】窗口中展开 "摄像机 1" 的【变换】属性，在影片的开始位置激活【目标点】和【位置】参数关键帧记录器。在工具栏中选择 ▦ 工具，在【合成】窗中将摄像机拉远。效果如图4-2-47所示。

图 4-2-47

知识点：目标点和观察点

【目标点】参数。我们可以在摄像机上看到，摄像机前端总是有一个目标点。摄像机以目标点为基准观察对象。当移动目标点时，观察范围即会随之发生变化。

【位置】为摄像机在三维空间中的位置参数。调整该参数，我们可以移动摄像机机头位置。摄像机机头即在摄像机视图中的观察点位置。

在制作摄像机动画中有一个建议，在【合成】窗口中将合成分辨率设为【四分之一】，这样可以大大加快刷新速度。在动画制作完毕后再切换为【完整】即可。

▣ STEP 12 ▏接下来我们让镜头推上去。到影片的2秒左右位置，还是选择 ▦ 工具，按住鼠标左键，将镜头推到男性角色上。如图4-2-48所示。注意配合 ▦ 工具移动摄像机到目标位置。

▣ STEP 13 ▏到影片的6秒左右位置，我们让摄像机绕着男性角色转。这里我们要使用到所有的摄像机工具，用 ▦ 工具调整远近，▦ 工具移动位置，▦ 工具旋转摄像机。最后的效果如图4-2-49所示。

Chapter 04 | 三维合成

Chapter
01

Chapter
02

Chapter
03

Chapter
04

Chapter
05

Chapter
06

Chapter
07

Chapter
08

Chapter
09

Chapter
10

图 4-2-48　　　　　　　　　　　　　　图 4-2-49

STEP 14　接下来我们制作快速的推上、拉出、再推上的镜头冲击效果，类似于演唱会一样。注意先预演一下影片，我们根据音乐的节奏来制作这段效果。如图4-2-50所示。

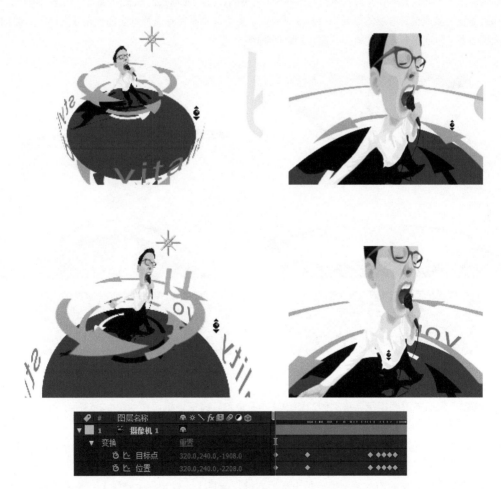

图 4-2-50

STEP 15　后面还有相同节奏的音乐，我们来重复一下。按"Ctrl + C"键复制图4-2-50中选定的关键帧，根据音乐节奏，分别在9秒9帧和10秒17帧左右按"Ctrl + V"键在两处地方进行粘贴。如图4-2-51所示。

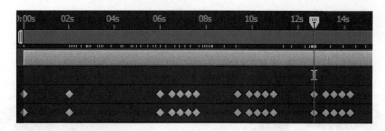

图 4-2-51

▶ STEP 16 ┃ 接下来该女性角色出场了。首先到影片的17秒17帧左右位置。单击关键帧导航栏的关键帧栏，在该位置为【目标点】和【位置】参数记录关键帧。

▶ STEP 17 ┃ 稍后我们需要快速将摄像机移动到图4-2-52所示的位置。所以要在当前时间记录一个之间摄像机的状态。让快速移动从当前时间开始。这里要注意到，仅使用工具栏的摄像机工具改变摄像机的目标点和观察点不行了，我们需要对摄像机的方向进行设置。

▶ STEP 18 ┃ 在17秒17帧左右位置，激活【方向】参数的关键帧记录器。然后到影片的18秒4帧左右位置，首先将【方向】的Z轴参数设为180°。我们让摄像机自转180°，翻转到女性角色那一面。然后使用工具栏的摄像机工具移动、旋转和推拉摄像机到图4-2-52所示的位置。注意我们在使用 ⊙ 工具旋转摄像机的时候，实际上是改变摄像机参考点的位置，目标点不变，让参考点绕着目标点移动。而使用【方向】参数则是旋转摄像机自身，也就是参考点旋转。注意区别这两者的不同。

图 4-2-52

图 4-2-53

▶ STEP 19 ┃ 将当前时间指示器移动到22秒19帧左右位置，将摄像机调整到图4-2-53所示的状态。现在仅使用摄像机工具就可以了。

▶ STEP 20 ┃ 在时间控制面板中单击 ▶ 按钮，前进一帧。将摄像机调整为图4-2-54所示的状态。我们在这里将镜头切换到一个面部特写。

▶ STEP 21 ┃ 选择新建的两个关键帧，单击鼠标右键，选择【切换定格关键帧】，将其转换为【定格】插值。如图4-2-55所示。这样，直到下一个摄像机关键帧产生之前，摄像机会一直保持当前状态。

Chapter 04 ｜ 三维合成

Chapter
01

Chapter
02

Chapter
03

Chapter
04

Chapter
05

Chapter
06

Chapter
07

Chapter
08

Chapter
09

Chapter
10

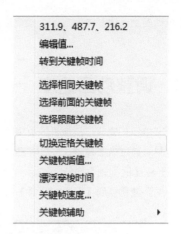

图 4-2-54   图 4-2-55

📺 STEP 22 ┃ 到影片的23秒11帧左右位置，将摄像机移动到图4-2-56所示的位置。和前面一样，把这两个关键帧转换为【定格】插值。

📺 STEP 23 ┃ 到影片的24秒6帧左右位置，将摄像机移动到图4-2-57所示的位置。转换这两个关键帧为【定格】插值。

图 4-2-56   图 4-2-57

📺 STEP 24 ┃ 到影片的25秒左右位置，将摄像机移动到图4-2-58所示的位置。注意为【方向】参数在当前时间记录一个关键帧。

📺 STEP 25 ┃ 到影片的27秒左右位置，将摄像机移动到图4-2-59所示的位置。注意这时候要调整【方向】参数到0即可。

图 4-2-58   图 4-2-59

摄像机动画到这里基本完成了。预演影片，看一下效果。接下来，我们在下一节中学习如何精细调整动画速度。

4.2.4　调整动画速度

在上一节中我们完成了摄像机的关键帧动画设置。现在的效果基本可以了，但是After Effects提供了更高级的动画控制。通过这些调整，可以在动画中设置加速、减速等各种细微、逼真的动画效果。

STEP 01 | 在【时间轴】窗口中选择"摄像机 1"的【目标点】和【位置】参数，单击 按钮，【时间轴】视图的层区域切换到【图表编辑器】区域。如图4-2-60所示。

图 4-2-60

STEP 02 | 本例中我们主要对开始部分做一个调整。选择开始的0~2秒的关键帧，即镜头推上的那段动画。单击【图表编辑器】下方的 按钮，放大到这两个关键帧之间的速度曲线上。如图4-2-61所示。

图 4-2-61

STEP 03 | 可以看到，不同颜色的曲线分别对应不同的参数值。本例中我们需要同时调整目标点和观察点的曲线。

STEP 04 | 在图表中可以发现，现在的速度曲线显示为直线，这说明目前还是使用匀速运动。首先选择开始的两个关键帧，按住鼠标左键向上拖动，可以看到，垂直坐标上标识每秒移动的像素数。这个数值越高，则速度越快。我们需要的效果是先快后慢。所以，我们让初始速度高一点。

STEP 05 | 注意在拖动关键帧的时候，将当前时间指示器放在1秒14帧左右的位置，这样可以比较直观的在【合成】窗口中看到速度的变化效果。在【图表编辑器】区域中按住鼠标左键向上拖动关键帧到6 000像素/秒左右。我们可以看到，在图表中出现一个很陡的速度曲线。如图4-2-62所示。播放动画可以看到，摄像机的推进速度先快后慢。

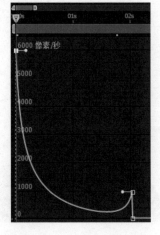

图 4-2-62

Chapter 04 | 三维合成

Chapter
01

Chapter
02

Chapter
03

Chapter
04

Chapter
05

Chapter
06

Chapter
07

Chapter
08

Chapter
09

Chapter
10

知识点：动画速度的调节

在After Effects中对动画速度变化率的影响主要有以下几个因素。

▪ 时间：时间是对速度影响最大的因素。两个关键帧的时间间隔越长，则速度变化越慢；时间间隔越短，则速度变化越快。调节关键帧的时间间隔，是改变动画速度最直接的办法。

▪ 值差别：相邻关键帧间值的差别对速度变化也有影响。关键帧间的值差别越大，产生的变化越快；关键帧间的值差别越小，产生的变化越慢。例如尺寸关键帧值50%与100%要比尺寸关键帧值80%与100%在相同时间内产生的变化快。

▪ 插值类型：关键帧的插值类型也影响着速度的变化。线性插值很难使关键帧的值变化平稳，而贝塞尔插值可以通过调节句柄精确地调整变化率。

可以通过调节两个关键帧间的空间距离或时间距离对动画速度进行调节。在【合成】窗口或【图层】窗口中调整两个关键帧间的距离，距离越大，速度约快；距离越小，速度越慢。在【时间轴】窗口中调整两个关键帧间的距离，距离越大，速度越慢；距离越小，速度越快。

同时，After Effects还可以通过使用【图表编辑器】对层的动画进行精确调整。通过调节速度图中关键帧控制点上的句柄和改变速度曲线，可以产生加速、减速等效果。

在【图表编辑器】中我们可以发现，当曲线越抖的时候，速度也会越快，而平缓的曲线则速度变化较慢。当然，观察曲线形状的时候我们还要对照旁边的垂直坐标来看速度的绝对值。

▼ STEP 06 影片的速度调整完毕。本例中速度变化比较简单，所以在【图表编辑器】中的调节比较少。以后的工作中我们可能会碰到一些对速度变化要求比较高的片子，比如模拟真实的球落下，汽车行进刹车等，这里便涉及比较复杂的加速、减速过程，这时候可能更需要在【图表编辑器】中调节速度曲线来达到最佳的效果。

▼ STEP 07 最后我们将影片输出即可。

4.3 本章小结

本章的学习到这里就结束了。在下一章中，我们将对影视制作中最常用到的抠像功能进行系统的学习。下面我们对本课的重要知识点做一个回顾。

知识点1：3D 图层

打开 ⬚ 开关就是3D层了，它的调节方式和普通的层没什么两样。不过在三维空间中移动时可要注意层的坐标。最麻烦的是你得有良好的立体空间感觉。

知识点2：三维视图

学会观察各种三维视图。一般情况下我们在【自定义视图】中参照三视图来搭建场景，而动画摄像机的时候就最好在【活动摄像机】视图中进行了。

知识点3：摄像机

一定要熟练掌握三种摄像机工具。旋转、移动和推拉，这些都不难，多练练就可以了。还有注意目标点和位置，做摄像机动画一般都是对着这两个参数来的。

知识点4：文本层的局部动画

这是非常重要和实用的功能，一定要掌握。原理很简单，以字符为单位设置区域，然后添加属性就可以了。

知识点5：灯光和材质

这个就比较简单了，不过非常重要。注意一下 ![switch]开关，被激活可就看不到效果了。

知识点6：关键帧插值

这个枯燥了点，但是很重要。线性、贝塞尔是最常用的插值。各有各的用处，谁也别小看。

知识点7：动画速度的调节

这个很重要，多练练。首先要理解简单的速度，调整关键帧的位置和参数。复杂的可就要用到图表编辑器。不过不是很难，还是那句老话：熟能生巧。

05

调色的技巧

本章是对After Effects中调色技巧的讲解，包括Color Correction和Color Finesse等。调色是高手之路上必经的一关。

学习重点

- 色阶
- 去噪
- 色相与饱和度
- Color Finesse插件

5.1 色彩知识

在制作影片时，经常要碰到调色这一个环节，例如把整个片子调成某个色调，或协调前后景色等。有些环节对调色的要求非常高、非常细，特别是对人物的调色方面。例如只想对肤色做调整，而不影响其他方面，或者只是调整服装的颜色。这就需要用到局部调色的技巧。

在学习调色前，我们有必要对色彩的基础知识有一定的了解。

如果在计算机中表现现实世界中的对象，必须依靠不同的配色方式来实现。下面，将介绍几种常用的配色方式。

色彩模式

RGB：RGB是由红、绿、蓝三原色组成的色彩模式。图像中所有的色彩都是由三原色组合而来。

所谓三原色，即指不能由其他色彩组合而成的色彩。三原色并不是固定不变的，例如红、黄、蓝也被称为三原色。三原色中每个颜色都可包含256种亮度级别，三个通道合成起来就可显示完整的彩色图像。我们的电视机或监视器等视频设备，就是利用三原色进行彩色显示的。在视频编辑中，RGB是唯一可以使用的配色方式。

在RGB图像中的每个通道可包含2^8个不同的色调。我们通常所提到的RGB图像包含三个通道，因而在一幅图像中可以有2^{24}（约1 670万）种不同的颜色。

如果以等量的三原色光混合，可以形成白光。三原色中红和绿等量混合则成为黄色；绿和蓝光等量混合为青色；红和蓝等量混合为品红色。

在After Effects中调节对象色彩，可以通过对红、绿、蓝三个通道的数值进行调节，来改变图像的色彩。三原色中每一种颜色都有一个0~255的取值范围。当三个值都为0时，图像为黑色；当三个值都为255时，图像为白色。

灰度：灰度图像模式属于非彩色模式。它只包含256级不同的亮度级别，只有一个Black通道。用户在图像中看到的各种色调都是由256种不同强度的黑色所表示的。灰度图像中的每个像素的颜色都要用8位二进制存储。

Lab：Lab是一种图像软件，用来从一种颜色模式向另外一种颜色模式转变的内部颜色模式。例如在Photoshop中将CMYK图像转变为RGB图像。系统首先将CMYK转变为Lab，然后将Lab转换为RGB。

Lab色彩模式由三个通道组成。每个通道包含256种不同的色调。Lab颜色通道由一个亮度（Lightness）通道和两个色度通道A和B组成。其中A代表从绿到红，俗称红绿轴；B代表从蓝到黄，俗称蓝黄轴。

Lab色彩模式是一种独立的模式。用户在显示器上看到的Lab颜色应该和彩色打印机或其他印刷工具输出的颜色相同。Lab色彩模式的数据量略大于RGB模式。

Lab色彩模式作为一个彩色测量的国际标准，是基于最初的CIE1931色彩模式的。1976年，这个模式被定义为CIELab。Lab模式解决了彩色复制中由于不同的显示器或不同的印刷设备而带来的差异。Lab色彩模式是在与设备无关的前提下产生的。因此，它不考虑用户所使用的设备。

HSB：HSB色彩模式基于人对颜色的感觉而制定。它既不是RGB的计算机数值，也不是CMYK的打印机百分比，而是将颜色看作由色相、饱和度和明亮度组成的。

色相：色谱是基于从某个物体返回的光波，或者是透过某个物体的光波。人眼中看到的光谱中的颜色，称为可见光谱颜色。所谓可见光谱，是指红、橙、黄、绿、青、蓝、紫系列色彩，俗称七彩色。色相是区分色彩的名称。黑白及各种灰色则是属于无色相的。

饱和度是指示某种颜色浓度的含量。饱和度越高，颜色的强度也就越高。

Chapter 05 | 调色的技巧

Chapter
01

Chapter
02

Chapter
03

Chapter
04

Chapter
05

Chapter
06

Chapter
07

Chapter
08

Chapter
09

Chapter
10

明亮度则是对一种颜色中光的强度的表述。明度高则色彩明亮，明度低则色彩暗。同一颜色中也有不同的明度值，如白色明度值较大，灰色明度值适中，黑色明度值较小。

5.2　颜色校正

我们在配套素材 > LESSON 5 > FOOTAGE文件夹下提供了一些调色练习使用的图片和视频素材，下面我们导入这些素材并应用相应的调色工具进行练习。

任何一名从事后期合成的制作人员都需要熟练掌握各种画面色彩的调整工具和技巧。一个好的合成师，通过色彩来调节影片的气氛，表达不同的意境。从电影到电视，我们无时无刻不会看到颜色所起到的作用。

After Effects提供的各种调色工具，足以满足我们日常工作的需要，更别提那些功能强大的第三方调色插件了。在本节中，我们将对After Effects的调色工具做一个深度的接触学习。本节所有的调色工具都在【效果】>【颜色校正】栏下。

5.2.1　调色时的色彩位深度

在调色的时候，我们会碰到色彩位深度的概念。首先我们来看看什么是色彩位深度。这对我们后期的调色有着重要的影响。

在电影制作中，通常使用10 ~ 16位的位深度来记录颜色信息。现在的高清电视也以10位的位深度来记录颜色信息。这样可以保证最佳的视觉效果。

我们一般所处理的图像文件都是由RGB或者RGBA通道组成的。而记录每个通道颜色的量化位数就是位深度。也就是图像中有多少位的像素表现颜色。通常情况下，我们使用8位量化图像，即2^8进行量化，每个通道是256色。这样RGB通道就是24位色，RGBA通道则是32位色。这里的24位和32位是颜色位深度的总和，也叫作颜色位数量。

但是对于电影来说，胶片具有更加丰富的表现能力。所以，在数字化胶片的时候，使用2^{16}即16位来进行量化。这样可以记录更多的颜色信息。在使用RGB或者RGBA时，每个通道都是2^{16}量化，即65 536色。

使用高位量化的图像，在进行例如抠像、调色、追踪等操作时，会得到更佳的合成质量，高位深度的图像细节也更加细腻。但是，高位量化的图像数据量也要远远大于低位量化图像。

在After Effects中调色的时候是有颜色损失的，我们从下面的例子中就可以看到。所以，为了保证最好的调色质量，建议在调色的时候将项目的位深度设为32位。而After Effects的默认位深度为8位。

我们来看一个在8位位深度下调色时的损耗程度实例。首先看看我们使用的素材原稿质量。如图5-2-1所示。

图 5-2-1

如图5-2-2所示，我们首先为图像应用了一个【色阶】特效。将【输出黑色】设为120，【输出白色】设为130。

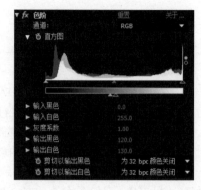

图 5-2-2

知识点：色阶

【色阶】特效用于修改图像的高亮、暗部以及中间色调。它可以将输入的颜色级别重新映像到新的输出颜色级别，是调色中比较重要的命令。

在【效果控件】对话框中可以看到当前画面帧的直方图。直方图的横向X轴代表了亮度数值，从最左边的最黑（0）到最右连接最亮（255）；Y轴代表了在某一亮度数值上总的像素数目。在直方图下方灰阶条中由左方黑色小三角控制图像中输出电平黑色的阈值。右方白色小三角控制图像中输出电平白色的阈值。

【输入黑色/白色】控制输入图像中黑色或白色的阈值。输入黑色在直方图中由左方黑色小三角控制，而输入白色在直方图中由右方白色小三角控制。

灰度调整。控制灰度值，在直方图中由中间黑色小三角控制。

【输出黑色/白色】控制输出图像中黑色或黑色的阈值。输出黑色在直方图下方灰阶条中由左方黑色小三角控制。输出白色在直方图下方灰阶条中由右方白色小三角控制。

可以拖动黑色或白色滑块使图像变得更暗或更亮。向右拖动黑色滑块，增高阴影区域阈值，图像变暗。向左拖动白色滑块，增高高亮区域阈值，图像变亮。

也可以拖动直方图中央的灰色小三角调整图像的灰度参数。向左拖动，靠近阴影区域，灰度值增大，图像变亮，对比减弱。向右拖动，靠近高亮区域，灰度值减小，图像变暗，对比增强。但是图像中的最暗和最亮区域不变。

不但可以在直方图中对图像的RGB通道进行统一的调整，还可以对单个通道分别进行调节。单击左侧的通道按钮，选择需要调节的通道。图表中显示该通道直方图。直方图右侧的颜色控制滑块可以控制该通道颜色贡献度。向左拖动，可以增加该通道颜色贡献度。拖动左方的黑色滑块，可以降低该通道颜色贡献度。中间的灰度调整可以调节中间区域。通过单个通道的分别调节，更可以对颜色进行抑止或者增量，以达到校正图像颜色的目的。

再为图像应用第二个【色阶】特效。把【输入黑色】设为120，【输入白色】设为130。现在等于恢复了刚才调整的图像参数。我们看看恢复后的结果，如图5-2-3所示。

Chapter 05 ｜ 调色的技巧

Chapter
01

Chapter
02

Chapter
03

Chapter
04

Chapter
05

Chapter
06

Chapter
07

Chapter
08

Chapter
09

Chapter
10

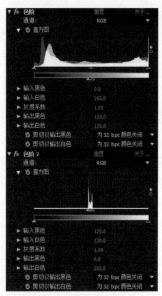

图 5-2-3

从图5-2-4中我们可以直观地看到，灰阶损失得非常厉害。我们再为图像应用一个【色阶】特效可以看到，现在图像的灰阶只剩10阶了。即刚才把图像的色彩空间压缩到120～130之间的10阶。可以看出，8位位深度保留画面层次的能力极其有限，也说明After Effects中对画面灰度的任何操作都会损失画面层次。所以，在调色的时候，我们需要更高的位深度来应付这些损失。

下面我们来提高位深度来看看效果。After Effects中的色彩位深度在项目中设置。切换到【项目】窗口，单击窗口下方的8bpc，会弹出图5-2-5所示的对话框。

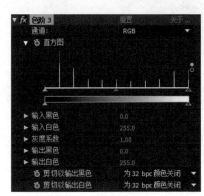

图 5-2-4

图 5-2-5

在【深度】下拉列表中选择【每通道16位】。现在我们再来看看刚才的色阶调整效果，如图5-2-6所示。

图 5-2-6

现在可以看到，由于16位位深度下灰阶远远超过8位的灰阶数量，所以在8位时120～130之间是10阶，而在16位时就变成了15 420～16 705之间的1 285阶。这远远超过了肉眼的分辨能力，所以，在16位时调节颜色的损耗是无法被肉眼察觉的，基本可以忽略不计。

了解了色彩位深度的重要性，接下来，我们在16位的状态下，通过一个实例，进行调色的技巧练习。

5.2.2 调色技巧练习

After Effects提供了一整套的图像调整工具，还可以同Photoshop共享颜色调整参数。After Effects的图像调整命令主要包括【色彩校正】特效组，它们都在【效果】菜单下。

在进行颜色校正前，还需要做一件事——校正监视器颜色。这是非常重要的，如果监视器颜色不准确，那么调整出来的影片颜色也会出问题。除了使用专门的硬件设备，也可以凭自己的眼睛来校准监视器颜色。一般情况下，工作间亮度要略低于影片将来播出的场所亮度。下面通过一个实例来学习调色技巧。

图5-2-7左图所示为原始素材，可以看到，素材质量较差，画面较平。我们要使用调色工具，将其调整为图5-2-7右图所示的效果。

图 5-2-7

STEP 01 ｜ 首先在【项目】窗口中双击，导入配套素材 > LESSON 5 > FOOTAGE > COLOR CORRECTION 文件夹下的序列文件。

STEP 02 ｜ 在【项目】窗口下方单击8bpc，在弹出的对话框中【深度】下拉列表中选择【每通道16位】，在【工作空间】下拉列表中选择【PAL / SECAM】。如图5-2-8所示。

STEP 03 ｜ 在【项目】窗口中选择素材"WOMAN"，按"Ctrl + Alt + G"键，在弹出的对话框中在【分离场】下拉列表中将场设为【高场优先】。如图5-2-9所示。

图 5-2-8   图 5-2-9

知识点：场

在使用视频素材时，会遇到交错视频场的问题。它严重影响着最后的合成质量。例如对场设置错误的素材做变速，在电视上播放的时候就会出现画面抖动等问题。After Effects中对场控制提供了一整套的解决方案。

解决场的问题，首先需要对场有一个概念性的认识。

在将光信号转换为电信号的扫描过程中，扫描总是从图像的左上角开始，水平向前行进，同时扫描点也以较慢的速率向下移动。当扫描点到达图像右侧边缘时，扫描点快速返回左侧，重新开始在第1行的起点下面进行第2行扫描，行与行之间的返回过程称为水平消隐。一幅完整的图像扫描信号，由水平消隐间隔分开的行信号序列构成，称为一帧。扫描点扫描完一帧后，要从图像的右下角返回到图像的左下角，开始新一帧的扫描，这一时间间隔叫作垂直消隐。对于PAL制信号来讲，采用每帧625行扫描。对于NTSC制信号来讲，采用每帧525行扫描。

大部分的广播视频采用两个交换显示的垂直扫描场构成每一帧画面，这叫作交错扫描场。交错视频的帧由两个场构成，其中一个扫描帧的全部奇数场，称为奇场或上场；另一个扫描帧的全部偶数场，称为偶场或下场。场以水平分隔线的方式隔行保存帧的内容，在显示时首先显示第1个场的交错间隔内容，然后再显示第2个场来填充第一个场留下的缝隙。如图5-2-10所示。

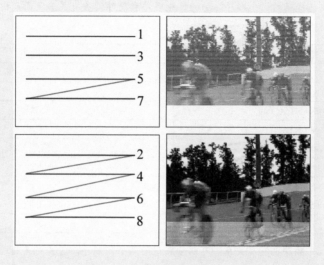

图 5-2-10

计算机操作系统是以非交错形式显示视频的，它的每一帧画面由一个垂直扫描场完成。如图5-2-11所示。电影胶片类似于非交错视频，它每次是显示整个帧的。

图 5-2-11

解决交错视频场的最佳方案是分离场。After Effects可以将上载到计算机的视频素材进行场分离。通过从每个场产生一个完整帧再分离视频场，并保存原始素材中的全部数据。在对素材进行如缩放、旋转、效果等加工时，场分离是极为重要的。如图5-2-12所示，未对素材进行场分离，此时画面中有严重的毛刺现象。

After Effects通过场分离将视频中两个交错帧转换为非交错帧，并最大程度地保留图像信息。使用非交错帧是After Effects在工作中保证最佳效果的前提。在【分离场】下拉列表中选择场的优先顺序，可以看到毛刺效果不见了。如图5-2-13所示。

图 5-2-12

图 5-2-13

分离场的时候需要选择场的优先顺序。场的优先顺序和硬件设备有关。下面列出一般情况下各种视频标准录像带的场优先顺序。

格　式	场顺序
DV	下场
640×480 NTSC	上场
640×480 NTSC Full	下场
720×480 NTSC DV	下场
720×480 NTSC D1	通常是下场
768×576 PAL	上场
720×576 PAL DV	下场
720×576 PAL D1	上场
HDTV	上场/下场

如果不知道场的优先顺序也没有关系。可以分别试验两个场顺序。首先对素材进行变速设置，然后分离场，播放影片，观察影片是否能够平滑地进行播放。如果出现跳动现象，说明场的顺序是错误的。

STEP 04 以素材"WOMAN"产生一个合成。

STEP 05 下面开始调色工具。首先我们对需要调整的效果进行分析。可以看出，原始素材人物肤色偏黄，且光感、层次感较差。所以，我们要在这几个方面进行调整。

STEP 06 选择层"WOMAN"，单击鼠标右键，选择菜单命令【效果】>【颜色校正】>【色相/饱和度】。【色相/饱和度】特效可以通过调整色相、饱和度以及明度调节颜色的平衡度。可以看出，我们最后得到的是一个淡色彩的影像，所以，这里有必要将素材的饱和度降低一些。拖动【主饱和度】参数，将其调整为−40。如图5-2-14所示。

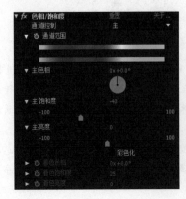

图 5-2-14

知识点：色相/饱和度

【色相/饱和度】是用来调整色相和饱和度的滤镜。如果想把画面的整个色调调偏，只要转动色相转盘，就可以改变图像的色相。

在调节颜色的过程中，了解色轮的作用是必要的。可以使用色轮来预测一个颜色成分中的更改如何影响其他颜色，并了解这些更改如何在RGB色彩模式间转换。例如，可以通过增加色轮中相反颜色的数量来减少图像中某一种颜色的量——反之亦然。同样地，通过调整色轮中两个相邻颜色，甚至将两种相邻色彩调整为其相反颜色，可以增加或减少一种颜色。简化的12色色轮如图5-2-15所示。

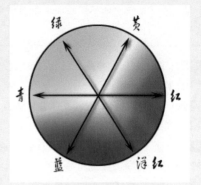

图 5-2-15

如果只想调整一个局部的色彩，直接转动转盘是做不到的，因为它在改变了画面某个局部的同时，也改变了画面的其他部分。【色相/饱和度】却可以进行局部调色，在稍后我们通过一个实例来具体学习。

📝 STEP 07 | 接下来为了提高光感和层次感，我们需要提高角色的对比度。且提亮受光部分，使光感更加强烈。在【效果控件】对话框中单击鼠标右键，选择菜单命令【效果】>【颜色校正】>【曝光度】。将【曝光度】参数设为0.3，【偏移】参数设为0.05，【灰度系数校正】参数设为0.40，效果如图5-2-16所示。

图 5-2-16

知识点：曝光度

【曝光度】可以对图像进行整体提亮的操作，且保持对比度同比变化。而【偏移】则通过一个偏移值对明暗进行调整。【灰度系数校正】参数的变化将提高或降低图像中的中间范围。使用灰度参数进行调整，图像将会变暗或者变亮，但是图像中阴影部分和高亮部位不受影响。图像中固定的黑色和白色区域也不会受其影响。数值越大，图像越亮。

📝 STEP 08 | 下面我们对肤色进行调整。在【效果控件】对话框中单击鼠标右键，选择菜单命令【效果】>【颜色校正】>【颜色平衡】。

知识点：颜色平衡

【颜色平衡】特效通过对图像的红、绿、蓝通道进行调节，分别调节颜色在暗部、中间色调和高亮部分的强度。

【阴影】、【中间调】和【高亮】分别对应暗部、中间区域和高亮部分的不同通道。【保持发光度】

参数在改变颜色时保留图像的平均亮度，该选项保持图像的色调平衡。

如果需要对图像中的不同区域进行精细调节时，例如使暗部泛红，高亮偏蓝，【颜色平衡】特效将很容易实现目标。

STEP 09 | 首先我们调整高亮部分。这里我们需要人物脸部为冷光效果，所以要调高蓝色成分。调整【高光蓝色平衡】参数至60。

STEP 10 | 可以看到，这时候图像整体偏蓝了，冷得有点太过，皮肤原有的颜色不够。调整【高光绿色平衡】和【高光红色平衡】参数分别为14、11。

STEP 11 | 接下来我们对中间区域进行调整。由于最终效果整体偏冷，且使用冷色可以让肌肤看上去更加稚嫩，我们将【中间调蓝色平衡】参数设为50。再调整【中间调绿色平衡】参数为38，以平衡过蓝的肤色。

STEP 12 | 最后调整暗部区域，一般情况下，室内角色的暗部区域为暖色。这里，提高暗部的红色含量。将【阴影红色平衡】参数调整为30。在调色工作中，经常需要不断地在各种调色工具间切换，调试修改参数，以得到一个满意的效果。

图 5-2-17

STEP 13 | 为了体现女性吹弹可破的皮肤效果，我们还将使用去噪工具。在【效果控件】对话框中单击鼠标右键，选择菜单命令【效果】>【杂色和颗粒】>【移除颗粒】。在【查看模式】下拉列表中选择【最终输出】。展开【杂色深度减低设置】栏，将【杂色深度减低】参数设为2。效果如图5-2-18所示。

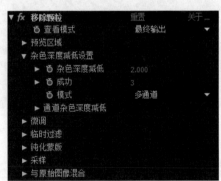

图 5-2-18

STEP 14 | 调色的工作到目前已经完成。最后，我们为了加强层次感，突出角色，需要对背景做模糊处理。

STEP 15 | 选择层"WOMAN"，按"Ctrl + D"键产生一个副本，并改名为"BACKGROUND"，在层"WOMAN"下方。

STEP 16 | 选择层"BACKGROUND"，选择菜单命令【效果】>【模糊和锐化】>【快速模糊】，将【模糊度】参数设为10。

STEP 17 | 单击两个层的 fx 按钮，暂时关闭特效显示。这样可以加速影片的刷新素材。

STEP 18 | 单击层"BACKGROUND"的 ◉ 按钮，暂时关闭显示。

STEP 19 | 选定层"WOMAN"，在工具栏中选择 🖉，沿人物轮廓绘制蒙版。绘制完毕后，按"F"键展开蒙版的羽化属性，将羽化值设为100左右。如图5-2-19所示。

Chapter 05 | 调色的技巧

Chapter
01

Chapter
02

Chapter
03

Chapter
04

Chapter
05

Chapter
06

Chapter
07

Chapter
08

Chapter
09

Chapter
10

STEP 20 | 按"M"键展开蒙版的形状属性，激活关键帧记录器，移动时间指示器，根据人物变化调整遮罩形状，记录一个动画遮罩。

STEP 21 | 打开层"BACKGROUND"的显示 👁 开关，恢复两个层的特效 fx 显示，输出影片。

上面我们学习了调色的一些小技巧，接下来我们继续一个实例，学习局部调色的方法和技巧。

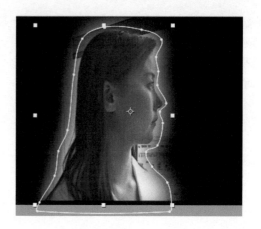

图 5-2-19

5.2.3 局部调色练习

在很多时候，我们会碰到只调节图像中的某一个色域的情况。例如我们在电影《辛德勒的名单》中的开始镜头中可以看到，场景中除了红色以外其他都是黑白，就是应用了局部调色的一个例子。在其他的很多广告中我们也可以看到类似的效果。接下来，我们来学习一下如何进行局部调色。

After Effects提供了【色相/饱和度】特效来针对某个色域进行调色。我们前面也已经简单地接触了这个特效。接下来我们通过一个实例来深入学习该特效的使用方法。

STEP 01 | 首先打开配套素材 > LESSON5 > FOOTAGE下的"woman3.tga"，并产生一个合成。

STEP 02 | 如果想调整模特身上的毛衣的色彩，可以用抠像来调，但这个画面很丰富，很难抠干净。当然也不能用蒙版选中毛衣的范围来调，对静态的图片可以这样做，但如果素材是动态的，就需要每帧画面都调整蒙版，画这样一个动态的蒙版要耗费大量的时间，工作效率非常低，因此是不太实用的。

STEP 03 | 如图5-2-20所示，我们首先分析一下，毛衣应该是黄绿色的，其中黄色占的比重更大一些。在【通道控制】下拉列表中选择【黄色】。

 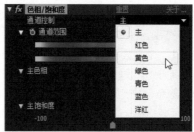

图 5-2-20

知识点：色相/饱和度的通道控制

　　【色相/饱和度】特效的【通道控制】默认控制模式是【主】，也就是全局控制模式，就是对该图层中的所有颜色同时进行调整。还可以选择各种单一颜色通道控制方式,分别是【红色】、【黄色】、【绿色】、【青色】、【蓝色】、【洋红】，之所以选择这6种颜色是因为它们分别是色光加色三原色（RGB）和色料减色三原色（CMY），它们在色相环的特殊位置，决定了调色的基础原则。

STEP 04 可以看到在【通道范围】上显示三角和竖线，它们控制着可调整的颜色范围。调整【黄色色相】，可以看到，毛衣的颜色变了，但是人物脸上的黄色也发生变化。

图 5-2-21

知识点：色相/饱和度的颜色范围控制

当在【通道控制】中选择【主】时，【通道范围】颜色通道模式没有任何变化。当选择除【主】以外的单一颜色通道控制方式时，在两个颜色条之间就会出现两个小竖条和两个小三角。选择单个颜色通道实际上只是一种符号，让选区在颜色条上迅速定位到所需要的颜色，并不是选择了蓝色就只能调蓝色，主要还是靠上面的三角和竖条来定义颜色范围的。

在【通道范围】上，上面的色条表示调节前的颜色，下面的色条表示在满饱和度下进行的调节如何影响整个色调。通道范围中的两个竖条代表颜色的选择区域，两个三角形代表羽化的区域。怎样选择色区非常有讲究，如果随意地拨动两个小竖条，只会发现画面变得斑驳陆离，一定要仔细地、慢慢地拨动它，同时观察画面的变化，这样才能找到想要的选区并进行细微的调整。

STEP 05 分析一下通道范围。可以看到，颜色区间包含了从橙色到草绿的颜色，而羽化范围更是扩大到了红色到绿色的区间。包含了这么大的范围，怪不得我们的颜色调节会出现偏差。下面我们来缩小可调节的颜色范围。

STEP 06 拖动竖条和三角到图5-2-22所示的位置。缩小可调节范围，使其仅包含毛衣的黄绿色，调整【黄色色相】，看看效果。

STEP 07 可以看到，模特手部和脸部的颜色都被还原，栏杆上的颜色也被还原。

STEP 08 下面我们把除毛衣之外的其他颜色都变为黑白。在【通道控制】下拉列表中选择其他颜色通道，将饱和度均设为−100。效果如图5-2-30所示。

图 5-2-22

STEP 09 现在可以看到，脖子上还有一些颜色没有褪尽。在【通道控制】中选择【红色】通道。调整通道范围，将红色通道的范围扩大一些，包含脖子上的黄色。如图5-2-24所示。

Chapter 05 | 调色的技巧

Chapter
01

Chapter
02

Chapter
03

Chapter
04

Chapter
05

Chapter
06

Chapter
07

Chapter
08

Chapter
09

Chapter
10

图 5-2-23 图 5-2-24

STEP 10 | 现在看到，红色的毛衣颜色有点淡了。切换回【红色】通道，调高【黄色饱和度】参数到25。效果如图5-2-25所示。

STEP 11 | 调整过程中，衣服上色彩的均度会受影响，当图片是动态的时候，这些杂点是非常致命的。这说明仅这样调色是不够的，要把调色带来的噪波滤掉。

STEP 12 | 按 "Ctrl + D" 键复制一层图像，将上方图像的层模式设为【发光度】。为下方图像加一个高斯模糊（【效果】>【模糊和锐化】>【高斯模糊】），模糊值调到6~8，所有的噪波都去掉了，即使图像动起来，也绝对不会再有小的噪波点闪动，如图5-2-26所示。之所以使用【发光度】这种叠加方式，是因为它是唯一带进色调的叠加方式，而会不把噪波带进来。

图 5-2-25 图 5-2-26

　　掌握了这种调色方式后，要注意在实际操作中不要大范围改变色彩。其实平时用得更多的只是微小的改变，如把衣服绿色调得饱和一点，做大跨度的调整有时会对画面产生一些损伤。

5.3　Color Finesse

　　After Effects CC中为我们捆绑提供了一个功能极其强大的调色工具——Synthetic Aperture Color Finesse。Color Finesse为我们提供了独立的操作界面、专业的色彩调节工具。利用这个捆绑插件，我们足以解决手头的各种调色难题。

下面还是用上一节中调色技巧练习中的素材，我们对Color Finesse插件进行学习。在这个例子中，我们主要通过各种调色操作来熟悉Color Finesse的调色工具和方法。

5.3.1　设定调节范围

STEP 01 ┃ 首先为素材应用【效果】>【Synthetic Aperture】>【SA Color Finesse 3】，在效果控件对话框中显示【Color Finesse】控制参数。如图5-3-1所示。

STEP 02 ┃ 我们可以直接在效果控件对话框中调整参数调节效果，也可以单击【Full Interface】，进入【Color Finesse】的调色界面中进行工作。这里建议进入【Color Finesse】调色界面，因为我们可以在调整过程中，参考示波器进行工作。

STEP 03 ┃ 进入之后我们可以看到图5-3-2所示的界面。

STEP 04 ┃ 我们对这个界面做一个简单的介绍。左上方为示波器的显示界面；右上方则为预览窗口；下方为调色工具栏。界面比较简单，下面我们结合具体的调色操作来进行学习。

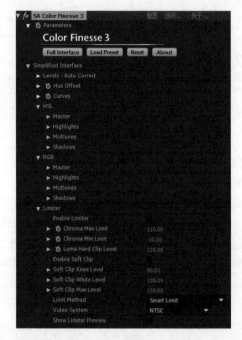

图 5-3-1

图 5-3-2

Chapter 05 ┃ 调色的技巧

Chapter
01

Chapter
02

Chapter
03

Chapter
04

Chapter
05

Chapter
06

Chapter
07

Chapter
08

Chapter
09

Chapter
10

☑ STEP 05 ┃ 在进行调色操作的时候，一般都是针对图像的阴影部分、中间部分或高亮部分分别进行调节。例如在上面的【颜色校正】调整中即是如此。在下方的调色工具栏中切换到【Luma Ranges】方式下，可以对图像的阴影区域、中间区域和高光区域重新调整定义。在右上方的预览窗口中选择【Luma Ranges】，显示明暗区域。如图5-3-3所示。

图 5-3-3

知识点：范围设置

　　以8位位深度为例，在默认情况下，0~85的参数范围影响图像的阴影部分。86~170范围影响中间色调的区域。171~255范围影响高亮区域。使用区域调整，可以对这个范围进行改变。在范围调整图表中，黑色曲线控制图像中的阴影区域，白色曲线控制图像中的高亮区域，而灰色曲线则控制图像中的中间区域。可以拖动黑色曲线或白色曲线句柄，调整图像的阴影和高亮区域范围。系统没有提供灰色曲线的控制方式，这是因为调整阴影区域和高亮区域的同时，中间区域也会发生改变。

　　拖动黑色曲线句柄，可以改变阴影区域的范围。向下拖动可以降低阴影范围；向上拖动可以增加阴影范围。白色曲线则是向上拖动增加高亮区域，向下拖动减少高亮区域。而中间的灰度区域则通过阴影和高亮区域的调整发生改变。

☑ STEP 06 ┃ 我们对图像的明、暗、灰区域重新进行定位。向上拖动黑色曲线句柄，增加阴影区域；向下拖动白色曲线句柄，减小高亮区域。如图5-3-4所示。注意单击【Reset】按钮可以恢复当前参数的默认值。其他几个面板中也都有相同的按钮。

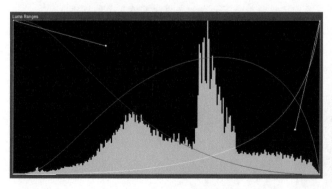

图 5-3-4

☑ STEP 07 ┃ 调节范围设定完毕，接下来我们需要使用其他的调色工具进行调色。在进行这一步工作前，我们首先切换到【Limiting】栏下。将【Video System】设为【PAL】，这有助于我们调色的时候避免使用一些电视机无法显示的颜色。如图5-3-5所示。

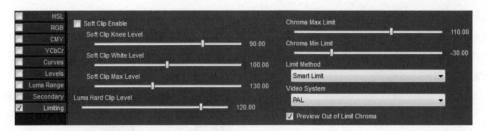

图 5-3-5

5.3.2 以HSL方式进行调色

▶ STEP 01 【Color Finess】提供了多种方式进行调色。这些方式互为补充,针对图像的不同特点来调整颜色。可以选择其中一种工具进行调整,也可以结合多种工具进行调整。首先,我们使用色相、饱和度和亮度的HSL方式进行调色。在预览区域中单击切换到【Result】方式下。在调整过程中,我们还需要不断在【Result】和【Source】间切换,以观察调色效果和原稿的差异。

▶ STEP 02 在调色工具栏切换到HSL方式。展开图5-3-6所示的参数栏。

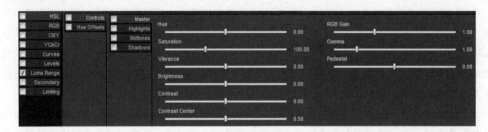

图 5-3-6

知识点:HSL调色

【Color Finess】中调色基本都是针对Master(全局)、Highlights(高亮)、Midtones(中间)和Shadows(阴影)这4个部分进行的。根据调色方式的不同,在每个区域的设置参数也有所不同。

HSL调色主要是针对图像的Hue(色相)、Saturation(饱和度)、Brightness(亮度)、Contrast(对比度)和其他几个选项来进行的。前面几个调节项都比较简单,下面我们来说说其他几个调节项。

首先是【Contrast Center】,这个选项主要用于调整对比中心。在对比度相同的情况下,调整【Contrast Center】等于偏移了对比中心,改变了对比度效果。在图5-3-7中可以看到,对比度相同的情况下,不同的【Contrast Center】改变了对比效果。左上方的【Level Curves】中也很清晰地显示了这种情况。

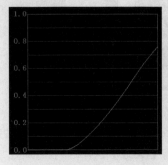

Contrast 30

Contrast Center 0.8

Chapter 05 | 调色的技巧

Chapter 01
Chapter 02
Chapter 03
Chapter 04
Chapter 05
Chapter 06
Chapter 07
Chapter 08
Chapter 09
Chapter 10

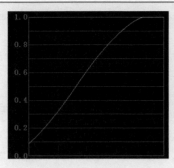

Contrast 30   Contrast Center 0.35

图 5-3-7

【Gamma】参数的变化将提高或降低图像中的中间范围。使用灰度参数进行调整，图像将会变暗或者变亮，但是图像中阴影部分和高亮部位不受影响。图像中固定的黑色和白色区域也不会受其影响。数值越大，图像越亮。默认值为1。高于1图像变亮，低于1图像变暗。如图5-3-8所示。可以看到，在进行灰度调整后，最暗的耳朵里边和最亮的衣服高光基本不发生改变。

图 5-3-8

【Gain】参数将会影响中间区域和高亮区域中的亮度。该参数对图像中阴影部分的亮度影响比较小。数值越大，图像越亮。默认值为1。高于1图像变亮，低于1图像变暗。如图5-3-9所示。最暗部分在调整【Gain】参数时，基本不受影响。

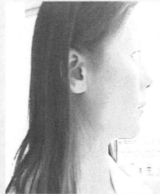

图 5-3-9

【Pedestal】参数将会影响中间区域和阴影区域中的亮度。该参数对图像中高亮部分的亮度影响比较小。

通过在图像的各个区域对以上这些参数进行针对性的调整，即可得到我们想要的调色结果。其他几种调色工具也基本相同，后面就不再赘述了。

▣ STEP 03 ┃ 首先对我们图像的中间色调进行调节。切换到【Hidtones】栏，拖动【Hue】参数到−25左右，让脸部偏红一点。注意，单击旁边的参数，可以激活参数进行输入操作。将【Saturation】提高到120左右。

▣ STEP 04 ┃ 接下来做整体调整。切换到【Master】栏，将【Hue】参数拖动到−4左右，将【Vibrance】降下来一些，到−50左右。同时我们调整【Contrast】和【Contrast Center】，分别到40和0.6左右即可。将【RGB Gain】设为1.1，【Gamma】设为1.14，【Pedestal】设为0.07。

▣ STEP 05 ┃ 下面我们切换到色轮方式下调整。如图5-3-10所示。

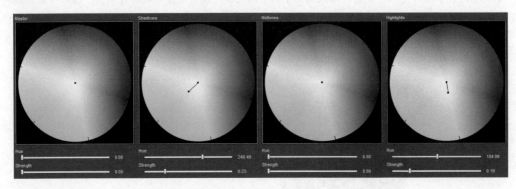

图 5-3-10

知识点：色轮

色轮调整是一种直观的颜色校正方法。它包括对基本颜色的校正，可以使用色轮对颜色进行校正。色轮包括计算机可以显示的所有颜色。R（红）、G（绿）B（蓝）颜色在色轮中均匀分布。处于180°方向上的颜色互补。两种原色相邻则为原色的混色。越是靠近色轮边缘的颜色，强度越高。色轮中心为三原色的混色——白色。

色轮内圈中可以对图像的色调进行调节。改变内圈值，可以改变图像色调。按住鼠标左键，拖动色轮中心的黑色方块，可以拖出一根控制线。如图5-3-11所示。

拖动控制句柄，可以改变其在色轮中的位置。控制句柄所处位置，为图像色调。拖动控制句柄时，可以看到【Hue】和【Strength】参数发生变化。【Hue】控制图像色调，而【Strength】则控制色调强度。该参数越高，控制线半径越大，则图像色调变化越明显。

图 5-3-11

▣ STEP 06 ┃ 将暗部颜色向绿色区域拖一点，亮部则向蓝色区域拖一点，注意颜色偏移的幅度很小，不要调过了。

5.3.3 以RGB方式进行调色

▣ STEP 01 ┃ RGB是我们最常用的调色方式。因为所有计算机中进行调色的素材，都会被转换为RGB模式。所以，以RGB来调整也是最直接、最有效的手段。切换到RGB栏下，出现图5-3-12所示的参数栏。

Chapter 05 ｜ 调色的技巧

Chapter
01

Chapter
02

Chapter
03

Chapter
04

Chapter
05

Chapter
06

Chapter
07

Chapter
08

Chapter
09

Chapter
10

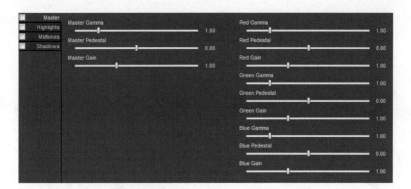

图 5-3-12

◥ STEP 02 ┃ 首先切换到高亮区域进行调整。这里我们提高蓝色的灰度参数，让亮部的冷光效果更强一点。将【Blue Gamma】设为4，效果如图5-3-13所示。

◥ STEP 03 ┃ 接下来对中间部分进行调整。将【Red Pedestal】设为−0.18，降低面部的红色。效果如图5-3-14所示。

图 5-3-13

图 5-3-14

◥ STEP 04 ┃ 现在面部整体太黑了，且高光有点过冷了。切换到【Master】栏。如图5-3-15所示调整参数。我们将暗部的绿色提高一点，亮部的蓝色则稍降一点。

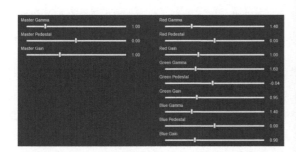

图 5-3-15

STEP 05 | 最后我们切换回HSL调色模式，激活【Highlights】栏，并提高高亮区域的饱和度到200。最终的调节效果如图5-3-16所示。对比一下原稿和调整后的效果。

图 5-3-16

5.3.4 以其他方式进行调色

下面我们来看看其他几种常用的调色方式。

曲线

使用曲线进行颜色校正可以获得更大的自由度。可以添加控制点到曲线上，也可以通过调整切线句柄在定义好的颜色范围中进行更为精确和复杂的调整。同时，曲线调整具有更加强大的交互性。可以看见曲线外形和图像效果之间的关联。

在调色工具面板中单击【Curves】，切换到曲线工具栏。如图5-3-17所示。

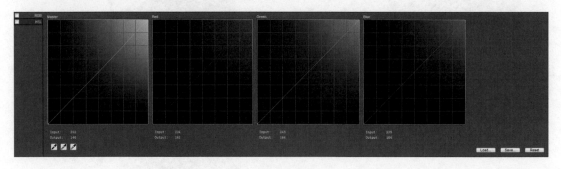

图 5-3-17

曲线图表是图像中颜色映射的图形表示法。通过改变曲线图表的默认外形，可以重新分配初始的颜色映射。利用曲线控制，可以像在前面几种调色方法中一样，通过改变灰度、Gain和Offset参数对图像的色彩进行调整。

曲线图表分别为Master、Red、Green、Blue通道的曲线图。源图像的颜色输入值分布在曲线图中的水平方向的轴上。实行颜色校正后的图像的颜色输出值分布在垂直方向的轴上。

在默认状态下，曲线是一根对角线直线。这表示源图像中的颜色输入值和校正后的颜色输出值是相等的，颜色校正操作中没有修改任何参数。

在曲线图表中，在0～85的参数范围内改变曲线，将会影响图像的阴影部分。在86～170的参数范围内改

Chapter 05 | 调色的技巧

Chapter 01
Chapter 02
Chapter 03
Chapter 04
Chapter 05
Chapter 06
Chapter 07
Chapter 08
Chapter 09
Chapter 10

变曲线，将会影响中间色调的区域。在171～255的参数范围内改变曲线可以影响高亮区域。

如图5-3-18所示，我们在曲线的上方高亮区域增加控制点，并增高蓝色输出值，通过对蓝色曲线的调节，将中午拍摄的影片色调调整为清晨拍摄效果。可以试试调节其他几条曲线来得到不同效果，调节方法是相同的。

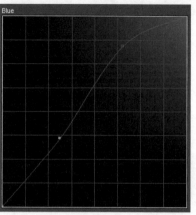

图 5-3-18

而通过增高暖色调的红色和蓝色曲线输出值，并提高亮度，我们得到了一个午后的拍摄效果。

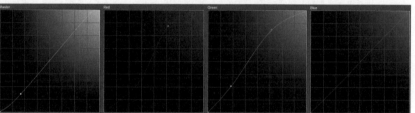

图 5-3-19

直方图

在直方图（Levels）中，可以直观地看到颜色分布情况，并进行调节。如图5-3-20所示。

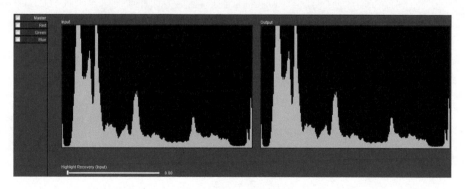

图 5-3-20

在操作面板中可以看到当前画面帧的直方图。直方图的横向X轴代表了亮度数值，从最左边的最黑（0）到最右连接最亮（255）；Y轴代表了在某一亮度数值上总的像素数目。

如图5-3-21所示，我们可以看到，图像中的人物大部分处于阴影中，阴影区域集中了较多像素。而高亮区域中，则聚集较少像素。

 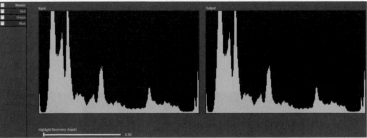

图 5-3-21

如图5-3-22所示，任务高光部分有点曝。通过调高【Highlight Recovery(Input)】参数，可以降低高光部分的过曝效果。

图 5-3-22

其他的CMY和YCbCr调节方式和上面讲到的类似，这里不再赘述。它们都是针对不同调色习惯的人群来设计的。例如YCbCr是根据电视信号的YUV模式来进行调色的，即一个亮度信号（Y）和两个色差信号（CbCr）来调节的。这样可以通过控制亮度和红蓝两种色差来调节色彩。这样可以避免色彩空间转换给画面带来的损失。但是大部分计算机都以RGB来存储和显示画面，只有某些设备（例如宽泰）以YUV来存储，所以如果你习惯以YUV来操作，就可以使用YUV方式进行调色。

二次调色

二次调色(Secondary)有点类似于我们前边提到的局部调色。但是它的功能更强一点。如图5-3-23所示。

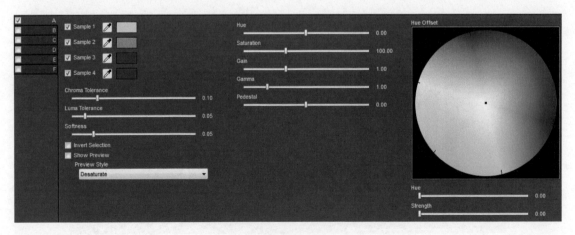

图 5-3-23

二次调色中我们可以看到，可以设置从A～F的六个调色模板。每个都可以单独进行调色，最后将所有效果混合起来。

二次调色的方法非常简单。例如，我们要让模特的毛衣变色。首先在样本栏（Sample）中选择滴管工具，在需要调节的颜色上单击，如图5-3-24所示。可以看到，第一个样本栏中出现了我们选择的颜色。

Chapter 05 | 调色的技巧

Chapter 01
Chapter 02
Chapter 03
Chapter 04
Chapter 05
Chapter 06
Chapter 07
Chapter 08
Chapter 09
Chapter 10

接下来再单击第二个样本栏的滴管工具，再次采集样本颜色。如图5-3-25所示。

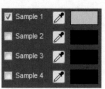

图 5-3-24

图 5-3-25

我们最多可以采集四个样本栏的颜色。而通过调整Tolerance参数，我们可以增大色度（Chroma）或者Luma（亮度）的选择范围，同时还可以调整【Softness】参数设置一个柔和范围。

通过上述参数的设置，我们圈定了需要调节的颜色范围。接下来就可以通过改变右侧的色相、饱和度或者灰度值等对图像进行局部调色了。

颜色匹配

在合成中，经常需要不同对象颜色匹配，以便更真实地融合到一个场景氛围中。而有时候为了追求镜头的统一感，我们也需要将颜色相差较大的镜头做一个颜色匹配。

使用颜色匹配功能，可以非常轻易地将两个不同的对象真实地融合到一个场景中。我们可以使用Match功能对颜色进行匹配。由计算机来选择最合适的颜色进行匹配。当然，一般情况下还需要自己在匹配后再进行细节调整。下面我们通过一个实例来学习颜色匹配的方法。

▶ STEP 01 ┃ 首先在【项目】窗口中导入配套素材 > LESSON 5 > FOOTAGE下的 "CFA.jpg" 和 "CFB.jpg" 两个文件。

▶ STEP 02 ┃ 产生一个合成。然后改变两个文件的位置，以上下排列，如图5-3-26所示。这是为了后面在做颜色匹配的时候可以选取参考颜色来准备的。

▶ STEP 03 ┃ 在【时间轴】窗口中右键单击，选择【新建】>【调整图层】，新建一个调节层，并放在两个层的上方。

▶ STEP 04 ┃ 为调节层应用【Color Finesse】特效。单击【Full Interface】，进入调色界面。

▶ STEP 05 ┃ 我们可以看到，在调色工具区域中，无论切换到哪一栏，旁边都会出现颜色匹配面板。如图5-3-27所示。根据我们所选择的调色方式不同，颜色匹配的效果也会有所针对。下面我们以【Secondary】下的颜色匹配为例来学习。

▶ STEP 06 ┃ 切换到【Secondary】栏中。首先我们得选择颜色匹配所影响的颜色区间。这里我们要让模特身旁的绿色变为秋天的金黄色。所以，应该选择草地的绿色区间。在【Sample】栏中选择滴管工具，在草地上单击，分别选取四个不同的样本色。

图 5-3-26

图 5-3-27

图 5-3-28

STEP 07 | 接下里我们开始进行匹配操作。首先选择颜色匹配面板上方的滴管工具，在画面中的草地上单击，选择需要进行匹配的颜色（源色）。如图5-3-29所示。可以看到，在上方的源色栏中，显示我们所选择的颜色；下方的匹配栏左侧也显示源色。

STEP 08 | 然后在下方的目标色栏选择滴管工具，在画面中的树叶上单击，选取要匹配成为的颜色。如图5-3-30所示。可以看到，选取的目标色出现在下方匹配栏的右侧。

图 5-3-29

图 5-3-30

STEP 09 | 在下方的下拉列表中可以选择匹配颜色的方式。这里我们选择【Hue】，对色相进行匹配。单击【Match Color】按钮，可以发现，上方的草地变为和下方树叶相匹配的黄色，而上方的源色栏右侧也显示匹配后的颜色。如图5-3-31所示。

STEP 10 | 最后我们在【Secondary】栏中对色度、亮度区域和柔和度进行调整，并对色相、饱和度等参数做一个辅助调节，从而得到一个满意的效果。如图5-3-32所示。

图 5-3-31

图 5-3-32

5.3.5 使用示波器

在调色过程中，由于监视器的校准不同，不同显示设备的指标不同，以及种种原因，眼睛看到的颜色可能不是最准确的。举个例子来说，我们在计算机监视器上饱和度亮度（暗度）很高的一个片子，在电视机上就无法完全显示颜色。这是因为电视输出的时候一般都以模拟信号输出，这样就会使得我们在计算机上可以看到的一些细节，在电视机上则无法显示出来。所以我们在调色的时候，一个方面需要配备监视器，另一方面还要使用示波器进行参考。

Color Finesse提供了专业的示波器供我们进行颜色调节的观察参考。如图5-3-33所示。

在大部分的电影、电视制作中，都会用到Vectorscope和Waveform这两种硬件设备。它们主要用于检测影片的颜色讯号。在Color Finesse中也提供了兼容这些标准色讯检测设备的显示模式。使用这两种模式，可以帮助我们正确地评估电视的层次，包括颜色、亮度、对比度等，以输出一个符合广播电视标准程式的影片。同时，在基于美学方面的考虑，对于我们进行影片的颜色矫正时，它们也有重要的作用。

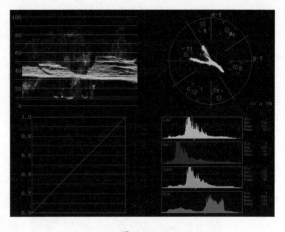

图 5-3-33

首先我们来看一下矢量范围图Vectorscope。Vectorscope主要用于检测讯号的色彩。讯号的色相和饱和度构成一个圆形的图表。饱和度从圆心开始向外扩展，越往外，饱和度越高。如图5-3-34所示。可以看到，上方影片饱和度较低，绿色的饱和度信号处于中心位置。而下方的影片饱和度被提高，信号开始向外扩展。圆的小格分别表示完全饱和的色相区域。它们分别是R（红色）、Mg（红紫色）、B（蓝色）、Cy（蓝绿色）、G（绿色）、和Yl（黄色）。上图中影片整体偏蓝绿，所以信号指向Cy。在下图中，由于颜色偏向红色到绿色区域，所以信号指向R～B，并且信号的密集度表示了颜色的分布程度。对于NTSC颜色来说，不应该使其超出图表的显示范围。

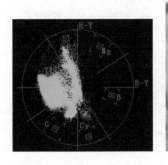

图 5-3-34

再来看看Waveform。它以波形来显示检测讯号。使用IRE（美国无线电工程师学会）的标准单位进行检测。【Color Finesse】中分别提供了Luma WFM来检测讯号的亮度；RGB检测检测RGB颜色区间；YCBCr主要检测色差和亮度区间。

以Luma WFM为例，水平方向的轴表示视频图像，垂直方向的轴则检测亮度。在绿色的波形图表中，亮的区域总是处于图表上方，而暗色区域总在图表下方。如图5-3-35所示。对于NTSC影片来说，亮度层次总是在7.5 ~ 100IRE。

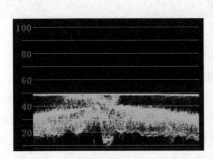

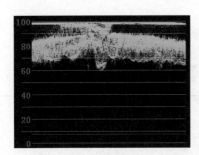

图 5-3-35

再来看看直方图Histogram。它可以观看一个素材的动态范围对比度的问题。图表显示出色彩波形的频率分布。横向表示黑白关系，纵向表示同层素材同颜色的像素数。

学会使用示波器观察颜色，可以让我们的影片无论在何种设备上播出，都能以最佳的状态表现出来，从而避免因为显示设备的原因而让影片效果大打折扣。

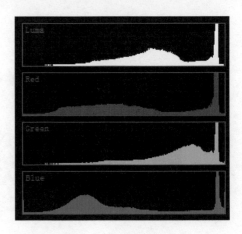

图 5-3-36

Chapter 05 | 调色的技巧

Chapter
01

Chapter
02

Chapter
03

Chapter
04

Chapter
05

Chapter
06

Chapter
07

Chapter
08

Chapter
09

Chapter
10

5.4 RAW图像

对于摄影师来说，RAW是一个非常熟悉的概念。RAW图像就是CMOS或者CCD图像感应器将捕捉到的光源信号转化为数字信号的原始数据。RAW文件是一种记录了数码相机传感器的原始信息，同时记录了由相机拍摄所产生的一些元数据（Metadata，如ISO的设置、快门速度、光圈值、白平衡等）的文件。RAW是未经处理、也未经压缩的格式，可以把RAW概念化为"原始图像编码数据"或更形象地称为"数字底片"。

对于RAW图像来说，调色显得更加轻而易举。图像原始信息的保存使得我们可以调节几乎除了焦距以外的所有参数。举例来说，在室外拍摄强光的对比下，我们就可能为了保证暗部细节而导致亮部曝光过度、损失细节。但是对于RAW图像来说，这些数据都可以通过后期参数还原。

从After Effects CC开始，就可以直接导入RAW图像，并进行调色。接下来我们导入配套素材>LESSON 5 > FOOTAGE>RAW文件夹下的序列图片进行学习。

导入RAW图像时，系统会自动弹出【Camera Raw】窗口进行调色操作。如图5-4-1所示。

窗口左上方是一组工具栏，都是常用的图像编辑工具，包括缩放、移动视图、吸取颜色、去红眼、裁剪图像等。如图5-4-2所示。

值得一提的是【渐变滤镜】 ▣ 。它可以在画面中创建一个渐变调色效果，非常实用。选择该工具后可以在画面中创建渐变范围，然后调节旁边的参数影响目标。如图5-4-3所示。

图 5-4-1

图 5-4-3

图 5-4-2

调色时可以单击窗口下方视图图标 ▣ ，在原图和效果图之间进行对比修改。如图5-4-4所示。

图 5-4-4

5.4.1 基本设置

下面主要来看一下调色参数。首先来看看【基本】栏。如图5-4-5所示。

【白平衡】下拉列表中可以选择白平衡方式。不同的白平衡方式决定着我们图像的色调冷暖。如图5-4-6所示。

图 5-4-5   图 5-4-6

我们也可以在【色温】栏中调整色温来控制图像冷暖色调。色温越低，图像越冷，反之则越暖。

【色调】栏可以为我们的图像加一个色调倾向。可以看到【色调】栏是一个颜色域，拖动到相应的色域就可以使图像色相倾向于该色域。如图5-4-7所示。在相同色温下调整为绿色和红色色调。

图 5-4-7

【曝光】参数控制图像的曝光度。数值越高，则图像越亮。如图5-4-8所示。

图 5-4-8

下面的参数都比较简单，可以自己试验一下。例如想调亮和加强暗部，就可以将【阴影】和【黑色】参数调高，如图5-4-9所示。

Chapter 05 | 调色的技巧

Chapter
01

Chapter
02

Chapter
03

Chapter
04

Chapter
05

Chapter
06

Chapter
07

Chapter
08

Chapter
09

Chapter
10

图 5-4-9

如果是高光部分需要加强或者减弱，可以调整【高光】和【白色】参数。如图5-4-10所示。

图 5-4-10

比起【高光】和【阴影】主要针对高亮和暗部进行调节，【白色】和【黑色】对图像的整体影响更加强烈。

【清晰度】参数调整图像清晰度，为图像带来更多细节。如图5-4-11所示。但是需要注意，该参数过高，会使图像产生结晶状效果。

图 5-4-11

【自然饱和度】和【饱和度】参数对图像饱和度进行调节。相对而言，【自然饱和度】在调节饱和度时会保护已经饱和的像素，在增加图像色彩的同时，能够使得图像饱和度更趋于正常。如图5-4-12所示，左图【自然饱和度】为100，与右图相比，颜色更加自然。

图 5-4-12

【色调曲线】和之前调色学习中的曲线调节类似，这里不再赘述。

5.4.2 细节设置

【细节】中对图像细节进行进一步设置。参数面板如图5-4-13所示。

【锐化】栏主要加强图像清晰度。【数量】参数越大则图像更锐利、更清晰。如图5-4-14所示。【半径】参数控制锐化颗粒粗细，注意该参数不要调得太高，否则会出现结晶效果。【细节】参数同样需要微调，过高会出现明显纹路。【蒙版】则会减弱锐化效果。

【减少杂色】栏中对图像的颜色细节进行加强或平滑。变化比较细微，手动调节时仔细观察一下。

图 5-4-13

图 5-4-14

5.4.3 HSL/灰度

HSL/灰度中根据不同色域对图像进行色相、饱和度和明亮度的调节。利用它，我们可以对某一个颜色进行加强、减弱或者改变。效果如图5-4-15所示。参数栏比较简单，选择需要改变的内容，对相应色域进行调节即可。

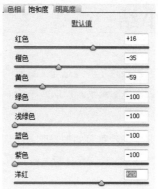

图 5-4-15

5.4.4 其他设置

【分离色调】和前面的内容比较类似，这里不再赘述。

【镜头校正】主要针对出现边缘畸变或者色散的现象进行修复调整。

【FX】中可以为图像增加颗粒或者晕影效果，以模拟电影胶片。如图5-4-16所示。

【相机校准】中可以读取相机配置文件，来校准颜色。也可以手动对RGB原色进行调节。如图5-4-17所示。

调整完毕的参数当图像导入After Effects中时会自动记录到图像文件上。下次再次导入时会沿用该参数。也可以在窗口中参数标签栏单击 按钮，在弹出的菜单中选择【存储设置】，将调整参数记录为"xmp"文件，以供下次使用。存储时我们可以选择存储哪些参数信息。如图5-4-18所示。

图 5-4-16   图 5-4-17   图 5-4-18

如果需要使用图像最原始的参数值，单击 按钮，选择【复位Camera Raw默认值】即可。

全部调整完毕后，单击【确定】按钮，图像序列即可导入After Effects【项目】窗口。接下来和其他素材编辑方法就没有什么不同了。RAW图像的使用对于高品质影像是至关重要的。它使得后期调色更加灵活和强大。

5.5　本章小结

调色学习到这里就全部结束了。这是非常重要的一个知识点。在我们制作影片的过程中，无时无刻没有它的陪伴。下面，我们把本课的重要知识点回顾一下。

知识点1：场

场是个非常基础但是又非常重要的知识点，而且比较难懂。有了制作电视的经历自然就会懂了。这主要是个解决交错场的问题。注意，如果你的影片在电视上抖的话，考虑一下是不是场的问题。

知识点2：色阶

色阶用于修改图像的高亮、暗部以及中间色调。将输入的颜色级别重新映像到新的输出颜色级别，是个重要的概念。学会观察直方图也是一个重要的方面。

知识点3：位深度

在After Effects中调色的时候是有颜色损失的，所以，为了保证最好的调色质量，建议在调色的时候将项目的位深度设为16位或者32位。

知识点4：去噪

Remove Grain是一个杰出的去噪工具。它在通过模糊来去除图像噪波的同时，还能够保持图像细节。尤其在保持女性吹弹可破的皮肤的时候，可是能派上大用场的。

知识点5：色相/饱和度

【色相/饱和度】是用来调整色相位和饱和度的特效。它非常重要，我们经常会用到，局部调色全靠它。

知识点6：颜色平衡

颜色平衡也是一个重要的调色特效。因为大部分时候我们需要针对画面中的不同亮度区域调节，所以，颜色平衡就显得格外重要了。

知识点7：曝光度

【曝光度】对图像进行整体提亮的操作，且保持对比度同比变化。用处也不小，需注意。

知识点8：Color Finesse

有了它，上面的调色工具基本就可以退休了。它是非常强大的调色工具，可惜是个插件。在没有它的时候，我们还得靠After Effects自带的调色工具。一定要熟练掌握，影片想出彩可全靠它了。

知识点9：RAW图像

RAW图像被广泛应用在电影摄制中。通过记录详尽的颜色信息，使数字灰片拥有巨大的后期调色空间。这是任何其他文件格式无法比拟的。现在单反相机的摄像功能也越发强大，大部分单反相机都具有记录RAW图像的功能。所以，活用RAW，可以拍摄制作出电影级的画面效果。

Chapter

06

抠像技巧

本章讲解的是抠像。在After Effects中，可以
将主体从背景中分离出来，更方便进行后续设计。

学习重点

- Key light
- 父系关系
- 波形环境和焦散

6.1 抠像基础

6.1.1 什么是抠像

想想那些好莱坞大片：《三百勇士》《星球大战》《黑客帝国》《指环王》……那令人瞠目结舌的特技，那气势恢弘的场景，真是令人叹为观止。在大呼快活的同时，动脑子想想，它们是怎么实现的？难到那些演员真的是在那些疑似神话的世界中尽兴表演吗？

再想想自己的身边，天天都在观看的天气预报、新闻节目、娱乐节目，很多我们看似无法实现的场景，是如何让主持人们身处其中的呢？

在数字特技的技术产生之前，大部分影片的特技是以实景或微缩景观进行拍摄的。那时候，特技演员需要在危险的环境中做各种危险动作，而实景或微缩景观的制作也耗费大量的金钱。例如史诗大片《宾虚》，重建罗马的赛马场投资巨大；而现在，利用CG技术在角斗士中重现的罗马竞技场，场面恢宏有过之而无不及，投资却低了很多；而且，旧技术的微缩景观拍摄和新技术的CG制作，逼真程度也是有所不及的。《星球大战》1、2、3集利用了全新的CG制作技术，效果自然和20世纪60年代利用微缩模型拍摄的4、5、6集不可同日而语了。

不管是旧的模型还是新的CG，都面临着如何将演员与拍摄的景物结合在一起的问题。在20世纪30年代的经典影片《金刚》中，我们可以看到古老的合成技术。导演先将景物拍摄一遍，然后将拍摄的电影投影在幕布上，再让演员在幕布前表演并重新拍摄来得到最终的影片。经过短短几十年的发展，现在，演员在CG场景中的合成技术已经极为成熟。蓝绿屏抠像的使用、摄像机追踪技术的应用、动作捕捉技术的成熟等高精尖技术构成了当今的数字电影技术。下面，我们就来看看在电影、电视中最常用到的蓝绿屏抠像技术。

在进行合成时，我们经常需要将不同的对象合成到一个场景中去。我们可以使用Alpha通道来完成合成工作。但是，在实际工作中，能够仅仅使用Alpha通道进行合成的影片少之又少。例如，需要将一个演员放置在一个计算机制作的场景中时，是无法使用Alpha通道的。因为我们的摄像机是无法产生Alpha通道的。当然，也可以在素材中建立蒙版，但对于一部非常复杂的影片来说，使用蒙版是一件非常吃力的事情，因为需要对影片的每一帧绘制蒙版。

一般情况下，我们选择蓝色或绿色背景进行拍摄。演员首先在蓝背景或绿背景前进行表演。然后我们将拍摄的素材数字化，并且使用抠像技术，将背景颜色透明。After Effects产生一个Alpha通道识别图像中的透明度信息。然后与电脑制作的场景或者其他场景素材进行叠加合成。之所以使用蓝色或绿色，是因为人的身体不含这两种颜色。如图6-1-1所示。

图 6-1-1

Chapter 06 | 抠像技巧

Chapter
01

Chapter
02

Chapter
03

Chapter
04

Chapter
05

Chapter
06

Chapter
07

Chapter
08

Chapter
09

Chapter
10

6.1.2　抠像应该注意的问题

　　素材质量的好坏直接关系到抠像效果。光线对于抠像素材是至关重要的，需要在前期拍摄时就非常重视如何布光。您要确保拍摄素材达到最好的色彩还原度。在使用有色背景时，最好使用标准的纯蓝色（PANTONE2635）或者纯绿色（PANTONE354）。世界上有许多专业生产抠像设备的厂商，它们提供最好的抠像色漆。Ultimatte就是其中的佼佼者。

　　在将拍摄的素材进行数字化时，必须注意到，要尽可能保持素材的精度。在有可能的情况下，最好使用无损压缩。因为，细微的颜色损失将会导致抠像效果的巨大差异。

　　除了必须具备高精度的素材外，一个功能强大的抠像工具也是完美抠像效果的先决条件。After Effects提供了最优质的抠像技术。例如集成在After Effectrs的Keylight，可以轻易的剔除影片中的背景。对于阴影、半透明等效果，都可以完美地将其再现出来。

　　在抠像中，可以分为前景和背景，其中，前景是需要将其中某些区域变为透明或半透明的图层，背景为透过前景透明部分的图层。

　　通常情况下，如果要对在均匀背景下拍摄的镜头进行抠像，可以只对一帧画面进行抠像，不需要制作关键帧。这一帧尽量选取镜头中最复杂的帧，诸如头发丝、烟雾、玻璃等需要表现细腻的物体或半透明的物体尽量在这一帧中能得到体现。当这一帧抠像完成后，其余帧由于没有这一帧复杂，所以都能较好地达到抠像效果。

　　如果拍摄时灯光或背景有变化，在抠像中也可以使用关键帧，即在每一种光效下对最复杂的帧进行抠像，但是在设置关键帧时需要注意，必须在同一种光效下使用同一种抠像效果，即在光效开始和结束的位置均设置关键帧，尽量不要让After Effect自动进行插补，否则可能需要逐帧检验抠像的效果。

　　下面，我们将通过一个实例，分别学习After Effects中的三种抠像工具的使用方法。其他工具较为简单，可以通过已经学习的工具举一反三，本章就不再赘述。影片效果如图6-1-2所示。你也可以打开配套素材LESSON 6 下的Key.wmv，观看效果。

图 6-1-2

6.2　颜色范围键

　　对于影片的第一个分镜头，我们使用【颜色范围】键进行抠像操作。不同的素材使用不同的抠像方式可能会有不同的效果。所以在抠像的时候我们可以根据素材的特点，多试几种方式，以得到最佳的效果。

◥ STEP 01 ┃ 首先在【项目】窗口中单击右键，选择菜单命令【导入】>【多个文件】。选择配套素材>

LESSON 6 > FOOTAGE下的所有素材以序列方式导入。注意这些素材分别在不同的子文件夹中。全部导入完毕后单击【完成】按钮，退出对话框。

STEP 02 | 以素材"scence1"产生一个合成。

STEP 03 | 选择素材"BLUEA"加入合成，并放在层"SCENCE"上方。将两个层分别改名为"男性"和"场景A"。再将合成改名为"分镜头A"。

STEP 04 | 首先需要为素材做分离场的操作。在【项目】窗口中选择素材"BLUEA"，按"Ctrl + Alt + G"键，在弹出的对话框中选择【分离场】下拉列表的【高场优先】项。如图6-2-1所示。顺便也对其他几个蓝屏素材做好场的分离工作。

STEP 05 | 右键单击层"男性"，选择菜单命令【效果】>【键控】>【颜色范围】，为其添加抠像操作。【效果控件】对话框中显示特技调整参数，如图6-2-2所示。

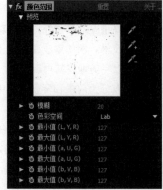

图 6-2-1　　　　　　　　　　　　　　　　　　图 6-2-2

知识点：多种抠像特效

对于一个图层，在After Effect中也可以应用多个抠像特效，根据各个特效的特点，调节参数，达到最终的合成效果。

在After Effect中，有【颜色差值键】、【颜色范围】、【差值遮罩】、【提取】、【内部/外部键】、【Keylight】、【线性颜色键】等多种抠像方式。这些特效都在【键控】特效组中。另外，还有一些辅助工具来帮助优化我们的抠像效果。

下面我们对几种抠像方式做一个简单的介绍。

- 【颜色差值键】是将前景根据所选的抠像底色分成A、B两层，这两部分叠加后生成Alpha层，通过使用吸管工具选择A、B两层的黑色（透明）与白色（不透明），完成最终的抠像效果。这种抠像方式可以较好地还原均匀蓝底或绿底上的烟雾、玻璃等半透明物体。

- 【颜色范围】可以按照RGB、LAB或YUV的方式对一定范围内的颜色进行选择，这种抠像效果常用于蓝底或绿底颜色不均匀时的抠像。

- 【差值遮罩】是一种从两个相同背景的图层中将前景抠出的方法。这种抠像方式要求背景最好是图片，前景是用三脚架在同一位置稳定拍摄的镜头。个人感觉使用价值不是很大。

- 【提取】可以根据亮度范围进行抠像。这种抠像方式主要用于白底或黑底情况下的抠像，同时还可以用于消除镜头中的阴影。

- 【内部/外部键】抠像效果需要先在前景中大致定义包含需要保留的物体的闭合路径和需要抠除部分的路径，【内部/外部键】可以根据这些路径自动对前景进行抠像处理。这个特效我们前边已经学习了。

- 【线性颜色键】也是一种针对颜色的抠像处理方式。

由此可知，After Effect中主要有三种抠像方式，根据颜色进行抠像、根据亮度进行抠像和根据画面进行抠像。最常用的是对颜色或亮度的抠像。

在对颜色或亮度的抠像中，通常是按以下步骤进行操作：首先将图层定义为高精度模式；然后从图层中选择颜色，将其定义为抠像底色；再调整边缘羽化、色容差等其他参数，检验抠像效果；最后还要对抠像的边缘、溢出的颜色进行调整。

Chapter 06 | 抠像技巧

Chapter 01
Chapter 02
Chapter 03
Chapter 04
Chapter 05
Chapter 06
Chapter 07
Chapter 08
Chapter 09
Chapter 10

STEP 06 在【效果控件】对话框中【色彩空间】下拉列表中选择【YUV】。我们根据影片的亮度和色差信号进行抠像。

STEP 07 选择 ◢ 工具。在【合成】窗口或缩略图中单击键出颜色。如图6-2-3所示。

STEP 08 可以看到，选中的蓝色区域被键出透明，透出下方的背景。如图6-2-4所示。但是还有一大部分色域没有被透明。

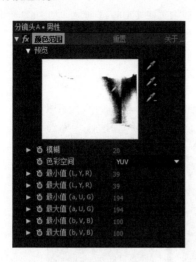

图 6-2-3

图 6-2-4

STEP 09 可以看到，系统仅将选定的颜色键出。其他颜色仍然存在。选择 ◢ 工具，在【合成】窗口或缩略图中单击需要透明的颜色，增加颜色的范围。重复单击，将所有需要透明的颜色键出。如果是在缩略图中选择颜色，可以按住鼠标左键，拖动游标，吸取需要键出的其他颜色。如图6-2-5所示。在键出颜色的时候，经常会键去与键出颜色相近的其他颜色。这些颜色是不需要被键出的。此时，我们需要对误被键出的颜色进行还原。选择 ◢ 工具，在【合成】窗口或缩略图中单击不需要透明的颜色，减小颜色的范围。

图 6-2-5

STEP 10 接下来我们通过参数调整抠像细节。首先拖动当前时间指示器观察影片效果，可以看到，在1秒11帧左右的位置，腿部反射的蓝色也被透明了。如图6-2-6所示。我们需要将这部分颜色还原。

STEP 11 将【模糊】参数设为28，增加边缘不透明度。然后调整【最大值（b,V,B）】参数到80。如图6-2-7所示，腿部蓝色被还原。但是周围背景的蓝色增加了，不用着急，我们稍后就会处理。

图 6-2-6

图 6-2-7

▣ STEP 12 ▏下面，我们使用遮罩控制工具，对遮罩进行收缩。在【效果控件】对话框中右键单击，选择【效果】>【键控】>【抠像清除器】。

▣ STEP 13 ▏【抠像清除器】对遮罩边进行细微调整以产生清晰的遮罩。勾选【减少震颤】，可以看到，周围的杂色被有效抑制。

▣ STEP 14 ▏继续调整。在细微调整抠像效果时，建议在遮罩和最终影片之间切换观察，可以减少干扰，看到抠像的细微局部。在【合成】窗口中单击 ▧ 图标，在下拉列表中选择【Alpha】模式。如图6-2-8所示。注意在【时间轴】窗口中暂时关闭背景的显示，直到调整完毕后再恢复。

图 6-2-8

知识点：检查抠像结果

在抠像的过程中，不能只以完成的结果作为抠像的标准，需要进行以下两项检验。

一是使用Alpha通道进行观察。在Alpha通道中可以从颜色中清晰地看到一些半透明的区域抠像是否完成，需要抠除的区域和需要保留的区域是否有被误抠像，是否有一些噪点未被抠除。可以暂时关闭下方背景层的显示，并将【合成】窗口切换到透明显示方式下。

二是使用黑底和白底的Matte（遮罩）进行观察。利用黑底和白底进行观察可以检验是否有边缘未抠干净。通常在前景中抠像的边缘会由于拍摄原因留下浅色边缘或深色边缘，只有依次用黑底和白底进行观察才可以发现，从而及时消除。

▣ STEP 15 ▏将【Alpha对比度】设为50%，让边缘更清晰一点。其他参数不变，效果如图6-2-9所示。模特边缘的蓝色基本被清除。

▣ STEP 16 ▏下面我们对身体边缘残留的蓝色进行色彩抑止。在【效果控件】对话框中单击鼠标右键，选择【效果】>【键控】>【高级溢出控制器】特效。在【方法】下拉列表中选择【极致】。

▣ STEP 17 ▏在【抠像颜色】选择滴管工具，单击人物边缘蓝色。将【降低饱和度】参数设为70。可以看到，影片中的蓝色被抑制了。

▣ STEP 18 ▏下面建立垃圾蒙版，将旁边的照灯和没有抠净的地方去除。选中层"男性"，在工具栏中

图 6-2-9

Chapter 06 | 抠像技巧

Chapter
01

Chapter
02

Chapter
03

Chapter
04

Chapter
05

Chapter
06

Chapter
07

Chapter
08

Chapter
09

选择 ▨ 工具。沿着演员边缘创建一个蒙版，将周围的杂物遮蔽。如图6-2-10所示。播放动画，观看蒙版状态，如果有没有遮蔽或者过分遮蔽的地方，激活动画记录器，调整蒙版形状，为蒙版动画。

⬇ STEP 19 ┃ 选中层"男性"，按"Ctrl + D"键复制一个层，将其改名为"反射"，并将其拖动放在层"男性"下方。

⬇ STEP 20 ┃ 在【变换】栏中修改层"反射"的Y轴【缩放】属性为−55。注意打断长宽比链接。垂直向下拖动该层到两脚相接的位置。将其层模式设为【相加】，并将【不透明度】参数设为60%左右。效果如图6-2-11所示。

图 6-2-10

图 6-2-11

⬇ STEP 21 ┃ 将当前时间指示器移动到2秒18帧左右演员站立的位置，注意倒影和脚的位置，为层"反射"的【位置】属性创建一个关键帧。将当前时间指示器移动至1秒16帧左右位置，演员完全走出的位置，垂直拖动层"反射"到演员脚的位置。

⬇ STEP 22 ┃ 分镜头1制作完毕，我们也已经学习抠像的流程和方法，接下来我们制作第二个分镜头。

6.3　Keylight

下面我们来制作第二个分镜头。本节将有两个素材需要进行抠像。这一次我们使用Keylight进行抠像。

对于一些比较复杂的场景，例如玻璃的反射、半透明的流水等，如果用前面学习的各种抠像方式，可能无法达到满意的结果。在以前，After Effects 主要依赖一些第三方插件来完成上述工作，例如有名的抠像软件Primatte。现在，Adobe在After Effects中集成了强大的Keylight工具。这是一个屡获殊荣的专业抠像工具。以后即使面对非常复杂的场景，After Effects也可以游刃有余地处理抠像问题。

⬇ STEP 01 ┃ 继续上面的工作项目，我们来新建一个合成。在【项目】窗口中选择素材"BLUE B"来产生一个合成，并改名为"分镜头B"。

⬇ STEP 02 ┃ 在【项目】窗口中选择素材"SCENCE3.jpg"，将其加入合成"分镜头B"，并放在层"BLUE B"下方。本节所做的操作都在"分镜头B"中，以后不再赘述。

⬇ STEP 03 ┃ 分别将两个层改名为"女性"和"场景B"。

⬇ STEP 04 ┃ 右键单击层"女性"，选择菜单命令【效果】>【键控】>【Keylight】。在【效果控件】对话框中选择【Keylight】特效。如图6-3-1所示。

STEP 05 ┃ 在【Screen Colour】栏选择滴管工具 ➡ ，在【合成】窗口的蓝色部分单击，吸取键去颜色。如图6-3-2所示。

STEP 06 ┃ 在【View】下拉列表中选择【Combined Matte】，以遮罩方式显示图像，这样更有助于我们观察抠像的细节效果。如图6-3-3所示。在键去蓝色后产生的Alpha通道中，黑色表示透明的区域，白色表示不透明区域，灰色则根据深浅表示半透明。

图 6-3-2

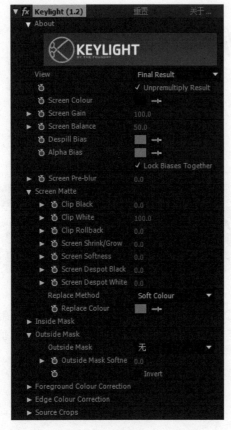

图 6-3-1

图 6-3-3

STEP 07 ┃ 观察抠像遮罩可以发现，人物身上的灰色角色是半透明的区域，这些地方是不该被透明的。而背景中本该完全透明的地方也只是半透明化了，所以还需要进一步的调整。

STEP 08 ┃ 调高【Screen Gain】参数至115左右。该参数控制抠像时有多少颜色被移除产生遮罩。数值比较高的时候，会有更多的区域被透明。而【Screen Balance】则控制色调的均衡，将其设为45。在【View】下拉列表中选择【Final Result】，对比遮罩和最终效果。如图6-3-4所示。

STEP 09 ┃ 为【Screen Pre-blur】设定一个较小的模糊值，可以对抠像的边缘产生柔化的效果。这样可以让抠像的前景同背景融合得更好一点。如图6-3-5所示，对比调整前后的效果，左为未设置模糊的效果。注意凡是柔化的调整数值都不宜过高，以免损失细节。

STEP 10 ┃ 展开【Screen Matte】，对遮罩进行调整。将【Clip White】参数调小至80左右，可以看到，人物身体上不该被键去的颜色被还原。调整【Clip Black】至50左右，背景上多余的颜色被去除。如图6-3-6所示。

Chapter 06 | 抠像技巧

Chapter 01
Chapter 02
Chapter 03
Chapter 04
Chapter 05
Chapter 06
Chapter 07
Chapter 08
Chapter 09
Chapter 10

图 6-3-4

图 6-3-5

图 6-3-6

知识点：Keylight对蒙版的调整

在【Clip Black】和【Clip White】中，分别控制图像的透明区域和不透明区域。数值为0时，表示完全透明，数值为100则表示完全不透明。通过调整这两个参数，可以对遮罩进行调节。【Screen Grow/Shrink】则可以对遮罩边缘进行扩展或者收缩。负值收缩遮罩，正值扩展遮罩。【Screen Softness】选项则用于对遮罩边缘产生柔化效果。两个【Despot】参数对图像的透明和不透明区域分别进行调节，对颜色相近部分进行结晶化处理，以对一些去除不尽的杂色进行抑制。

◥ STEP 11 ┃ 将【Screen Softness】设为0.1，让抠像边缘柔和一些，抠像基本完成。

◥ STEP 12 ┃ 下面建立垃圾蒙版，将旁边的照灯和没有抠净的地方去除。选中层"女性"，在工具栏中选择 ✐ 工具，沿着演员边缘创建一个蒙版，将周围的杂物遮蔽。如图6-3-7所示。播放动画，观看蒙版状态。

◥ STEP 13 ┃ 选择层"女性"，将其缩小到65％左右，并移动到图6-3-8所示的位置。

图 6-3-7

图 6-3-8

STEP 14 人物在进入场景的时候，随着穿越水墙的动作会产生涟漪的效果。下面我们对通道的玻璃门制作涟漪效果。首先建立水墙效果。这需要我们制作一个水波纹理的明暗图，在此基础上，应用特效使屏幕变成彩色的水波图形。

STEP 15 按"Ctrl+Y"键新建一个【纯色】层，和合成大小相同，设为黑色即可。

STEP 16 选择层"女性"，按"Ctrl+Shift+C"键，以【将所有属性移动到新合成】方式重组。

STEP 17 右键单击新建的【纯色】层，选择菜单【效果】>【模拟】>【波形环境】。

知识点：【波形环境】特效

　　【波形环境】是一个基于物理学原理的波形发生器，通过波源的上下震动来产生水波的效果。波源可以是线形、环形或自定义的任何形状，在【波形环境】中可以模拟出波的干涉和反射现象，【波形环境】最终产生的是一个表现波形振幅强弱的灰度图，波形高的地方亮，波形低的地方暗。利用【波形环境】产生的灰度图可以由【焦散】特效转换为真实的水波特效。应用特效后，【效果控件】对话框中显示【波形环境】特效的参数栏。如图6-3-9所示。

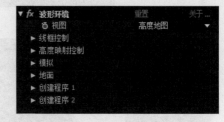

图 6-3-9

　　【波形环境】有两种视图模式：【线框预览】和【高度地图】（用灰度值代表水波高低值）。

　　在设置中，【线框预览】是视图模式控制参数，可以控制线框的旋转和缩放；【高度映射控制】是灰度图模式的控制参数，分别调整灰度图的亮度、对比度、伽马值、透明和非透明模式以及不透明度的值；【模拟】设置模拟部分的控制参数；【网格分辨率】设置网格细分的密度；【波形速度】控制波的传播速度；【阻尼】控制波的衰减。【反射边缘】是波的反射边选项；【预滚动】是预先模拟参数，即提前多少时间开始模拟波。

　　【波形环境】中可以设置两个波源【创建程序1/2】，分别可以设置波源【类型】、【位置】、【高度/长度】、【宽度】、【角度】、【振幅】、【频率】、【相位】等。

　　【地面】是视图中绿色网格的控制参数，相当于水底部分。【地面】网格可以用图片的灰度值来控制其起伏以产生地形，还可以设置【陡度】、【高度】、【波形强度】等。在本例中，将地面设为人的形状，通过对水面的冲击造成波的运行，经过四周对波的反射以及波与波的干涉，从而得到水墙的效果。

STEP 18 将【视图】设置为【线框预览】模式，将【模拟】下的【网格分辨率】设置为100；在【地面】下拉列表中选择重组的"女性"层；【高度】设为0.45；【创建程序1】下的【振幅】设为0。

STEP 19 为了得到地面突然上升、冲击水面的效果，对【地面】下的【陡度】设置关键帧，在影片开始时，参数为0；到1秒10帧，把参数调为0.16；再到2秒18帧，把强度再设为0。按小键盘的0键，图6-3-10显示的是第1秒16帧水波的图形。

图 6-3-10

STEP 20 从预览结果看，水面没有受到四周的反射，同时，水波的运动速度较慢。因此，将【模拟】下的【反射边缘】设置为【全部】，即四周均反射水波，【波形速度】设为0.8，加快水波运动的速度。

STEP 21 设置完成后，将视图切换为【高度地图】，查看随水波运动的明暗变化图，如图6-3-11所示。

STEP 22 水波运动的灰度图已经制作完毕，接下来制作真正的涟漪效果。

Chapter 06 | 抠像技巧

Chapter
01

Chapter
02

Chapter
03

Chapter
04

Chapter
05

Chapter
06

Chapter
07

Chapter
08

Chapter
09

Chapter
10

STEP 23 首先以【将所有属性移动到新合成】方式重组【纯色】层。

STEP 24 新建一个合成大小的【纯色】层，起名为"涟漪"，为其应用特效【效果】>【模拟】>【焦散】。【效果控件】对话框中显示调节参数，如图6-3-12所示。

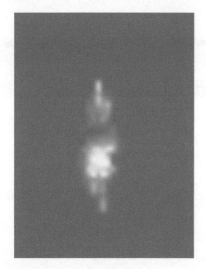
图 6-3-11

图 6-3-12

知识点：【焦散】特效

　　【焦散】特效可以将某一图层制定的波形生成真实的水面反射。在这一特效中，可以设置水底、水面、天空、光线、材质等参数。

　　如果水面不透明度小于100%时，则从水面可以看到在【底部】中设置的水底的图案。

　　【水面】主要控制水面的形态，可以设置【水面】（造成水面起伏的图层，亮的位置水面高，暗的位置水面低）、【波形高度】（水波的相对高度）、【平滑】（水面的光洁度）、【水深度】、【折射率】（水面的折射率，默认为水的折射率1.2）、【表面颜色】（水面的颜色）、【表面不透明度】（水面的不透明度）、【焦散强度】等参数。如果把【表面不透明度】设为1.0，则将水面完全不透明，只反射天空图层，配上合适的材质，可以产生液态金属的效果。

　　【天空】主要设置焦散的反射目标。

　　【灯光】控制图层的光照效果，可以定义【灯光类型】（点光源、远光源、本合成中的第一层光照）、【灯光强度】、【灯光颜色】、【灯光位置】、【灯光高度】（光线在图层的Z轴上的位置）、【环境光】等参数。通过光源和材质的协调设置，可以得到较好的仿三维效果。

　　【材质】可以设置【漫反射】、【镜面反射】、【高光锐度】。如果要设置光线和材质，通常情况下，先定义光源位置和漫反射来得到整个画面的光亮度和阴影，然后调整高光区域和高光反射来控制高光反射，最后在阴暗中调整环境光。

STEP 25 在【底部】下拉列表中选择"场景B"，将【水面】设为制作了水波效果的重组"Solid层"，再将【波形高度】设为1，【表面不透明度】设为0，【表面颜色】设为灰色，【水深度】设为1，【折射率】设为1.5，【灯光强度】设为0。即可看到大屏幕背景图层中的水波效果，水波的位置即为上面所做的波纹位置。如图6-3-13所示。

STEP 26 这里我们制作演员从通道中通过水墙走出的效果。在最初时间内，角色应该在水墙内。选择层"女性Comp1"，将当前时间指示器移动到1秒8帧位置，按"Ctrl + Shift + D"键，将该层截为两段。将层"女性2"的入点位置拖动到18帧位置，和层"女性1"相重叠，并且移动到层"涟漪"的上方。这样，我们可以对水墙内和水墙外的演员分别进行设置。如图6-3-14所示。

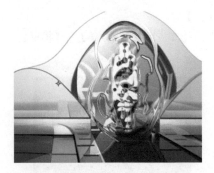

图 6-3-13   图 6-3-14

STEP 27 | 选择层 "女性1"，将其层模式设为【相加】。效果如图6-3-15所示。

STEP 28 | 下面设置演员身体穿过水墙的动画。右键单击层 "女性2"，选择【效果】>【遮罩】>【遮罩阻塞工具】。在18帧的位置，激活【几何柔和度 1】的关键帧记录器，将其设为50。移动到1秒8帧位置，即层 "女性1" 的出点位置，将【几何柔和度1】参数设为0。

STEP 29 | 播放影片，可以看到，通过设置遮罩收缩的动画，完成了人物从水墙中走出的效果。

STEP 30 | 可以看到，涟漪效果超出了边界，我们需要对其进行设定。首先以【将所有属性移动到新合成】方式重组层。

STEP 31 | 选择 ✏ 工具，在层 "背景B" 上沿着通道的玻璃门勾画蒙版。勾画完毕后，选择蒙版，按 "Ctrl +X" 键剪切蒙版，选择重组层 "涟漪Comp1"，按 "Ctrl + V" 键，粘贴蒙版即可。效果如图6-3-16所示。

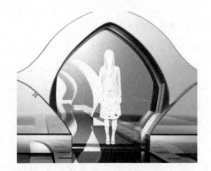

图 6-3-15

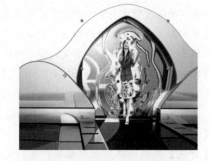

图 6-3-16

STEP 32 | 接下来我们制作反射倒影。选择合成中的 "女性1" "女性2" "涟漪Comp1" 三个层，为其建立副本，分别该名为 "内反射"（人物在水墙内）、"外反射"（人物在水墙外）和 "水墙反射"，并拖动改变层的排列顺序。如图6-3-17所示。

图 6-3-17

STEP 33 | 在【时间轴】窗口模式面板上方单击，在弹出的菜单中选择【列数】下拉列表中的【父级】，显示【父级】关系面板。下面我们为层设置父级关系。

知识点：父级关系

　　After Effcts可以为当前层指定一个父层。当一个层与另一个层发生父级关系后，两个层之间就会联动。父层的运动会带动子层的运动，而子层的运动则与父层无关。我们需要在【父级】面板中指定父级关系。

Chapter 06 | 抠像技巧

Chapter 01
Chapter 02
Chapter 03
Chapter 04
Chapter 05
Chapter 06
Chapter 07
Chapter 08
Chapter 09
Chapter 10

STEP 34 | 将层"水墙反射"设为"内反射"和"外反射"的父物体。在【父级】面板中层"内反射"的 按钮上按住鼠标左键拖动，会弹出一根连线，将其指向层"水墙反射"。如图6-3-18所示。松开鼠标左键后，可以看到该层【父级】栏中显示当前层的父物体为"水墙反射"。用相同的办法为层"外反射"设置父物体。

STEP 35 | 选择层"水墙反射"，将其【缩放】属性Y轴设为−80，并移动到图6-3-19所示的反射投影位置。改变其蒙版形状，使其与原始的投影形状一样。

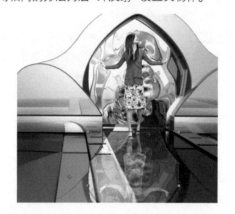

图 6-3-18　　　　　　　　　　图 6-3-19

STEP 36 | 播放动画可以发现，影子在出水墙的时候出了问题，和人物重叠在了一起。对层"内反射"和"外反射"的Y轴【位置】属性分别设置动画，使其跟随人物运动。

STEP 37 | 分别将层"内反射"、"外反射"、"水墙反射"的层模式设为【相加】，将前两个层的【不透明度】参数设为60%，层"水墙"设为50%。

STEP 38 | 重组所有层。接下来在【项目】窗口中选择素材"BLUE C"，将其导入合成，放在重组层上方，并改名为"特写"。

STEP 39 | 首先对新导入的层进行抠像。为层"特写"应用【Keylight】特效。选择【Screen Colour】栏的 ，在蓝色背景上单击，选择需要透明的颜色。如图6-3-20所示。

STEP 40 | 在【View】下拉列表中选择【Combined Matte】，以遮罩方式观察效果。

STEP 41 | 将【Screen Gain】设为108，观察【合成】窗口中的效果，把发丝旁边的多余蓝色透明，但是注意不要影响发丝细节。将【Screen Gain】设为80，让脸上被透明的颜色还原一些。如图6-3-21所示。

图 6-3-20　　　　　　　　　　图 6-3-21

STEP 42 | 将【Clip White】参数设为80，将脸上和头发上被透明的地方完全还原。再将【Screen Shrink/Grow】设为−2，收缩边缘没有抠净的颜色。

STEP 43 | 现在发丝边缘有点僵硬了，将【Screen Pre-blur】参数设为0.5，【Screen Softness】参数为1，为发丝边缘设置一个柔和过渡。效果如图6-3-22所示。

STEP 44 | 抠像完成。下面对人物进行简单的调色。右键单击层"特写",选择菜单命令【效果】>【颜色校正】>【颜色平衡】,将其【高光蓝色平衡】参数提高到50。

STEP 45 | 现在人物头在右侧,挡住了刚才制作的水墙效果。选择层"特写",将其【缩放】属性下X轴设为–100,效果如图6-3-23所示。

STEP 46 | 最后为影片制作镜头聚焦的效果,以突出不同重点。首先我们让镜头聚焦在前方人物面部,背景模糊。通道中的演员走出后,聚焦在其身上,前方人物模糊。

STEP 47 | 右键单击重组层"Pre-comp1",选择菜单命令【效果】>【模糊和锐化】>【快速模糊】。激活【重复边缘像素】选项,将【模糊度】设为8。

STEP 48 | 将当前时间指示器移动到1秒左右位置,即演员走出水墙的时间,激活【模糊度】参数的关键帧记录器,增加一个关键帧。

STEP 49 | 将当前时间指示器移动到1秒18帧左右位置,将【模糊度】参数设为0。

STEP 50 | 下面为前景人物设置模糊。为层"特写"应用【快速模糊】特效,选择【模糊度】属性设置动画。在1秒12帧位置将其设为0,2秒05帧位置将其设为8。播放影片,效果如图6-3-24所示。

图 6-3-22

图 6-3-23

图 6-3-24

本节学习了Keylight的使用方法,下一节我们将制作最后一个分镜头,学习新的抠像方法。

6.4 颜色差值键

STEP 01 | 首先在【项目】窗口中选择素材"BLUED",以其产生一个合成,并改名为"分镜头3"。

STEP 02 | 在【项目】窗口中选择素材"SCENCE2",将其加入合成"分镜头3",放在层"BLUE D"下方,并分别改名为"女性"和"场景C"。本节所说的操作都在合成"分镜头3"中进行。

STEP 03 | 为层"女性"应用【颜色差值键】。在【效果控件】对话框中显示参数栏。如图6-4-1所示。在【合成】窗口中可以看到,背景自动被透明,但是效果还不够好。下面我们做进一步的调整。

Chapter 06 | 抠像技巧

Chapter 01
Chapter 02
Chapter 03
Chapter 04
Chapter 05
Chapter 06
Chapter 07
Chapter 08
Chapter 09
Chapter 10

图 6-4-1

知识点：颜色差值键

　　【颜色差值键】通过两种不同的颜色对图像进行键控，从而使一个图像具有两个透明区域，遮罩A使指定键控色之外的其他颜色区域透明，遮罩B使指定的键控颜色区域透明，将两个遮罩透明区域进行组合得到第三个遮罩透明区域，这个新的透明区域就是最终的Alpha通道。

　　【颜色差值键】对图像中含有透明或半透明区域的素材能产生较好的键控效果。

📥 STEP 04 ┃ 首先在【视图】下拉列表中选择【已校正遮罩】，将当前观察视图切换到遮罩模式下，以便更清晰地看到透明的效果。

📥 STEP 05 ┃ 选择第二个吸色工具 🖊，在遮罩中最亮的透明区域中单击，从而指定透明区域并相应地调整透明区域。如图6-4-2所示。

📥 STEP 06 ┃ 观察效果。如图6-4-3所示。可以看到，周围的蓝背景已经键去。但是模特身上的部分颜色也被键去，呈现半透明效果。这是我们所不愿看到的效果。下面，我们需要对模特身上键去的颜色进行还原。

📥 STEP 07 ┃ 在遮罩略图中使用第三个吸色工具 🖊，在遮罩中最暗的不透明区域中单击，从而指定保留区域的不透明程度。如图6-4-4所示。

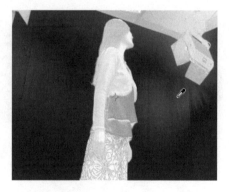

图 6-4-2

图 6-4-3

图 6-4-4

STEP 08 | 可以看到，模特身上的半透明效果已经消除，但是旁边还有没有透明的蓝色，重复 STEP 05 和 STEP 06 以得到一个较为满意的键出效果。如图6-4-5所示。抠像完毕后，在【视图】下拉列表中选择【最终输出】得到最终效果的视图。

图 6-4-5

STEP 09 | 为层"女性"应用【效果】>【遮罩】>【简单阻塞工具】特效，将【阻塞遮罩】参数设为1。

STEP 10 | 为当前层应用【颜色平衡】特效调色。将【高亮蓝色平衡】设为25。继续应用【颜色平衡】下的特效【曝光度】，将【曝光度】参数设为0.5，【灰度系数校正】设为0.8。效果如图6-4-6所示。

STEP 11 | 下面设置垃圾蒙版，将周围的照灯去除。沿着层"女性"的人物轮廓绘制蒙版。如图6-4-7所示。

图 6-4-6　　　　　　　　　　　　　　　　　图 6-4-7

STEP 12 | 由于在部分时间内头部和照灯重合了，所以需要为蒙版创建动画。选择头部的几个控制点，打开【蒙版路径】关键帧记录器，播放影片，在不同时间调整控制点，使其和人物头部动态吻合即可。

STEP 13 | 选择层"女性"，将其缩小到原来的55%左右，移动到图6-4-8所示的位置。

STEP 14 | 选择层"场景C"，按"Ctrl＋D"键创建副本，将其拖到层"女性"上方，并改名为"看台"。

STEP 15 | 为层"看台"绘制图6-4-9所示的蒙版。让看台遮挡演员。

STEP 16 | 第三个分镜头制作完毕。最后我们需要将三个合成串接在一起。首先选择"分镜头B"，现在合成的时间有点太长，我们将后面一段截去。将工作区域的出点拖动到4秒位置。如图6-4-10所示。

Chapter 06 | 抠像技巧

Chapter
01

Chapter
02

Chapter
03

Chapter
04

Chapter
05

Chapter
06

Chapter
07

Chapter
08

Chapter
09

Chapter
10

图 6-4-8

图 6-4-9

图 6-4-10

STEP 17 选择菜单命令【合成】>【将合成裁剪到工作区】，将多余的部分剪去。

STEP 18 在【项目】窗口中按顺序选择合成"分镜头A""分镜头B""分镜头C"，按住鼠标左键将其拖动到下方的 ▣ 上，产生一个合成。弹出图6-4-11所示的对话框。

STEP 19 选择【单个合成】，激活【序列图层】选项，单击【确定】按钮创建合成。

STEP 20 在新合成中选择所有嵌套层，按"Ctrl + Shift + C"键重组。

STEP 21 右键单击重组层，选择菜单命令【效果】>【杂色和颗粒】>【移除颗粒】特效，为影片做降噪处理。在【查看模式】下拉列表中选择【最终输出】。效果如图6-4-12所示。

图 6-4-11

图 6-4-12

STEP 22 在【项目】窗口中双击，导入配套素材>LESSON 6 > FOOTAGE > music.aif，将其加入新产生的合成。

STEP 23 影片制作完毕，输出一个影片观看效果。

6.5　本章小结

　　本课对电视、电影中最常用到的抠像进行了学习。同颜色调节相同，抠像也是一个技巧性很强的工作。它需要长期的练习、丰富的工作经验。同时，它在很大程度上依赖于前期拍摄的效果。所以，作为后期特效合成人员，必须与前期拍摄人员紧密协作，发扬团队精神，以制作出最完美的影片。在下一章中我们就会涉及团结协作的问题，我们将要学习如何让After Effects CC和其他软件协同工作。下面我们对本章的重要知识点做一个总结。

知识点1：抠像最重要的是什么

抠像最重要的是什么？不是工具，也不是抠像技巧，最重要的是素材。良好的布光、高精度的素材，都是保证抠像效果的前提。在这个基础上，就要看我们的工具和本事了。拿一段黑呼呼、压得一塌糊涂的片子，神仙也抠不出来。

知识点2：检查抠像结果

注意在抠像的过程中，不能只以完成的结果作为抠像的标准，需要结合透明背景和遮罩来进行观察，因为复杂的背景经常会干扰我们的视线。

知识点3：Keylight

这是最好用的抠像工具。一定要掌握，其功能很强大。多多练习是熟练使用的前提。

知识点4：其他抠像工具

虽说有了Keylight已经可以应付大部分抠像难题了，不过其他几种抠像工具也要掌握，万一手头没有Keylight可别抓瞎了。另外，对付一些简单的抠像，它们也足够了。不是有句老话嘛——"杀鸡焉用牛刀"。

知识点5：父系关系

例子中它的篇幅很小，但是它很重要。制作动画的过程中经常用到它，记住，老子影响儿子，儿子可没法改变老子的。另外，父级关系不是万能的，大部分属性也没有办法影响，也只有变换的那几个空间属性，而且少是少，可都是顶大事的。

知识点6：波形环境和焦散

很出效果的两个特效，波形环境看上去很简陋，和焦散配上可就不一般了。这些特效不像工具那么天天用，不过赶上要用的时候不会可就……

特效太多了，一本书肯定是讲不完的，不过好在都不是很难。咱们书里已经讲了不少了，用起来也都大同小异，多做、多练就一定能掌握的。这些可都是影片出效果的好帮手啊。在后面的课程中，我们将学习更多的特效，制作更眩的效果。

Chapter

07

综合特效1

本章集中讲解了5个After Effects光线特效
实例，以后你也可以轻松做出各种炫目的流光效
果了。

学习重点

- 表达式
- CC Practice World
- Trapoode Partide

特效操作是After Effects强大的影视特技效果的力量之源。影片中所有令人目瞪口呆的效果都要依赖于特效实现。对特效的使用水平，决定了影片的精彩程度。熟练地掌握每一种效果，是使用After Effects进行影视合成的重要条件。

Adobe公司为After Effects提供了三维通道、颜色调节、键、过渡等特殊效果，通过Plugins插口，可以使用第三方厂商为After Effects提供的精彩效果插件。After Effects将特效存放于Plugins目录中，每次启动After Effects，系统都将自动搜索目录中的效果，并将找到的效果加入Effect菜单。

在前面的课程中，我们对键控、调色等特效操作已经有了深入的接触。本章开始将对After Effects中各种特效的综合应用进行学习。我们将结合多个实例，主要针对特效操作进行讲解，基础知识在本课中将不再赘述。需要注意的是，文中有多种特效插件的使用，需要对这些插件进行安装才能使用。

在影视片头中我们经常可以看到各种眩目的流光效果，这些效果可以使用三维软件制作，也可以利用合成软件制作。下面，我们来学习几种在After Effects中制作光线效果的方法。

7.1　实例1

我们由简入深，先来做一个广告片头中经常使用的放射光线背景。先来看一下效果。本例中我们将用到下面几个特效：【分形杂色】、【极坐标】和【发光】。

图7-1-1

▶ STEP 01 ┃ 按"Ctrl + N"键，新建一个720×576的合成。

▶ STEP 02 ┃ 按"Ctrl + Y"键，新建一个【纯色】层，将尺幅设为1 500×1 200。使用比合成大的【纯色】的原因是因为后面在应用【极坐标】效果后，画面会缩小，所以为了保证画面质量，必须使用大尺幅【纯色】层。

▶ STEP 03 ┃ 右键单击【纯色】层，选择【效果】>【杂色和颗粒】>【分形杂色】。

▶ STEP 04 ┃ 默认状态下，我们看到【分形杂色】产生一个烟雾状的背景。在本例中要产生光线，所以，首先要将烟雾变为线条。

知识点：分形杂色

【分形杂色】为影片产生分形噪波。使用该特效，可以在影片中模拟真实的烟尘、云雾等自然效果。这是一个比较重要的特效，应用面非常广泛。在后面的例子中我们还会频繁接触。下面，对该特效的参数做一个初步的介绍。

首先是【分形类型】，可以在下拉列表中选择使用的分形方式。如图7-1-2所示。

【杂色类型】下拉列表中可以设置噪波类型。从【块】到【样条】，噪波逐级平滑。更高的平滑度会导致计算速度减慢。

下面的几项参数就比较简单了，【反转】参数反转分形噪波效果。【对比度】控制分形噪波对比度，数值越高，对比度越强。【亮度】控制分形噪波亮度，数值越高，噪波越亮。

【变换】参数栏控制分形噪波的变化属性。可以在参数栏中旋转噪波，对噪波进行缩放和偏移设置。

Chapter 07 | 综合特效1

Chapter 01

Chapter 02

Chapter 03

Chapter 04

Chapter 05

Chapter 06

Chapter 07

Chapter 08

Chapter 09

Chapter 10

图 7-1-2

通过【旋转】参数栏，可以旋转噪波。【缩放】参数栏则用于对噪波进行放大或缩小。激活【统一缩放】，可以在【缩放】参数栏中按比例缩放噪波。关闭该选项，则【缩放宽度】和【缩放高度】参数栏被激活，可以在参数栏中分别改变噪波的水平和垂直比例。

【偏移（湍流）】参数用于控制噪波的偏移位置。应用噪波特效后，可以看到躁波由基础分形图案和子分形图案两层躁波构成。【偏移（湍流）】效果点控制噪波的整体偏移。而【子位移】则控制子分形图案的偏移。激活【透视位移】参数可以产生透视偏移。多数情况下，我们通过对上面的参数进行关键帧设置，来产生躁波的动画。例如水流、云动等效果。

【复杂度】参数控制分形噪波的复杂度，数值越高，分形越复杂。【子设置】参数栏中对子分形进行设置。Sub Influence参数控制子分形影响力，数值越高，细节越丰富。【子缩放】参数栏中可以对子分形进行缩放，还可以旋转子分形。【子位移】控制子分形的偏移位置，可以在合成窗口中调节该参数效果点位置。激活【中心辅助比例】参数，则子分形偏移位置居中。

【演化】参数栏可以改变分形的相位。【演化选项】则对环境影响进行进一步的设置。激活【循环演化】，可以在【循环】中设置分形的扩展圈数。【随机植入】参数为分形的产生提供一个随机值。

【不透明度】参数控制分形噪波的不透明度。【混合模式】下拉列表中决定分形噪波如何与当前层图像混合显示。可以只显示分形噪波效果，也可以使用层模式与原图像叠加显示。

◩ STEP 05 ┃ 要产生线条效果，方法非常简单。展开【变换】参数栏，取消【统一缩放】参数栏的选择，并分别设置分形噪波的长宽比。然后将分形的宽度缩小，调整【缩放宽度】到30左右。而分形的高度则要大大地加长，越大越好，直到将躁波拉成线条，这里我们将【缩放高度】设为8 000左右，看看图7-1-3所示的效果，混乱的噪波经过垂直拉伸，变成了一组竖线。

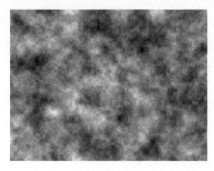

拉伸前

拉伸后

图 7-1-3

◩ STEP 06 ┃ 虽然线条效果得到了，但是好像太多了，下面我们通过调整分形的对比度和亮度来减少线条。将【对比度】参数设为180，【亮度】设为–70。如图7-1-4所示，我们需要的线条已经得到了。

◩ STEP 07 ┃ 现在的线条的向下竖排的，而我们需要的是向四周发射的效果。我们通过使用极座标变换即可得到需要的效果。右键单击【纯色】层，选择【效果】>【扭曲】>【极座标】。将【差值】设为100％，在【转换类型】下拉列表中选择【矩形到极线】，从直角坐标转换到极座标。效果如图7-1-5所示。

图 7-1-4

图 7-1-5

STEP 08 现在，放射线已经基本成型。但是光的感觉却还是差了些。我们需要为放射线添加辉光来产生光线。右键单击【纯色】层，选择【效果】>【风格化】>【发光】。如图7-1-6所示。

图 7-1-6

知识点：发光

【发光】也是After Effect中非常重要的一个特效，应用非常广泛。在前面的学习中已经有所接触。下面我们对该特效的具体参数进行学习。

【发光】特效搜索图像中的明亮部分，然后对其周围像素进行明亮化，产生一个扩散的辉光效果。辉光可以根据图像中的亮度区域产生，也可以根据图像的Alpha通道产生。当辉光有图像Alpha通道产生时，它仅在图像边界，即不透明区域与透明区域间产生扩散的、明亮的光芒。

【发光基于】参数控制辉光的产生方式。可以选择有图像亮度区域产生辉光，或由Alpha通道产生辉光。图像无Apha通道时，应使用亮度区域产生辉光。

【发光阈值】控制辉光产生的百分比。数值越低，产生越多的辉光；数值越高，产生越少的辉光。

【发光半径】以像素为单位控制辉光从图像的明亮区域向外延伸的半径大小，取值范围0～1000。较高的数值产生扩散辉光；较低的数值产生边缘锐利的辉光。

【发光强度】控制辉光的亮度值，取值范围0～255。数值越高，辉光越亮。

【合成原始项目】下拉菜单中可以选择发光混合方式。选择【顶端】，将辉光放在图像上方；选择【后面】可以在图像后面产生辉光效果；选择【无】从图像中分散辉光。如果需要减少图像中的辉光，可以选择【无】，并从【发光操作】中选择【正常】。

【发光操作】控制辉光的产生方式。在下拉菜单中选择相应的模式，用于产生不同效果。

【发光颜色】控制辉光颜色。选择【原始颜色】，基于当前层颜色产生辉光；选择【A和B颜色】，基于在下面【颜色A】与【颜色B】中所指定的颜色产生辉光；选择【任意映射】产生一个渐进辉光。

如果辉光颜色以【A和B颜色】产生，【颜色循环】参数控制颜色循环的开始色与结束色。锯齿以一种颜色开始，另一种颜色结束；三角形以一种颜色开始，向另一种颜色转换，最后以第一种颜色结束。

【色彩相位】指定颜色循环的开始点。【A和B中点】调节【A和B颜色】的颜色平衡点。低的百分比用较少的A颜色，高的百分比用较少的B颜色。

【发光维度】指定辉光扩展方式。

STEP 09 | 画面没有什么变化，将【发光阈值】参数调低至5%左右，可以看到，白色的辉光出现了。将【发光强度】设为1.5，加亮辉光。再将【发光半径】设为15，扩展光晕。

STEP 10 | 下面我们来产生一个彩色的辉光。在【发光颜色】下拉列表中选择【A和B颜色】。将【颜色A】和【颜色B】分别设置红色和黄色，就产生了金色辉光，如图7-1-7所示。

STEP 11 | 现在的光芒还是静止的，下面我们设置动画让其动起来。在【效果控件】对话框中展开

图 7-1-7

【分形杂色】特效，在0秒激活【演化】参数的关键帧记录器。在影片的结束位置，将其设为360。预览动画，可以看到，光线开始顺序变幻起来。

STEP 12 | 通过对【偏移（湍流）】参数进行动画，还可以产生光线旋转的效果。在影片开始位置激活关键帧记录器，在结束位置移动效果点，产生一个分形的平移动画。这里的平移由于后面的极坐标变换，成为了旋转动画。

STEP 13 | 动画到这里就设置完毕了，如果对【发光】特效的颜色A和B参数做关键帧动画，还可以产生光线颜色的变幻。总之，动画效果非常丰富，你可以根据我们上面对几个特效参数的学习，根据参数的影响效果，尝试对特效的不同参数进行动画，来产生多变的效果。

7.2　实例2

这一节我们将制作一个弧形出现的流光效果。如图7-2-1所示。在本例中将用到下列特效：【绘画】、【快速模糊】、【发光】、【色相/饱和度】和【贝塞尔曲线变形】。在这个例子中，我们需要三步来实现最终的流光效果。首先需要使用【绘画】工具来绘制一些不规则的光斑，然后使用模糊效果创造出涂抹的效果，最后利用【贝塞尔曲线变形】把光线弯曲，产生最终弧形出现的流光。

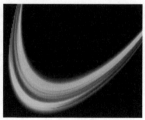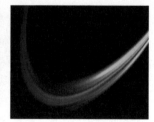

图 7-2-1

STEP 01 | 首先，我们需要把光效利用【绘画】工具绘制出来。新建一个合成，大小为1800×300，长度为2秒，起名为"光线底图"。

STEP 02 | 在合成中新建一个【纯色】层，和合成大小相同即可。双击该层，将其打开在【图层】窗口中。

STEP 03 | 下面我们来绘制图形。在上方工具栏中选择 ✎ 工具。可以看到，【绘画】面板被激活。

知识点：绘画

利用【绘画】工具，可以模仿绘画、书写等过程性的动画效果。【绘画】工具提供了更加人性化的操作，其操作过程如同真实绘画一般。【绘画】建立矢量图形。可以将它应用到固态层、素材层或者作为一个蒙版。每一步操作都可以将其记录为动画。在使用【绘画】特效时，我们强烈建议您配备一支压感笔。

这样，可以感觉到使用【绘画】工具所带来的前所未有的畅快感觉。【绘画】支持Wacom等厂商生产的压感笔。

【绘画】特效包括两个面板：【绘画】和【画笔】。如图7-2-2所示。

【绘画】面板用于指定绘图使用的颜色以及绘图模式等，【画笔】面板则用于设置笔刷。它们比较简单，稍有Photoshop基础的读者都可以轻易上手。我们重点将动画部分介绍一下。

在【持续时间】下拉列表中可以指定笔触是如何存在的。在【固定】状态下，自绘制图形的当前帧开始，在后续帧中显示图形。而在绘制前的所有

图 7-2-2

帧中不显示图形。例如从第10帧绘制图形，则1～9帧中不显示图形。第10帧以后的所有帧中按照绘制顺序显示图形。

在【写入】状态下，按照笔划绘制顺序，回放绘制过程。这种状态下，可以制作手绘效果。

在【单帧】状态下，仅在绘制图形的当前帧中显示图形。例如在第10帧建立图形，则系统仅在第10帧显示该图形。

在【定制】状态下，可以在旁边的参数栏中设置图形帧数。例如设置8帧，则从绘制的当前帧开始，图形持续8帧后消失。

在绘制完成后，图形会在【时间轴】窗口中显示出来，展开【绘画】属性后可以对相关的属性做调整和动画设置，如图7-2-3所示。

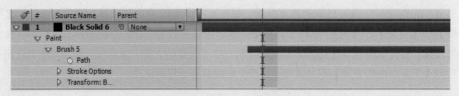

图 7-2-3

来讲一下【路径】动画。这是非常有用的一项功能。在激活【路径】属性的关键帧状态下绘制图形，可以产生图形形状的动画。具体方法非常简单，首先需要选择要设置动画图形的【路径】属性，激活关键帧记录器，然后在不同时间点绘制图形即可。绘制完毕后，系统会自动在不同时间点绘制的图形间产生动画效果。

展开【描边选项】属性可以对笔触的相关参数进行设置。这里特别说明一下Start和End参数，它们以百分比控制了图形从开始到结束的动画过程。通过对这两个参数进行设置，即可产生绘制图形的过程动画。我们前面已经学习了类似的功能。

STEP 04 | 选择不同的颜色、笔触，在【持续时间】状态下绘制图形。如图7-2-4所示。

图 7-2-4

Chapter 07 | 综合特效1

Chapter 01
Chapter 02
Chapter 03
Chapter 04
Chapter 05
Chapter 06
Chapter 07
Chapter 08
Chapter 09
Chapter 10

📝 STEP 05 ┃ 在【效果控件】对话框中的【绘画】特效栏中把【绘画】 on Transparent参数激活，显示透明背景。

📝 STEP 06 ┃ 选择🖌️工具，在图形上再擦出一些透明区域。如图7-2-5所示。

图 7-2-5

📝 STEP 07 ┃ 底图绘制完毕。接下来我们以PAL制新建一个合成，起名为"流光效果"，长度为2秒。然后将合成"光线底图"拖入新合成。

📝 STEP 08 ┃ 首先为嵌套层"光线底图"应用【快速模糊】特效，产生运动模糊的效果。然后将【模糊度】参数设为500左右，【模糊方向】下拉列表中选择【水平】。注意【重复边缘像素】参数不要被选中。

📝 STEP 09 ┃ 激活层"光线底图"【位置】属性的关键帧记录器。设置从右到左的位移动画。

📝 STEP 10 ┃ 接下来为"光线底图"应用【色相/饱和度】特效。调整色相轮让整体颜色偏冷、偏蓝，降低饱和度到-75左右，增加亮度到15左右。

📝 STEP 11 ┃ 接着再为"光线底图"应用【发光】特效。将【发光阈值】调高到70 %左右，【发光半径】调整为60左右，增大光芒；再将【发光强度】设为0.6左右，降低辉光亮度；在【发光操作】下拉列表中选择【颜色减淡】模式，增加光芒对比效果。如图7-2-6所示，可以看到，光芒效果已见雏形。

📝 STEP 12 ┃ 接下来我们对光芒进行扭曲。首先以【将所有属性移动到新合成】方式重组嵌套层"光线底图"。

📝 STEP 13 ┃ 右键单击重组层"光线底图Comp1"，选择【效果】>【扭曲】>【贝塞尔曲线变形】。如图7-2-7所示。

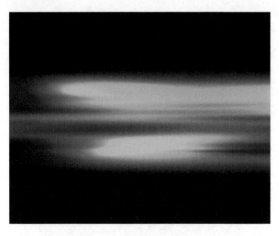

图 7-2-6

图 7-2-7

知识点：贝塞尔曲线变形

　　【贝塞尔曲线变形】效果在层的边界上沿一条封闭的贝塞尔曲线变形图像。层的四角分别为效果控制点，每一个角有三个控制点（顶点和两个切线句柄控制点）。四个控制点组成曲线中的上、下、左、右四条线段。通过调整顶点位置以及切线控制句柄，可以改变曲线的大小和形状，进而扭曲图像。使用【贝塞尔曲线变形】效果进行扭曲变形，可以产生非常平滑的扭曲效果。

STEP 14 | 在【效果控件】对话框中选中【贝塞尔曲线变形】特效，可以看到，【合成】窗口中当前层上显示控制点和切线句柄。调整四个角到图7-2-8所示的形状。注意在调整的时候，切线的位置不要交错，以避免画面被撕裂。

STEP 15 | 最后将【品质】参数调高，提高弯曲质量至满意位置。播放动画，观察流光效果。

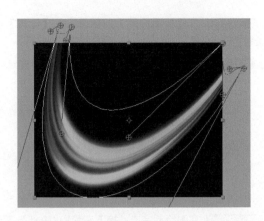

图 7-2-8

7.3 实例3

在这一节中我们将制作一个在三维空间中游动的光线。光线的移动会影响墙壁的照明效果。我们将使用粒子系统创建光线，使用表达式来捆绑光线和灯光一起移动。使用的特效是【CC Particale World】。效果如图7-3-1所示。

图 7-3-1

STEP 01 | 首先创建一个720×576的合成，并搭建一个三维空间。

STEP 02 | 新建一个2 000×2 000的灰色【纯色】层，起名为"Wall"，并激活3D开关。创建一个点光源以方便观察。

STEP 03 | 复制【纯色】层，沿Y轴旋转90°，并向左向前移动，与另一个Wall拼接起来。改名为"LWALL"。如图7-3-2所示。注意切换到【自定义视图】下操作比较方便。

STEP 04 | 复制"LWALL"，水平移动到右方，和正面墙的边缘对齐。改名为"RWALL"。

STEP 05 | 继续复制，将名称改为"TWALL"，取消Y轴的旋转，沿X轴旋转90°，并移动到天花板的位置。

STEP 06 | 复制"TWALL"，改名为"BWALL"，移动到地面的位置。效果如图7-3-3所示。

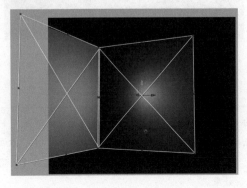 

图 7-3-2   图 7-3-3

Chapter 07 | 综合特效1

Chapter
01

Chapter
02

Chapter
03

Chapter
04

Chapter
05

Chapter
06

Chapter
07

Chapter
08

Chapter
09

Chapter
10

STEP 07 | 按"Ctrl + Alt + Shift + C"键，新建摄像机。在【预设】下拉列表中选择【20毫米】，创建一个广角镜头。将视图切换回【活动摄像机】。使用摄像机工具将视图调整到便于观察的位置。如图7-3-4所示。

STEP 08 | 下面我们来创建光线。新建一个白色【纯色】层，起名为"Shine"。

STEP 09 | 右键单击层"Shine"，选择【效果】>【模拟】>【CC Particale World】。

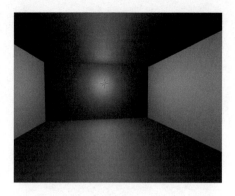

图 7-3-4

知识点：CC Particle World

CC系列特效内容很多，我们在后面还要频繁接触。在本节我们着重对CC Particle World特效进行学习。

【CC Particle World】，顾名思义，它是一个粒子制作特效。它可以产生三维空间中的立体粒子效果，并提供了多种粒子形态，例如线形、球体、气泡、碎片等，可以满足我们大部分的需要。

展开【Producer】栏，该参数栏主要对粒子发射器进行设置，能够设置粒子发射器的位置和大小。

【Grid&Guides】中对控件环境进行设置。激活【Position】、【Radius】和【Motion Path】可以分别显示粒子路径以及发射范围等。【Motion Path Frames】中对粒子运动路径的显示范围进行设定。【Grid Position】下拉列表中可以在三维空间中指定一个网格作为地面。【Grid Subdivisions】和【Grid Size】中可以分别设置网格精度与尺寸。

【Birth Rate】参数控制粒子开始的速率，而【Longevity】则控制粒子的寿命，即每个粒子的持续时间。

【Physics】是影响粒子状态的外力系统。在【Animation】下拉列表中可以选择粒子的动画状态。例如【Explosive】是粒子爆发的爆炸状态；而【Twirl】是旋转扭曲状态；【Direction Axis】则是喷射状态。如图7-3-5所示。效果比较多，也比较简单，这里不再赘述。

Explosive

Twirl

Direction Axis

图 7-3-5

影响粒子状态的因素有以下几个。【Velocity】决定了粒子的喷射速度；【Gravity】为粒子指定一个重力，使粒子喷射最终落向地面；【Resistance】为粒子喷射产生一个阻力，使粒子紧紧收缩在一起；【Floor】参数栏为粒子指定一个地面。在【Floor Action】下拉列表中制定地面与粒子的作用方式。默认情况下使用【None】，粒子忽略地面，一直往下落，直至消亡；【Ice】状态下产生一个地面，粒子落到地面上后向四周散开，好像水落在地面上一样。如图7-3-6所示。这里的地面可以在【Grid Position】下拉列表中指定，选择【Floor】即可。

图 7-3-6

【Glue】状态下粒子落在地面上不会向四周散开，而是粘合在地面上，等待消亡。如图7-3-7所示。

【Bounce】状态下粒子落下后会被弹起。类似于弹珠落下被反弹，或者喷泉的效果。选择该状态后，下方的参数栏会激活，可以选择反弹的力度等。如图7-3-8所示。

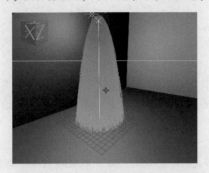

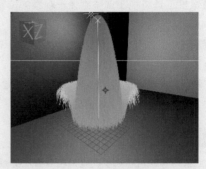

图 7-3-7 图 7-3-8

【Particle】卷展栏主要是对粒子个体进行设置。【Paritcle Type】下拉列表中可以指定粒子形状，这比较简单，可以自己试试不同的效果。如果选择的是【Textured】类的粒子，可以在下方的【Texture】设置栏中将合成中的一个层作为粒子的形状来使用。

【Birth Size】和【Death Size】分别控制粒子出生和死亡时候的大小。直观地从画面上看，就是粒子的首尾大小；同样，【Birth Color】和【Death Color】控制粒子的首尾颜色。

▶ STEP 10 | 在【效果控件】对话框中对粒子做进一步的设置。首先展开【Physics】中的【Floor】参数栏。在【Floor Action】下拉列表中选择【None】，不使用地面效果。

▶ STEP 11 | 在【Physics】参数栏，将所有外力设为0。粒子不受外力影响。

▶ STEP 12 | 展开【Particle】参数栏，在粒子类型中选择【Lens Convex】。可以看到，画面中产生一个凝聚在一起的粒子圆点。如图7-3-9所示。

图 7-3-9

▶ STEP 13 | 把刚才创建的点光源移动到三维空间中居中靠里的位置。如图7-3-10所示。

▶ STEP 14 | 下面为灯光制作一个位移动画。本例中我们不使用传统的关键帧创建动画，而是使用表达式进行制作。选择灯光层，按"P"键展开其【位置】属性，激活关键帧记录器，制作一段路径动画。如图7-3-11所示。

▶ STEP 15 | 接下来我们把粒子的位置属性与灯光联结起来。选择层"Shine"，按"E"键展开【CC Particle World】特效。然后展开【Producer】卷展栏，选择【Position×】参数，按"Alt + Shift + ="键，添加表达式。

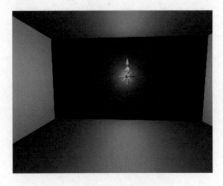

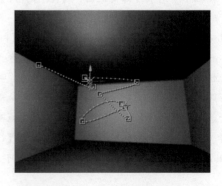

图 7-3-10 图 7-3-11

知识点：表达式

在影视合成中，有很多特效需要用数值来量化。在涉及多个素材间的相互关联时，简单地凭经验输入数值往往会耗费较多的时间和精力，而且不一定能达到较好的效果。在After Effect中，可以使用数学表达式设置这些数值，从而简化复杂的设置过程。

我们可以将对象的一个属性链接到自己或者其他对象的任意属性上。通过一个属性动画对另一个属性发生影响。相对于父系关系来说，这种链接更加灵活。链接后，系统会自动写表达式，也可以在输入栏中对表达式进行修改。

在软件的表达式控制中已经提供了大量的常用语句。可以在添加表达式控制后，在表达式输入栏中写表达式。这需要掌握一定的编程知识，但是它绝对不是很难，经常使用自然可以掌握。单纯讲理论非常枯燥，我们下面结合本节的实例来学习表达式的使用。

◥ STEP 16 ┃ 将游标移动到表达式的 ◎ 按钮上，按住鼠标左键，拖动连接线到灯光【位置】属性的X轴参数上。如图7-3-12所示。

◥ STEP 17 ┃ 可以看到，【Position×】属性的表达式栏出现了如下语句：thisComp.layer("Light 1").transform.position [0]。它表示粒子的位置属性联结到灯光层位置属性的X轴上。语句中的0表示X轴，Y轴和Z轴则分别用1和2表示，如图7-3-13所示。

◥ STEP 18 ┃ 用上面的方法，分别为粒子的Y轴和Z轴应用表达式，并联结到灯光层Position属性相对应的参数上。如图7-3-14所示。

图 7-3-13

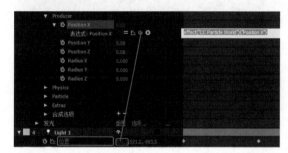

图 7-3-12

图 7-3-14

◥ STEP 19 ┃ 播放影片没有任何效果，这是因为灯光和粒子各方面都有所不同，所以，表达式得修改一下才能使用。

◥ STEP 20 ┃ 在【Position×】的表达式栏单击激活，如图7-3-15所示，输入以下语句：x=thisComp.layer("Light 1").transform.position [0]-thisComp.width/2

x/thisComp.width

图 7-3-15

◥ STEP 21 ┃ 激活【Position Y】的表达式，如图7-3-16所示，输入以下语句：y=thisComp.layer("Light 1").transform.position[1]-thisComp.height/2

y/thisComp.width

图 7-3-16

STEP 22 激活【Position Z】的表达式，如图7-3-17所示，输入以下语句：z=thisComp.layer("Light 1").transform.position[2]-thisComp.width/2

z/thisComp.width

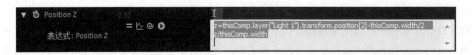

图 7-3-17

STEP 23 可以看到，烟雾粒子跟随灯光在三维空间中来回穿梭，如图7-3-18所示。

STEP 24 下面我们将烟雾粒子改为光线效果。切换到层"Shine"的【效果控件】对话框。在【Prourcer】栏中将【RadiusX Y Z】参数均设为0，发射器半径最小。

STEP 25 将【Birth Size】设为0.3，【Death Size】设为0，可以看到，光线的雏形已经出来了，如图7-3-19所示。

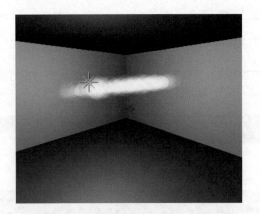

图 7-3-18

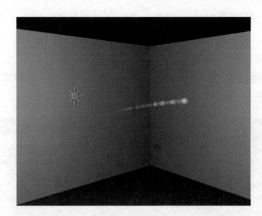

图 7-3-19

STEP 26 现在的光线还是象烟一样断断续续，将【Birth Rate】参数提高到60左右，【Longevity】设为1，由于粒子数量增加，断续的烟雾变成一条线，如图7-3-20所示。

STEP 27 白色的光不是非常好看，我们来设置一个蓝光效果。选择层"Shine"，按"Ctrl + Shift + Y"键，在弹出的对话框中将层设为淡蓝色。

STEP 28 为层"Shine"应用【发光】特效，效果如图7-3-21所示。

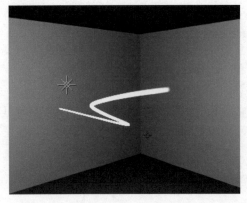

图 7-3-20

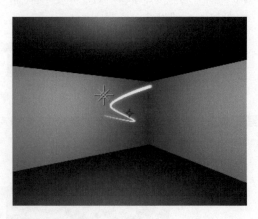

图 7-3-21

STEP 29 下面对灯光做一些调整。展开灯光层的【灯光选项】卷展栏。将颜色设为暗紫色，灯光亮度降到80左右。如图7-3-22所示。

STEP 30 下面我们在场景中加入字幕。选择 **T**，输入Shine。激活3D开关，移动到图7-3-23所示的场景中央，并调整字体和大小。

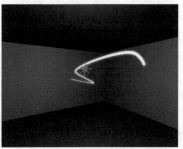

图 7-3-22　　　　　　　　　　　　　　　　　图 7-3-23

STEP 31 接下来为场景加入景深效果，呈现虚实变化。切换到【自定义视图】，展开摄像机的【摄像机选项】属性。打开【景深】参数，调整【焦距】参数，注意使聚焦距离覆盖到文字层。

STEP 32 切换到【活动摄像机】视图。调整【光圈】参数，注意让背景虚化，前景清晰即可。将【模糊层次】参数调到150左右，加大景深效果。如图7-3-24所示。

STEP 33 最后制作摄像机动画。展开摄像机的【变换】属性，激活【目标点】和【位置】属性关键帧记录器。选择摄像机工具，制作一个摄像机从左往右逐渐拉出的动画。如图7-3-25所示。

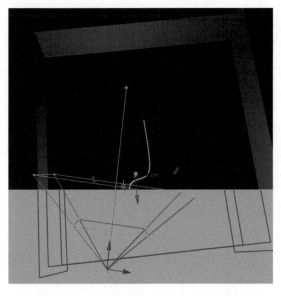
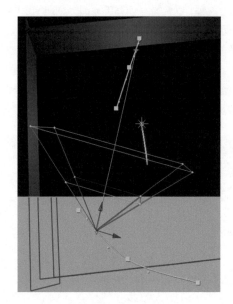

图 7-3-24　　　　　　　　　　　　　　　　　图 7-3-25

　　【CC Particale World】并没有提供现成的光线效果，但是通过减小粒子发射器的半径以及粒子的大小，再利用表达式将粒子路径和灯光位置捆绑在一起来产生光线。可见通过对特效的透彻研究加上多动脑筋，另辟捷径是可以产生另类的效果的。在下一节中，我们将通过另一个粒子插件来学习更加炫目的光效制作方法。

7.4 实例4

　　在影视片头的制作中，我们在很多时候可能需要让画面节奏与音乐同步，这在音乐节目的包装中尤其明显。虽然可以通过手动调节关键帧的方法来实现，但是其复杂而且效果不很理想。实际上，我们在大多数时候都可以通过表达式进行控制，让画面与音乐节奏同步。下面我们就通过一个实例，来进行学习。

　　在本例中我们将制作一个光线舞动的背景，配上劲爆的音乐，构成一个音乐节目的小片头。画面中的元素，包括光线、喇叭、摄像机等都要和音乐节奏同步。效果如图7-4-1所示。本例中我们用到的特效为【Trapcode Particular】。【Trapcode Particular】为第三方插件，和我们前边学习的【3D Stroke】和【Shine】都是同一个公司开发的特效组。在学习之前请安装该插件。

图 7-4-1

STEP 01 | 首先导入配套素材>LESSON7>FOOTAGE文件夹下的素材"MUSIC.mp3"和"Suona.tga"。

STEP 02 | 以素材"MUSIC.mp3"创建一个PAL制合成。

STEP 03 | 要使场景中其他元素与音乐同步，必须建立表达式连接。在这之前，我们必须将音乐的波形转换成关键帧才能进行连接。在合成中右键单击层"Music"，选择【关键帧辅助】>【将音频转换为关键帧】。可以看到，合成中产生一个新层，将该层名称改为"Audio"，以方便后边的操作。

STEP 04 | 展开层"Audio"，可以看到，新增的【效果】下有三个属性，分别是左声道、右声道和混合声道。每个属性都自动产生了大量的关键帧，切换到图表模式可以看出，关键帧是由音乐的波形来构成的。

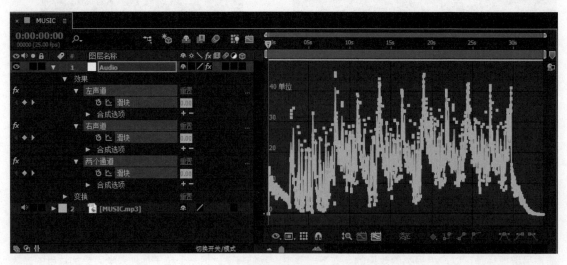

图 7-4-2

STEP 05 | 音频关键帧转换完毕。接下来开始制作背景光效。各种音频播放器中的可视化效果大家应该都非常熟悉了。现在我们要制作的就是类似的光线效果。

STEP 06 | 本例中我们要使用After Effects的第三方插件【Trapcode Particular】来完成需要的效果。【Particular】是一个专门制作粒子特效的插件，功能非常强大，是节目包装中不可或缺的。我们在后面的学习中还将多次使用该插件。

STEP 07 | 新建一个【纯色】层，起名为"Shine"。右键单击层"Shine"，选择【效果】>【Trapcode】>【Particular】。应用粒子特效。首先我们展开Emitter栏，在【Emitter Type】下拉列表中选择【Point】。如图7-4-3所示。

图 7-4-3

知识点：粒子发射器

【Emitter】设置栏专门针对粒子发射器进行设置。可以在该设置栏中修改粒子发射器的类型，对发射器的方向、速度、尺寸等属性进行控制。粒子发射器控制粒子从何处、以何种方式喷射出来。

【Emitter Type】下拉列表中可以指定粒子发射器的类型。【Trapcode Particular】的发射方式有很多种，可以从一个点、盒子、圆球或者网格中发射，也可以使用合成中的灯光或者层来作为发射方式。

选择不同的发射器，可调整的参数也不同。有关发射器的位置和旋转、尺寸等属性的调整都比较简单，这里不再赘述。我们来看看和粒子发射状态关闭比较密切的参数。

【Particles / Sec】控制发射器中每秒喷射粒子的数量。数量高粒子会很多，但是计算速度也会相应减慢，所以一般情况下我们需要在速度和质量间找到一个平衡点。在本例中我们就会看到，如果数量过少，最后的粒子就会无法构成一条线，而形成一个个的点。

【Velocity】参数控制粒子的发射速度，也就是粒子以多快的速度离开发射器。速度越快，粒子喷射得越远。较低的速度使粒子聚集在一起。而Velocity Random则是随机扩散速度。确定粒子速度的随机量。值越高，粒子变化速度越高。我们在本例中将这些参数都设为0，让所有的粒子都聚集在一起，产生一条光线，而不是分散开来。发射器尺寸设为0也是相同的道理，让所有粒子凝聚到一点射出。

STEP 08 | 在【Emitter】下拉列表中将【Velocity】设为0。

STEP 09 | 下面我们将粒子发射器的位置属性和刚才的音频关键帧用表达式连接在一起。首先选择层"Audio"，按"U"键展开其动画属性。

STEP 10 | 选择层"Shine"，按"E"键展开特效。展开【Emitter】。选择【Position X Y】属性，按"Alt + Shift + ="键，添加表达式。

STEP 11 | 将游标移动到表达式的 ⊚ 按钮上，按住鼠标左键，拖动连接线到层"Audio"【两个通道】的【滑块】属性上。

STEP 12 | 选择粒子的【Position Z】属性，按"Alt + Shift + ="键，添加表达式。拖动连接线到层"Audio"【两个通道】的【滑块】属性上。我们将使用混合声道来控制粒子位置。

STEP 13 现在可以看到，粒子发射器端在整个合成的左上方。我们需要使其居中。下面为层"Audio"【两个通道】属性的【滑块】控制器添加表达式控制。选择【滑块】，按"Alt + Shift + ="键，添加表达式。

STEP 14 单击表达式工具栏的 ▶，选择【Interpolation】>【Linear（t，tMin，tMax，value1,value2）】。改变动画差值，这里我们使用线性差值。如图7-4-4所示。

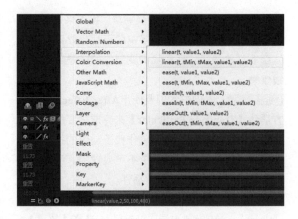

STEP 15 应用表达式后，激活表达式编辑栏，修改表达式。输入：linear(value,2,50,100,400)。可以看到，粒子居中了。如图7-4-5所示。

图 7-4-4

STEP 16 下面我们为粒子添加抖动效果。打开"Shine"层的【效果控件】对话框。展开【Particular】的【Physics】卷展栏。这里可以为粒子设置外力影响，例如重力、阻力、抖动等。和前一节的粒子特效类似。展开【Air】下的【Turbulence Field】卷展栏，为粒子设定一个抖动的力场。

STEP 17 选择【Affect Position】属性，为其添加表达式，并连接到层"Audio"的【两个通道】属性【滑块】控制器上。可以看到，粒子随着音乐节奏开始抖动，如图7-4-6所示。

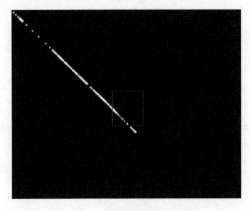

图 7-4-5

图 7-4-6

STEP 18 下面我们创建一个15mm摄像机。为【目标点】和【位置】属性添加表达式，并连接到层"Audio"的【两个通道】属性【滑块】控制器上，如图7-4-7所示。

图 7-4-7

STEP 19 合成窗口中可以看到，粒子距离视点太近了，满眼都是白色的亮点。我们需要将摄像机的位置拉远一些。现在摄像机工具已经无法使用，我们需要修改表达式来拉远摄像机。激活【位置】属性的表达式编辑栏。在第一句的末尾添上"/5"，为摄像机位置做一个除法运算来拉远摄像机。如图7-4-8所示。

```
temp = thisComp.layer("Audio").effect("两个通道")("滑块")/5
[temp, temp, temp]
```

图 7-4-8

STEP 20 | 现在来看看效果，粒子位置合适了。下面我们编辑粒子【Affect Position】属性的表达式，使运动更加剧烈。在表达式编辑栏中，表达式的最后输入*5。效果如图7-4-9所示。

STEP 21 | 接下来我们对粒子做一些修改。选择层"Shine"，切换到【效果控件】对话框。将【Particles / sec】设为2 000。展开【Particle】卷展栏，将【Size】设为1，【Color】设为紫色，在【Transfer Mode】下拉列表中选择【Add】。效果如图7-4-10所示。

STEP 22 | 下面我们在场景中增加一束光线。选择层"Shine"，按"Ctrl + D"键，创建副本，并改名为"Shine 2"。

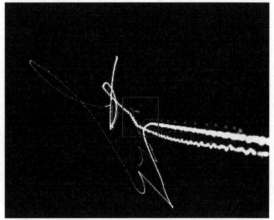

图 7-4-9　　　　　　　　　　　　　　　　　　　图 7-4-10

STEP 23 | 切换到层"Shine 2"的【效果控件】对话框中，将【Particle / sec】设为3 000。展开【Physics】栏【Air】卷展览的【Turbulence Field】属性，将【Scale】参数设为20，【Octave Scale】设为1.7。在【Particle】栏中将粒子颜色设为橙色。

STEP 24 | 在【时间轴】窗口中按"U"键展开"Shine 2"的动画属性。在【Affect Position】属性的表达式编辑栏中将"*5"改为"*10"，效果如图7-4-11所示。

STEP 25 | 光线制作完毕，接下来我们在背景中加入气泡。复制层"Shine 2"，并改名为"Foam"。打开该层的【效果控件】对话框。

STEP 26 | 首先展开【Physics】栏【Air】卷展栏，将【Spin Amplitude】设为150左右，可以看到，

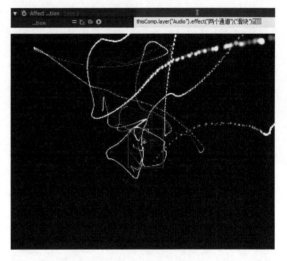

图 7-4-11

刚才看到的一条线被分散开，成为数量众多的圆形气泡。将【Turbulence Field】属性的【Scale】参数设为10，【Octave Scale】参数设为1.5。

STEP 27 | 在【Emitter】栏中将【Particles / sec】设为5。在【Particle】栏中将粒子尺寸设为15，粒子颜色设为紫色。将【Sphere Feather】参数设为0，取消羽化，让粒子有清晰的边缘。并且调整【Opacity Random（%）】参数为100，让部分粒子透明。

STEP 28 | 在【时间轴】窗口中修改层"Foam"的【Affect Position】属性表达式，将"*5"删除。效果如图7-4-12所示。

▶ STEP 29 ┃ 最后新建一个紫色【纯色】层，和合成大小相同，放在最下层。绘制矩形蒙版，并设置较大的羽化，产生一个暗紫色的背景，如图7-4-13所示。背景光线制作完成。

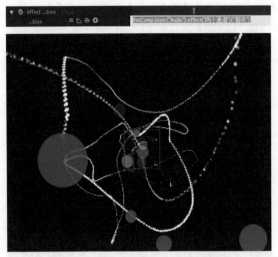

图 7-4-12   图 7-4-13

▶ STEP 30 ┃ 下面我们在影片中加入喇叭。在项目窗口中选择素材"suona"，将其加入合成。放在层"Foam"下方。激活三维开关，移动并旋转至图7-4-14所示的状态。

▶ STEP 31 ┃ 我们需要让喇叭跟随节奏变大变小。按"S"键展开层"suona"的【缩放】属性。添加表达式，并连接到层"Audio"的【两个通道】属性【滑块】控制器上。

▶ STEP 32 ┃ 下面来制作左边的喇叭，让这个喇叭远一点。选择层"suona"，按"Ctrl + D"键，创建副本，改名为"suona 2"，并放在所有光线层的下方。如图7-4-15所示。

▶ STEP 33 ┃ 将层"suona"移动并旋转至图7-4-16所示的状态。

图 7-4-14   图 7-4-16

▶ STEP 34 ┃ 激活层"suona"【缩放】属性的表达式编辑栏，在表达式的最后加上"-30"，让缩放小一点。如图7-4-17所示。

图 7-4-15   图 7-4-17

Chapter **01**

Chapter **02**

Chapter **03**

Chapter **04**

Chapter **05**

Chapter **06**

Chapter **07**

Chapter **08**

Chapter **09**

Chapter **10**

▶ STEP 35 ▎最后我们在影片中加入字幕。选择 T，输入"Music"，将文本层的三维开关激活，并移动到图7-4-18所示的位置。注意在【时间轴】窗口中将文本层的入点移动到26秒左右。

▶ STEP 36 ▎下面对文字做一些修饰。右键单击文本层，选择【图层样式】>【渐变叠加】。展开【图层样式】下的【渐变叠加】卷展栏。单击【编辑渐变】选项，在弹出的窗口中设置白色到紫色的渐变。效果如图7-4-19所示。

图 7-4-18

图 7-4-19

▶ STEP 37 ▎右键单击文本层，选择【图层样式】>【外发光】，添加辉光。还是在【图层样式】下，将【颜色】设为红色，【不透明度】设为100％，【大小】设为60左右。最终效果如图7-4-20所示。

▶ STEP 38 ▎下面对文本层的单个字符制作动画，让字符随乐起舞。展开文本层，单击【动画】下拉列表，选择【位置】。如图7-4-21所示。注意在【动画】下拉列表中激活【启用逐字3D化】选项，将字符属性转换为三维。

▶ STEP 39 ▎在【动画制作工具 1】属性栏中单击【添加】下拉列表，选择【选择器】>【摆动】，为字符移动添加一个抖动控制。如图7-4-22所示。

图 7-4-20

图 7-4-21

图 7-4-22

▶ STEP 40 ▎将【位置】属性的Z轴参数设为400，现在可以看到，文本字符开始前后摆动。我们需要使其和音乐节奏同步，这里我们通过设置每秒抖动次数来进行控制。

▶ STEP 41 ▎展开【摆动选择器 1】卷展栏，选择【摇摆/秒】属性，添加表达式，并连接到层"Audio"的【两个通道】属性【滑块】控制器上。

▶ STEP 42 ▎注意和表达式连接以后【摇摆/秒】参数的变化，移动到31秒左右音乐结束的位置，可以看到，此时的【摇摆/秒】参数为100，我们需要使其在结束时为0，这样即可停止抖动。下面来编辑表达式。

STEP 43 ┃ 激活表达式编辑栏，在语句最后输入
"-100"。可以看到，【摇摆/秒】参数在音乐结束
时变为0，抖动停止。如图7-4-23所示。

图 7-4-23

STEP 44 ┃ 抖动结束后，可以发现文本字符仍有错位，我们来做个调整。在音乐结束前1秒左右激活【位置】属性关键帧记录器，到音乐结束，将Z轴参数设为0。

STEP 45 ┃ 跳动的字符制作完毕。最后，我们再来定格字幕。选择🅣，输入"shine"，将文本层的三维开关激活，并移动到图7-4-24所示的位置。注意在【时间轴】窗口中将文本层的入点移动到32秒左右。

STEP 46 ┃ 按照上面的方法为文本层添加渐变和发光特效，如图7-4-25所示。

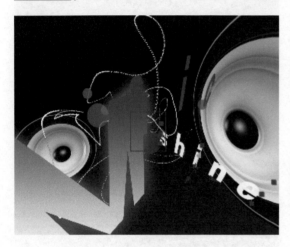

图 7-4-24

图 7-4-25

STEP 47 ┃ 选择文本层"shine"，按"R"键展开旋转属性。为【Y轴旋转】参数设置关键帧动画，让文本层旋转三圈停止。设置完毕后激活文本层和合成的运动模糊开关即可。如图7-4-26所示。

　　例子做到这里就全部结束了，输出一个影片看看效果吧。在本例中，有两个重点：一个是表达式连接，有了它我们才能将各种属性连接到声音的频率振幅上，随节奏而动；另一个就是将音乐频率转换为关键帧的操作，有了它，我们上面的一切操作才有可能实现。接下来，我们进入本课的最后一个综合实例，利用粒子来创建酷炫的光束。

图 7-4-26

7.5　实例5

　　在本章的最后，我们制作一个综合实例。让一束光穿越城市，最后在宇宙空间中出现字幕。在这个实例中，我们通过空对象来控制粒子移动轨迹，再赋予粒子形状，最后加上其他的一些修饰产生最终的光线效果。效果如图7-5-1所示。本例中我们用到的特效有【Trapcode Particular】、【色相/饱和度】、【发光】。

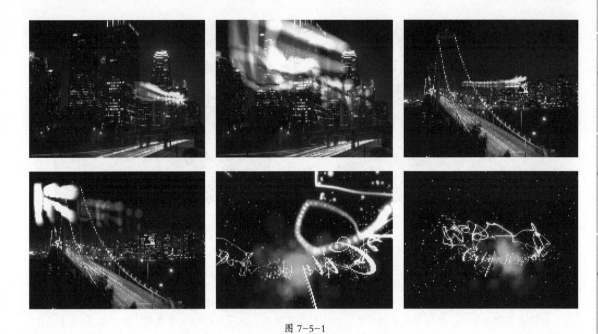

图 7-5-1

7.5.1 第一组分镜头

▣ STEP 01 | 首先以PAL制新建一个2秒的合成，起名为"City Shine"。

▣ STEP 02 | 在特效中新建一个【纯色】层，起名为"Shine"。然后新建一个摄像机。

▣ STEP 03 | 右键单击层"Shine"，选择【效果】>【Trapcode】>【Particular】，应用粒子特效。首先我们展开【Emitter】栏，在【Emitter Type】下拉列表中选择【Point】。

▣ STEP 04 | 在项目窗口中双击，导入配套素材>LESSON7>FOOTAGE文件夹下的素材"City1.mov"和"City2.mov"。

▣ STEP 05 | 将"City1.mov"拖入合成，放在【纯色】层下方。

▣ STEP 06 | 下面我们创建一个空对象来控制灯光，这样可以方便后边的操作。

▣ STEP 07 | 按"Ctrl + Shift + Alt + Y"键，新建"空对象1"，并转换成三维物体。

▣ STEP 08 | 首先将粒子发射器位置连接到"空对象1"上。再选择空对象，按"P"键展开其【位置】属性。

▣ STEP 09 | 选择层"Shine"，按"E"键展开特效。展开【Emitter】，选择【Position×Y】属性，按"Alt + Shift + ="键，添加表达式。

▣ STEP 10 | 将游标移动到表达式的 ◎ 按钮上，按住鼠标左键，拖动连接线到空对象的【位置】属性上。

▣ STEP 11 | 现在可以看到，粒子发射器的X、Y轴分别对应到了空对象的X、Y轴上。但是Z轴还没有着落。选择粒子的【Position Z】属性，按"Alt + Shift + ="键，添加表达式，并连接到空对象的【位置】属性的Z轴参数上。现在移动空对象观察，可以发现，粒子跟随物体一起运动。

▣ STEP 12 | 激活空对象的【位置】属性关键帧记录器，制作由远及近的位置动画。注意在制作过程中，调整好摄像机的位置，使其与下方的城市画面观察角度一致，如图7-5-2所示。

▣ STEP 13 | 接下来我们对粒子的形状进行设置。首先需要制作一个粒子形状的贴图。新建一个合成，起名为"Particle Map"，将尺寸设为50×50，长度设为1帧。在合成中创建若干个圆形和矩形，并分别调整不透明度到15%左右。如图7-5-3所示。不同的形状是为了让粒子光线产生比较复杂的效果，如图7-5-3所示。

▣ STEP 14 | 切换回合成"City Shine"。将"Particle Map"拖入合成，并关闭显示。下面我们在【Particular】特效中指定粒子形状。

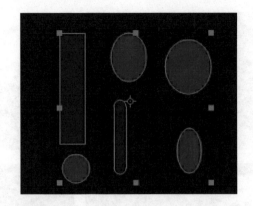

图 7-5-2   图 7-5-3

知识点：粒子设置

　　【Particle】设置栏对粒子进行设置。它和【Emitter】栏是不同的。它们一个针对全局，一个针对个体。举个例子，【Emitter】好像是设置枪管，而【Particle】则是设置子弹。

　　粒子是具有生命的，从它自发射器喷出的一霎那至其消失，就是粒子的生命周期。可以在【Life】参数栏中设置粒子的生命周期。数值越高，粒子生命越长。生命较长的情况下，因为老粒子还未消亡，新粒子已经诞生，越往后粒子数目越多。一般情况下，当【Life】参数较低时，粒子喷射节奏会很快，因为不断有旧粒子死亡，新粒子诞生；当【Life】参数较高时，粒子是一个比较舒缓、持续的喷射过程。

　　在【Particle Type】下拉列表中可以指定粒子的形状。我们可以将粒子指定为简单的圆形、发光的圆形或者星形等形状，也可以设置粒子成仿真状态的云层或者烟雾等，如果需要更复杂的效果，我们还可以定制粒子的形状。而基于上述的形状基础，通过修改粒子的颜色、尺寸、密度等，也可以产生复杂的粒子形状，如图7-5-4所示。

图 7-5-4

　　我们可以对粒子的选中角度、尺寸、不透明度等进行设置。我们可以看到，这些参数都伴随着一个【Random】的随机值参数。通过对随机参数进行设置，可以让上述参数不规则地变化，让粒子状态更加复杂。粒子设置尺寸的随机值，可以让不同段的粒子大小不同。如图7-5-5所示。

图 7-5-5

STEP 15 | 切换到层"Shine"层的【效果控件】对话框。在【Particle Type】下拉列表中选择【Sprite】，可以看到，下方的【Texture】栏被激活。在【Layer】下拉列表中指定"Particle Map"作为粒子的形状。现在拖动当前时间指示器还无法看到粒子效果，不用着急，这是因为我们的"Particle Map"只有一帧的缘故。来设定一下时间，由于我们使用的是静态图片，所以在【Time Sampling】下拉列表中选择【Random-Still Frame】。

STEP 16 | 又出现一个问题，到处都是我们刚才制作的粒子形状，我们需要将其汇聚到一点。展开【Emitter】栏，将【Velocity】所有参数设为0，在【Particle】中将粒子尺寸【Size】放大到80左右。现在可以看到，光线已经基本成型，如图7-5-6所示。

STEP 17 | 现在我们会发现一个问题，光线到最后都变成了点。这是由于粒子的发射数量过低引起的。展开【Emitter】栏，将【Particles / Sec】调高到500左右。可以看到，点变成了线。但是由于粒子过于密集，所以导致光线过强。在【Particle】栏中将【Opacity】参数设为30左右，降低粒子不透明度。效果如图7-5-7所示。

图 7-5-6　　　　　　　　　　　　　　　　　图 7-5-7

STEP 18 | 展开【Particle】栏，将【Life（Sec）】参数设为0.5，【Life Random (%)】设为30左右。可以看到，降低生命值后，粒子出现游走移动的效果，且带有渐变的拖尾。

STEP 19 | 下面我们调整粒子的颜色，将其设为蓝色。首先将层"Shine"的层模式设为【相加】。

STEP 20 | 右键单击层"Shine"，选择【效果】>【颜色校正】>【色相/饱和度】。

STEP 21 | 激活【色彩化】选择，调整【着色色相】参数，发现没有任何效果。下面我们来解决这个问题。

STEP 22 | 有两个方法：一个是使用调整图层来进行调色，但是这样会同时影响下面的城市背景。当然也可以复制一个光线层产生TrkMat来控制调色范围，但是后续我们还要应用【发光】特效，这样就稍嫌复杂了。

STEP 23 | 还有一个办法是我们对粒子的Alpha通道做一个调整。右键单击层"Shine"，选择【效果】>【通道】>【计算】。【计算】特效仅输入图像的一个通道来替换原始的所有通道，并计算产生特殊效果。在需要的情况下，也可以增加第二个素材通道以产生更加复杂的效果。

STEP 24 | 将【计算】特效放在【色相/饱和度】上方。在【输入通道】下拉列表中选择【Alpha】。然后在【第二个图层通道】下拉列表中选择【Alpha】，并调整【第二个图层不透明度】为100％。

STEP 25 | 现在我们重新映射了粒子特效的Alpha通道。切换到【色相/饱和度】，将光线设为青色，并适当提高饱和度。

STEP 26 | 为层"Shine"应用【发光】特效。注意在【发光】特效中适当降低光芒强度，提高光芒范围。效果如图7-5-8所示。

STEP 27 | 在播放过程中我们会发现，光线的转角太硬，这可以通过提高合成的帧速率解决。可以按"Ctrl + K"键，展开【合成设置】窗口。在【帧速率】栏中设为99帧/秒。如图7-5-9所示。可以看到，光线拐角变得圆滑了。

图 7-5-8

图 7-5-9

STEP 28 | 在本例中我们不需要太圆滑的拐角，所以保持25帧的帧速率即可。

STEP 29 | 打开"Shine"层的【效果控件】对话框。展开【Particular】的【Physics】卷展栏。然后展开【Air】下的【Turbulence Field】卷展栏，为粒子设定一个抖动的力场。

STEP 30 | 将【Affect Size】设为400，【Affect Position】设为40。这两个参数分别控制立场的范围和位置。将【Scale】参数设为8。效果如图7-5-10所示。光束出现了不规则的变化。

STEP 31 | 粒子光束产生了抖动。下面我们为粒子行进的路线做一个抖动效果。单击空对象的【位置】属性，选择所有关键帧。在菜单栏【窗口】中选择【摇摆器】，打开【摇摆器】面板。如图7-5-11所示。

图 7-5-10

图 7-5-11

知识点：摇摆器

　　通过【摇摆器】工具，可以对依时间变化的属性增加随机性。摇摆器根据关键帧属性及指定的选项，通过对属性增加关键帧或在已有的关键帧中进行随机插值，对原来的属性值产生一定的偏差，使图像产生更为自然的运动。例如制作颤动的对象，可以只为对象设置五六个关键帧，然后使用摇摆器产生随机颤动的效果。

　　增加动画的随机抖动时，要注意至少需要选择三个关键帧。不能同时平滑不同属性的关键帧。

　　【应用到】下拉列表控制摇摆器变化的曲线类型。选择【控件路径】增加运动变化；选择【时间图表】增加速度变化。如果关键帧属性不属于空间变化，则只能选择【时间图表】。

　　【杂色类型】可选择【平滑】产生平缓的变化或选择【成锯齿状】产生强烈的变化。

　　【维数】控制要影响的属性单元。可以对选择的属性的单一单元进行变化。例如选择在X轴对缩放属性随机化或在Y轴对缩放属性随机化；【全部独立】在所有单元上进行变化；【所有相同】对所有单元增加相同的变化。

　　【频率】控制目标关键帧的频率，即每秒增加多少变化帧（关键帧）。低值产生较小的变化，高值产生较大的变化。

　　【数量级】设定变化的最大尺寸，与应用变化的关键帧属性单位相同。

STEP 32 将【频率】设为5，【数量级】设为30。单击【应用】可以看到，空对象的【位置】属性随机增加大量关键帧，并出现抖动效果。

　　第一组分镜头制作完毕，稍事休息，我们来制作第二组分镜头，光束穿过大桥。

7.5.2 第二组分镜头

　　第二组分镜头是光束穿过大桥的效果。由于光束已经在上一节中制作完毕，所以本节的学习就比较简单了。只要移动一下摄像机的位置，对路径稍加调整就可以了。

STEP 01 在项目窗口中选择合成"City Shine"，按"Ctrl + D"键，创建副本。双击打开合成"City Shine 2"。删除层"City1"，并将"City 2"置入合成，代替前边"City 1"的位置。

STEP 02 选择层"Shine"，打开【效果控件】对话框。在【Particular】特效【Render Mode】下拉列表中选择【Motion Preview】。这样可以在后边的调整中加快显示速度。

STEP 03 选择摄像机工具，调整摄像机到与大桥角度相同。如图7-5-12所示。

STEP 04 删除空对象的【位置】属性所有关键帧，重新设置路径动画，产生光束由远及近冲向镜头的效果。在【Particular】特效【Render Mode】下拉列表中选择【FullRender】，显示最终效果。如图7-5-13所示。

图 7-5-12

图 7-5-13

第二组镜头制作完毕，非常简单，最后我们将制作第三组定格LOGO的镜头。在这组分镜头中我们将制作较为复杂的光线效果。

7.5.3 第三组分镜头

STEP 01 首先，新建一个720×576的合成，起名为"City Shine 3"，长度为5秒。

STEP 02 新建一个空对象，将其转换为3D物体。

STEP 03 切换到Top视图，为空对象制作一个圆周运动。如图7-5-14所示，让运动在1秒左右完成。并向后复制并粘贴除第一个以外的所有关键帧，制作一个循环运动。

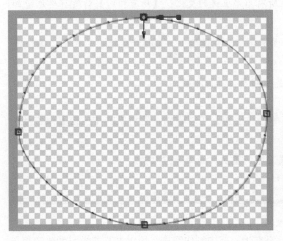

图 7-5-14

STEP 04 新建一个15mm摄像机。切换到【自定义视图】，调整好角度。后面的调整我们在定制视图中会更加方便。

STEP 05 新建【纯色】层，与合成大小相同，改名为"Shine"，为其应用【Particular】特效。打开特效【Emitter】卷展栏，为【Position】属性添加表达式，分别连接到空对象的对应属性上。和第一节的方法相同，这里不再赘述。

STEP 06 将【Emitter】卷展栏下【Velocity】的所有参数设为0。再将【Particles/sec】设为1 800，使粒子数量更多，连成一条线。

STEP 07 展开【Particle】卷展览，将【Size】参数设为3，让光线变细。

STEP 08 选择空对象的【位置】属性，按"Alt + Shift + ="键，添加表达式。在表达式编辑栏输入"wiggle(50,80)"，创建一个抖动控制。如图7-5-15所示。

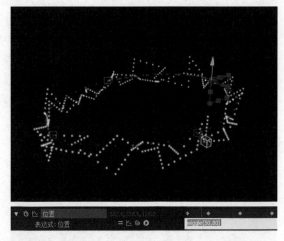

图 7-5-15

STEP 09 切换层"Shine"的【效果控件】对话框。在【Particle】栏中将【Color】参数设为蓝色，在【Transfer Mode】下拉列表中选择【Add】叠加模式。

STEP 10 展开【Physics】卷展栏【Air】下的【Turbulence Field】属性，将【Aftect Position】参数设为300。整个粒子光束出现抖动变幻效果，如图7-5-16所示。

Chapter 07 | 综合特效1

Chapter
01

Chapter
02

Chapter
03

Chapter
04

Chapter
05

Chapter
06

Chapter
07

Chapter
08

Chapter
09

Chapter
10

▣ STEP 11 ┃ 接下来我们在影片中加入星空背景。新建【纯色】层，起名为"StarField"，将其放在合成的最下方。

▣ STEP 12 ┃ 切换到【效果和预设】面板，我们来应用一个预制效果。展开【动画预设】>【Presets】>【Trapcode Particular ffx】>【Trapcode SD Presets】，选择【t_StarfieldStaticl】，产生一个星空背景。在【时间轴】窗口中将层"StarField"向前移动，直到星空背景完全显现，拖动层的出点至影片结束处。如图7-5-16所示。

▣ STEP 13 ┃ 星空背景制作完毕，接下来我们在场景中加入烟雾效果。新建【纯色】层，起名为"Smoke"。应用【Particular】特效。在【时间轴】窗口中将层向前移动下，直到粒子完全显现，拖动层的出点至影片结束处。

▣ STEP 14 ┃ 在【Emitter Type】下拉列表中选择【Box】，这样可以产生在盒子中拘束的烟雾效果。将【Emitter SizeX、Y、Z】均设为100。将【Particles / sec】设为50。

▣ STEP 15 ┃ 展开【Particle】栏，将【Size】设为50左右，加大粒子尺寸产生烟雾效果。将【Color】设为绿色，在【Transfer Mode】下拉列表中选择【Add】。调低粒子不透明度到8左右。

▣ STEP 16 ┃ 在【Emitter】栏中将【Position Z】设为–60左右，让烟雾居中。如图7-5-17所示。

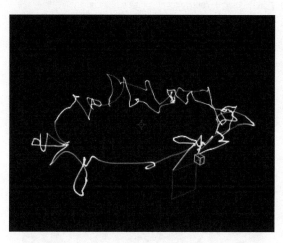

图 7-5-16

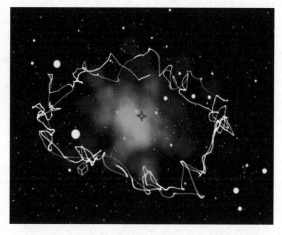

图 7-5-17

▣ STEP 17 ┃ 下面我们制作随着光线运动的星云。选择层"Shine"，按"Ctrl + D"键，复制该层，并改名为"Star"。

▣ STEP 18 ┃ 展开效果控件对话框，将【Physics】卷展栏【Air】属性下的【Spin Amplitude】参数设为50，可以看到，线条散开成为不规则排列的小点。

▣ STEP 19 ┃ 播放影片可以看到，小点摆动速度过快，和线条抖动幅度太过相近，将【Turbulence Field】卷展栏下的【Evolution Speed】参数设为10，降低抖动速度。

▣ STEP 20 ┃ 由于粒子会转好几圈，导致到最后的星云过多了。我们通过减少粒子数量和降低粒子寿命来解决这个问题。在【Particle】栏将【Life（sec）】设为1，【Life Random（%）】设为30。在【Emitter】卷展栏将【Particles / sec】设为1 000。现在播放影片，可以看到，粒子数量大大减少了。

▣ STEP 21 ┃ 将粒子颜色设为淡蓝色，效果如图7-5-18所示。

▣ STEP 22 ┃ 接下来在场景中加入字幕。选择 T 工具，输入"City Shine"，选择字体，将文字加大，转换为三维层。在三视图中移动文字，使其居中。如图7-5-19所示。

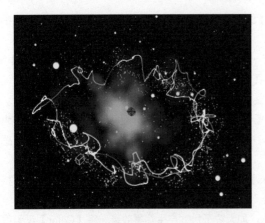

图 7-5-18

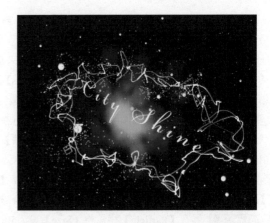

图 7-5-19

STEP 23 ┃ 右键单击文本层，选择【图层样式】>【外发光】。在【时间轴】窗口中展开【图层样式】卷展栏的【外发光】属性，将【颜色】设为蓝色，将辉光【大小】加大到40左右，效果如图7-5-20所示。

STEP 24 ┃ 接下来我们为背景的光线和星云添加辉光。新建调整图层，为该层应用【发光】特效。注意适量降低辉光强度，加大羽化范围。加过辉光的烟雾可能会很亮，将层的不透明度降下来一些。效果如图7-5-21所示。注意将调整图层放在文本层下方，不对文本层应用辉光。

图 7-5-20

图 7-5-21

STEP 25 ┃ 下面设置摄像机动画。建议在双窗口模式下操作，一个摄像机视图，一个顶视图，这样可以更加方便地调整摄像机轨迹。

STEP 26 ┃ 在影片开始位置激活摄像机【变换】属性的【目标点】和【位置】参数关键帧记录器。

STEP 27 ┃ 将摄像机推到文本上。如图7-5-22所示。

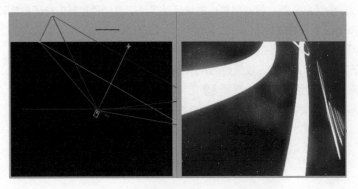

图 7-5-22

Chapter 07 | 综合特效1

Chapter
01

Chapter
02

Chapter
03

Chapter
04

Chapter
05

Chapter
06

Chapter
07

Chapter
08

Chapter
09

Chapter
10

STEP 28 在1秒位置让摄像机快速拉出。效果如图7-5-23所示。

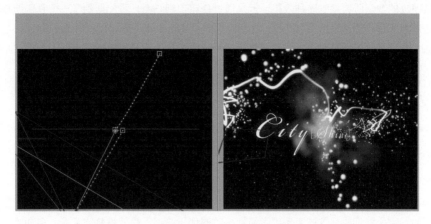

图 7-5-23

STEP 29 让摄像机绕场景旋转360°，然后快速拉出。注意在1秒位置摄像机拉出后，视点一定要在场景中央，这样在旋转的时候就可以始终绕着场景中心了。如图7-5-24所示。

STEP 30 动画调整完毕，播放影片，在角度不太满意的位置继续调整至满意位置即可。

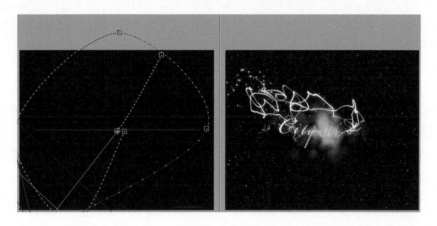

图 7-5-24

STEP 31 最后我们需要将动画串起来组成一个完成的影片。在【项目】窗口中选择City Shine 1、City Shine2、City Shine3，拖动到窗口下方的 图标上，弹出窗口，如图7-5-25所示。

STEP 32 在【创建】栏中选择【单个合成】，产生一个合成。激活【序列图层】，使嵌套的合成顺序排列。到这里，影片就制作完毕了，最后我们来做一个总结。

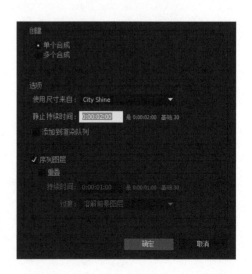

图 7-5-25

在本例中，我们应该学会开拓自己的思路，综合应用各种手段来完成我们的效果。在Trapcode Particular中并没有提供现成的我们所需要的这种效果，但是通过使用定制贴图，我们得到了一个我们所需要的光线形状。而使用空对象来控制光线轨迹更加灵活、方便。另外，Trapcode Particular和After Effects 的无缝结合，可以使用After Effects的摄像机信息，这也使得特效在合成中和其他三维层实现同步。

7.6　本章小结

本课的知识学到这里就全部结束了，下面，我们对本课的重要知识点做一个总结。

知识点1：特效的组合应用

本课中学习了不少特效，但是相比较After Effects的众多特效来说，仍然是沧海一粟。限于篇幅，我们无法讲解所有特效，但是我们要从这些实例中学习到特效的使用精神：那就是熟练掌握、多动脑子。只有熟练掌握各种特效，你才能对它们的功能了然于胸，这样在需要复杂效果的时候，只要我们肯动脑子，就一定能够找到一个或者多个特效进行组合，来实现我们需要的效果。

知识点2：表达式

这是非常重要的内容，表达式可以让许多烦琐的关键帧动画工作简单化。你使用关键帧绞尽脑汁也无法满意的效果，可能使用表达式马上就可以轻松搞定。虽然表达式有一定的难度，但是和它的重要作用相比，我相信这些难度一定是可以克服的。

知识点3：CC Particle World

这是很好用的粒子特效，它允许我们完成大部分粒子效果。它同After Effects共用摄像机也使得我们在三维合成时更加方便。更重要的是，它是被集成在After Effects CC中的，这保证了它的稳定性和易用性。

知识点4：Trapcode Particular

它应该是After Effects最好的粒子插件了，功能相当强大。各种丰富的粒子模板，变化多端的组合调节，和After Effects的无缝结合，这些都奠定了它的王者地位。这是强烈推荐的After Effects必备插件。

Chapter

08

综合特效2

本章主要讲解After Effects中的艺术化特效，包括油画、水彩画、卡通、涂鸦、水墨等，各有千秋，精彩纷呈。

学习重点

- 毛边
- Genarts Sapphire
- 绘画
- 时间重映射技术

8.1　实例1

上一章我们学习了各种光效的制作方法。在本章，我们将对影视制作中常用的各种艺术化效果做一个学习。After Effects提供了各种风格的艺术化特效，只要简单地调整参数就可以呈现不错的效果。对于一些更加复杂的艺术化效果，我们也可以通过特效的组合使用来完成。在第一节中，我们将列举一些艺术化特效产生的效果。

After Effects CC中，大部分产生艺术化效果的工具在【生成】和【风格化】两个特效项中。

8.1.1　卡通 & 水彩 & 铅笔效果

卡通效果是我们经常会用到的艺术化效果之一。本节就通过卡通特效来学习制作卡通、水彩以及铅笔画效果的方法。

应用【效果】>【风格化】>【卡通】特效后，会弹出效果控件对话框，在对话框中我们进行参数调节。

◆ 卡通效果

首先我们来看看默认的效果。【渲染】下拉列表中可以选择渲染方式，可以【填充】和【描边】效果同时渲染。效果如图8-1-1所示。

【细节半径】的数值小可以显示更多的细节；数值越大，则一些比较小的区域就无法显示，色块更加明显。制作卡通效果时，为了体现画面的对比效果，我们需要将该参数调高一些，将其调为最高值40。而【细节阈值】参数值越大，画面越虚，细节越少，这里我们将其调为20就差不多了。

【卡通特效】可以分别对画面和勾边部分进行调节。在【填充】参数栏中对画面进行控制。【阴影步骤】控制层次，数值越高，层次越多。【阴影平滑度】参数则让画面更加平滑，数值越高，画面越平滑。如图8-1-2所示。将【填充】下的两个参数均调为10，卡通效果完成。

图 8-1-1

图 8-1-2

当【阴影步骤】参数很低时，可以产生类似版画的效果。如图8-1-3所示。【阴影步骤】参数为2。

在这个基础上将【阴影平滑度】参数调的比较高，例如到70左右，就可以产生图8-1-4所示的描金边效果。

图 8-1-3   图 8-1-4

◆ 水彩或水粉效果

    要实现水彩或水粉的效果，首先要分析二者的特点。色彩晕出和大色块是它们的特色。另外，一般情况下，这两种画风是不做勾边的。

    首先我们要在【渲染】下拉列表中选择【填充】方式来渲染画面。【细节半径】和【细节阈值】都要提高，这里均为30，产生大色块。将【阴影步骤】参数降低到15左右。【阴影平滑度】参数设为0，以保持色块的边界效应。水粉效果如图8-1-5所示。

    要模拟水彩效果很简单。这里关键是要调高【细节阈值】和【阴影平滑度】值，产生颜色晕出的效果，将这两个参数分别调整为50和100。注意将【细节半径】调低一些，到15左右，以还原一些细节。【阴影步骤】参数在这里对画面没有什么影响。效果如图8-1-6所示。

图 8-1-5   图 8-1-6

◆ 铅笔效果

    要制作铅笔效果，肯定是不需要画面中的颜色和层次了。所以，在【渲染】下拉列表中选择【边缘】方式来渲染画面。

    【边缘】参数栏对勾边进行控制。【阈值】参数越高的时候，图像中更多的细节被勾勒出来。【宽度】参数控制勾边宽度，数值高则勾边笔划粗。我们可以设置较细的笔画来产生线描效果或者较粗的笔画来模拟炭画效果。如图8-1-7所示。

图 8-1-7

【柔和度】参数平滑勾边笔触，数值低，则笔触硬；【不透明度】控制勾边不透明度。【高级】卷展栏则可以对卡通效果做进一步的控制。【边缘增强】可以加强或者减弱描边效果，直观表现为描边的粗细。【边缘黑色阶】数值则控制描边间隙的黑色填充效果。【边缘对比度】参数控制描边对比度，数值越高，则细节越少，画面越简单。

8.1.2 油画效果

After Effects 的VideoGogh特效可以模拟油画或者蜡笔画的效果。这是一个第三方插件，需要另外进行安装。安装完毕后，可以在【效果】>【RE：Vision Plug-ins】特效组中找到【Video Gogh】和【Video Gogh Pro】两个特效。二者的区别是：【Video Gogh Pro】调节参数更多，可控性也更强。下面以【Video Gogh】为例学习油画效果。

应用【Video Gogh】特效后，可以看到，画面直接就渲染为油画效果。如图8-1-8所示。非常方便。

【Max Brush Size】参数调整笔触大小。图8-1-8中笔触有点大，可以试着将参数调小一些。效果如图8-1-9所示。

图 8-1-8 图 8-1-9

【Opacity】调整笔画的不透明度，【Ectra Distance Between Brushes】参数控制笔触间的距离。这两个参数一般情况下都不要动。

【Style】下拉列表中可以选择画面风格。除了【Oily】（油画）效果外，还提供了【Watecolor】（水彩）和【Chalk】（粉笔）效果。如图8-1-10所示。

图 8-1-10

【Video Gogh】特效应用起来非常简单，而且效果也很不错，是我们制作油画效果的不二之选。几种效果演示完成了，接下来就需要我们组合各种特效来完成效果了。

8.1.3　水墨画

在本节的最后，我们通过将几个特效组合使用，来制作水墨画的效果。本例使用的特效有【分形杂色】、【边角定位】、【焦散】、【卡通】、【色相/饱和度】、【色阶】、【快速模糊】、【反转】效果如图8-1-11所示。

STEP 01 ｜ 首先，导入配套素材> LESSON 8 > FOOTAGE中的素材"WATER TOWN.jpg""PAPER.jpg""text.jpg"及"seal.gif"。

STEP 02 ｜ 新建一个PAL制合成，长度为5秒，起名为"水墨画"。

STEP 03 ｜ 在【项目】窗口中选择素材"WATER TOWN.jpg"，拖入合成，并缩小到合成大小。

STEP 04 ｜ 我们首先让场景中静止的水动起来。按"Ctrl＋Y"键在合成中新建一个纯色层，大小与合成相同。

STEP 05 ｜ 右键单击纯色层，【效果】>【杂色和颗粒】>【分形杂色】。如图8-1-12所示调整参数。

STEP 06 ｜ 为【演化】参数制作关键帧动画，让水面动起来。在0秒将其设为0，5秒将其设为300。

STEP 07 ｜ 下面我们调整水面透视效果。这里不使用三维层，因为要制作的结果比较简单，所以，使用【边角定位】特效来调整。【边角定位】特效通过改变图像四个边角的位置变形图像。它经常被用来伸展、缩短、歪曲图像。

图 8-1-11　　　　　　　　　　　　　　　　图 8-1-12

Chapter
05

Chapter
06

Chapter
07

Chapter
08

Chapter
09

Chapter
10

STEP 08 右键单击纯色层，选择【效果】>【扭曲】>【边角定位】。可以看到，【合成】窗口中纯色层四角出现控制点。拖动控制点，让纯色层和水巷透视相同。如图8-1-13所示。

STEP 09 按"Ctrl + Shift + C"键，以【将所有属性移动到新合成】方式重组该层，起名为"WATERMAP"。关闭该层显示开关。

STEP 10 选择层"WATER TOWN"，按"Ctrl + D"键复制，并改名为"WATER"。

STEP 11 右键单击层"WATER"，选择【效果】>【模拟】>【焦散】。

图 8-1-13

STEP 12 在【效果控件】对话框中对【焦散】特效做进一步的设置。在【水面】下拉列表中选择刚才制作的"WATERMAP"作为水面贴图。如图8-1-14所示设置参数，减弱水面的高度和焦散效果。

STEP 13 按"Ctrl + Shift + C"键，以【将所有属性移动到新合成】方式重组"WATER"层，暂时关闭该层。选择 ✐ 工具，如图8-1-15所示，参考下方的底图绘制蒙版，把水面抠出。注意选择工具的时候取消【旋转贝塞尔曲线】选项。蒙版制作完毕后，显示该层。

图 8-1-14   图 8-1-15

STEP 14 水面已经动起来了，接下来我们开始制作水墨效果。首先为层"WATER TOWN"创建一个副本，起名为"PAINT"。接下来选择合成中的所有其他层，重组并起名为"Water Town"。然后将重组层放在最下方，将"PAINT"层模式设为【叠加】。

STEP 15 右键单击层"PAINT"，选择【效果】>【风格化】>【卡通】。如图8-1-16所示调整参数。

图 8-1-16

Chapter 01

STEP 16 右键单击层"PAINT",选择【效果】>【颜色校正】>【色相/饱和度】,将饱和度设为-100。

STEP 17 接下来,我们对下面的重组层做单色化的处理。为重组层"Water Town"应用【色相/饱和度】,并激活【彩色化】选项。调整【着色色相】参数到28左右,降低【着色饱和度】参数到6左右。

STEP 18 右键单击重组层,选择【效果】>【颜色校正】>【色阶】,如图8-1-17所示调整直方图,加大明暗对比。

STEP 19 右键单击重组层,选择【效果】>【模糊和锐化】>【快速模糊】,将【模糊度】设为5左右,注意激活【重复边缘像素】选项。效果如图8-1-18所示。

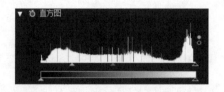

图 8-1-17

图 8-1-18

STEP 20 复制重组层,起名为"Water",将其拖动到最上层,删除【色阶】特效。并且如图8-1-19所示绘制蒙版,设置羽化值。

STEP 21 重组所有层。水墨效果基本完成了。最后还有一些收尾的修饰工作。在【项目】窗口中选择素材"PAPER.jpg"加入合成,并放大。放在重组层下方。将重组层"Pre-comp 1"的层模式设为【变暗】。效果如图8-1-20所示。

图 8-1-19

图 8-1-20

STEP 22 在【项目】窗口中分别选择素材"text.jpg"和"seal.gif"加入合成。为"text"应用【效果】>【通道】>【反转】特效,并且将其层模式设为【变暗】。再将"seal"的层模式设为【变暗】,缩小两个层,并放在图像左上方,水墨效果制作完毕。

　　本节学习了各种绘画效果的制作方法。After Effects能够实现的艺术化效果还有很多,这里无法一一列举。在下一节中,我们将通过综合实例,学习如何制作风格化的街头涂鸦。

8.2　实例2

本节将制作一堵充满街头涂鸦的斑驳墙壁，并且模拟涂鸦形成的过程。效果如图8-2-1所示。本例中所使用的特效包括【3D Stroke】、【毛边】、【液化】、【色调】、【CC Particle World】、【CC Glass】。

图 8-2-1

▶ STEP 01 ┃ 首先导入配套素材>LESSON 8>FOOTAGE 下的"WALL.jpg""Texture1.jpg"以及"Texture2.jpg"。

▶ STEP 02 ┃ 在【项目】窗口中单击 ▣，新建一个HD 1080 25的合成，起名为"涂鸦"，时间为6秒。

▶ STEP 03 ┃ 将素材"WALL.jpg"和"Texture1.jpg"拖入合成。"Texture1"放在上方，缩小该层到合成大小。

▶ STEP 04 ┃ 选择 ✎ 工具，在"Texture1"上画一个蒙版，设置羽化值。这里由于素材图片尺幅很大，所以羽化值要很大才有效果，设为700左右即可。将层模式设为【柔光】，效果如图8-2-2所示。

▶ STEP 05 ┃ 在【项目】窗口中选择"Texture2.jpg"加入合成，放在最上方。放大该层至充满合成。并将层模式设为【相乘】，并减小不透明度到35 %。效果如图8-2-3所示。

图 8-2-2　　　　　　　　　　　　　　　　　　　　图 8-2-3

⬇ STEP 06 | 通过两层纹理的添加，斑驳的墙面效果已经完成。接下来，我们在墙上绘制两个箭头。

⬇ STEP 07 | 选择 ⬣ 工具，在合成中创建一个黑色多边形。

⬇ STEP 08 | 在【时间轴】窗口中展开【形状图层 1】的【多边星形路径 1】卷展栏，将【点】设为3。将【旋转】参数设为90°。使用 ⬚ 工具，压扁箭头。效果如图8-2-4所示。

⬇ STEP 09 | 下面要设置箭头移动的动画。在合成中观察箭头，可以发现，轴心点的位置不对，没有在箭头中心。选择 ⬛ 工具，将轴心点移动到箭头中心。如图8-2-5所示。这步操作不能忽视，不然我们后边的动画调整会非常麻烦。

图 8-2-4

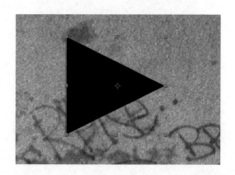
图 8-2-5

⬇ STEP 10 | 按"P"键展开箭头的【位置】属性，激活关键帧记录器。如图8-2-6所示，在3秒时间内设置图8-2-6所示的路径动画。

⬇ STEP 11 | 现在箭头移动的时候还始终保持着一个方向。按"Ctrl + Alt + O"键，打开【自动方向】对话框，选择【沿路径定向】。让箭头自动跟随路径调整方向。如图8-2-7所示。

⬇ STEP 12 | 现在的箭头还不完整，后面的直线还没有出现。按"Ctrl + Y"键，新建一个纯色层，与合成大小相同。

图 8-2-6

图 8-2-7

⬇ STEP 13 | 按"Ctrl + Shift + N"键，为纯色层新建一个蒙版。按"M"键展开【蒙版路径】属性。选择形状图层的【位置】属性，按"Ctrl + C"键，复制运动路径。然后选择纯色层的【蒙版路径】属性，按"Ctrl + V"键，粘贴运动路径。如图8-2-8所示。形状图层的运动路径转换为纯色层的蒙版。

⬇ STEP 14 | 右键单击纯色层，选择【效果】>【Trapcode】>【3D Stroke】，将描边颜色设为黑色。如图8-2-9所示设置参数。

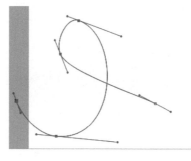
图 8-2-8

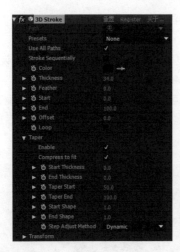

图 8-2-9

STEP 15 | 激活【End】参数的关键帧记录器。在3秒内设置0~100的关键帧动画。注意中间需要多个关键帧，让线条始终跟随箭头。如图8-2-10所示。

STEP 16 | 在动画过程中，箭头和后面线条的位置会偏移，无法居中对齐。展开形状图层的【多边星路径1】卷展栏，在无法对齐的位置为【位置】参数设置几个关键帧，让箭头与线条对齐。如图8-2-11所示。

图 8-2-10

图 8-2-11

STEP 17 | 按照上面的方法，如图8-2-12所示制作白色箭头，并使其比黑色箭头晚10帧左右出发。

STEP 18 | 重组白色箭头的两个层，并在重组层上画图8-2-13所示的蒙版，勾选【反转】选项，反转蒙版效果，把拐角削平。注意在拐角的位置为【蒙版路径】属性制作关键帧动画，不要把箭头也削去了。

图 8-2-12

图 8-2-13

STEP 19 | 把所有的箭头重组为一个层，起名为"Arrow"。下面我们为箭头加上残破、斑驳的效果。右键单击重组层"Arrow"，选择【效果】>【风格化】>【毛边】。

知识点：毛边

  【毛边】是个常用的风格化特效。它主要用来创建腐蚀、斑驳的效果。在表现一些老旧效果的时候，它尤其有用。

  使用【毛边】特效后，首先需要在【边缘类型】下拉列表中选择一种腐蚀效果。效果都比较简单，多试试就熟悉了。

  【边界】参数控制腐蚀的边缘，数值越高，腐蚀效果就越强烈。如图8-2-14所示，右图中的参数值更高。

  【边缘锐度】参数控制腐蚀边缘的硬度，数值越高，边缘越锐利。如图8-2-15所示，左图数值较低。

  【分形影响】控制分形的影响，数值越高，影响也就越大，腐蚀效果也更复杂。如图8-2-16所示，左图数值较低。

图 8-2-14

图 8-2-15

图 8-2-16

  【比例】控制腐蚀效果的尺寸，数值越低，腐蚀的效果也就越密集。如图8-2-17所示，左图数值较低。

图 8-2-17

【复杂度】参数控制分形的复杂度，数值越高，腐蚀效果越复杂。如图8-2-18所示，右图数值较高。

图 8-2-18

【伸缩宽度或高度】参数对腐蚀效果产生一个拉伸操作。Offset参数则对腐蚀效果产生偏移。【演化】参数主要控制分形的相位。

利用【毛边】特效，我们可以制作水墨效果、腐蚀效果、老旧效果等，这是个应该熟练掌握的特效。

STEP 20 | 如图8-2-19所示设置【毛边】特效的参数。

图 8-2-19

STEP 21 | 箭头到这里就制作完毕了。接下来我们制作涂鸦LOGO。首先选择 T 工具，在合成中输入字符。如图8-2-20所示分别调整字符的大小、位置和尺寸。

STEP 22 | 选择 工具，根据字符形状在下方创建图形，如图8-2-21所示。

图 8-2-20　　　　　　　　　　　　　　图 8-2-21

STEP 23 | 还是选择 工具，如图8-2-22所示，绘制花纹图形。绘制方法前面已经学过，这里不再赘述，只说说技巧。先绘制外圈花纹，注意都用直线画，画好后转成曲线调整效率更高一点。外圈画好后设置黄色的填充色，红色的描边色；接下来画内圈，设置黑色填充色，红色描边色。一边画好后，群组图形。然后复制，打开群组图形的【位置】属性，注意是群组图形的，而不是层的。最后调整【缩放】参数翻转图形，并移动到对称位置即可。

STEP 24 | 仍然是在刚才绘制的花纹图形基础上，再加一些装饰。如图8-2-23所示。用几个圆组合即可。

图 8-2-22   图 8-2-23

STEP 25 接下来新建一个图形，如图8-2-24所示画一个骷髅头。

STEP 26 画法和前面一样。注意用圆形画王冠上面的5个圈。然后将圆的图形混合模式设为【变亮】，就可以和王冠融为一体了，如图8-2-25所示。

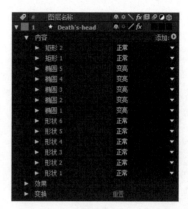

图 8-2-24   图 8-2-25

STEP 27 如图8-2-26所示将LOGO组合好，并且重组除骷髅外的其余图层，起名为"LOGO"。将重组层混合模式设为【叠加】。

STEP 28 为重组层"LOGO"应用【毛边】特效。在【边缘类型】下拉列表中将腐蚀模式设为Roughen。然后将【边缘锐度】参数设为10，【复杂度】参数设为10。在3秒位置激活【边界】参数关键帧记录器，将其设为500，如图8-2-27所示，LOGO基本上被腐蚀的没有了。在4秒位置将参数设为0，显示整个LOGO，完成LOGO的出现动画。

图 8-2-26

STEP 29 为骷髅层应用【毛边】特效。参数设置同上。在3～4秒时间内设置【边界】参数400～0的关键帧动画。效果如图8-2-28所示。

图 8-2-27   图 8-2-28

STEP 30 | 接下来以【保留所有属性移动到新合成】方式重组骷髅层。我们为骷髅制作眼睛留血的效果。
STEP 31 | 右键单击重组的骷髅层，选择【效果】>【扭曲】>【液化】。

知识点：液化

　　【液化】是个非常酷的变形特效。它可以在画面中产生涂抹、缩放、克隆等变形效果。这些效果都可以被及时记录为动画。效果很酷，使用起来也非常简单。

　　应用特效后，首先我们需要展开工具栏，选择使用的变形工具。如图8-2-29所示。选择一种工具后，在【合成】窗口中拖动画面即开始变形效果。

　　我们先来看看各种变形工具。

　　• 工具用来在画面中进行涂抹。效果如图8-2-30所示。

图 8-2-29　　　　　　　图 8-2-30

　　• 工具用来在画面产生涟漪效果。如图8-2-31所示。选择该工具后，可以调整【湍流抖动】参数，控制涟漪的幅度。

　　• 和 工具在画面中产生漩涡的效果。如图8-2-32所示。

　　• 工具在画面中产生挤压的效果。如图8-2-33所示。

图 8-2-31　　　　　　　　图 8-2-32　　　　　　　　图 8-2-33

　　• 工具在画面中产生膨胀的效果。如图8-2-34所示。

　　• 工具对画面做水平或者垂直的推挤。效果如图8-2-35所示。

图 8-2-34　　　　　　　　　　　　图 8-2-35

　　• 工具产生反射的效果。

　　• 工具产生克隆效果。

　　• 工具可以将目标区域恢复到变形前的初时效果。

　　选择变形工具后，需要在【画笔大小】参数栏中指定笔刷尺寸。【画笔压力】控制笔刷的压力，即变形对画面的影响程度。

　　如果激活【扭曲网格】的关键帧记录器，那么变形工具在画面上的操作都会自动被记录为关键帧动画。也可以通过设置【扭曲百分比】参数的动画，控制变形百分比来实现变形动画。

　　在【视图选项】卷展栏中激活【视图网格】选项，可以在画面中显示网格。实际上，变形就是通过对这些网格进行扭曲操作实现的。【网格大小】下拉列表中能够设置网格尺寸。

Chapter 08 | 综合特效2

Chapter
01

Chapter
02

Chapter
03

Chapter
04

Chapter
05

Chapter
06

Chapter
07

Chapter
08

Chapter
09

Chapter
10

⬛ STEP 32 ┃ 在【效果控件】对话框中选择 ✍ 工具，将【画笔大小】参数设为10左右，【画笔压力】设为100。将游标移动到骷髅头上，从眼睛、下巴、脸颊等边缘向下涂抹拖动，效果如图8-2-36所示。

⬛ STEP 33 ┃ 流下来的血制作完毕后，我们设置关键帧动画，产生血往下流的效果。在4秒位置激活【扭曲百分比】参数关键帧记录器，将其设为0。

⬛ STEP 34 ┃ 在影片结束位置将【扭曲百分比】参数设为120。播放动画，观看血留下的效果。

⬛ STEP 35 ┃ 现在白色的骷髅太扎眼了，和背景融合得不是很好。首先为其应用【毛边】特效。然后应用【颜色校正】特效组下的【色调】特效。如图8-2-37所示设置参数。

⬛ STEP 36 ┃ 如图8-2-38所示，现在的骷髅在整个画面中比较和谐了。

图 8-2-36

图 8-2-37

图 8-2-38

⬛ STEP 37 ┃ 接下来我们在墙壁上制作溅上的污点。这里我们使用【CC Particle World】特效来制作污点。

⬛ STEP 38 ┃ 新建一个400×400的合成，起名为"污点"。在合成中创建一个纯色层，并应用【效果】>【模拟】>【CC Particle World】特效。

⬛ STEP 39 ┃ 展开【Particle】卷展栏，在【Particle Type】下拉列表中选择【Lens Convex】。将【Brith Size】参数设为0.7，【Death Size】参数设为0。

⬛ STEP 40 ┃ 展开【Physics】卷展栏，注意【Animation】下拉列表中应该是【Explosive】方式。将【Velocity】参数设为0.6，【Gravity】参数设为0，取消重力影响。注意在【Floor Action】下拉列表中选择【None】，关闭地面网格。

⬛ STEP 41 ┃ 现在是白色的污点，我们将其变为黑色。选择【效果】>【通道】>【反转】。效果如图8-2-39所示。

⬛ STEP 42 ┃ 按"Ctrl + Alt + S"键，选择几帧效果比较好的污迹，输出为PSD文件。并将输出的文件导入项目。

⬛ STEP 43 ┃ 如图8-2-40所示，将污渍加入合成"涂鸦"，并缩放污渍使它们大小不同。将层模式设为【叠加】，并移动污渍的入点，让污渍从2秒20左右开始，每个污渍间隔5帧左右出现。

图 8-2-39

图 8-2-40

⬛ STEP 44 ┃ 到现在为止，涂鸦墙面基本制作完成了。接下来我们将其转换为三维层，制作摄像机浏览的效果。选择所有层，重组为一个新层，起名为"Graffitiwall"。并在该层上画一个蒙版，给一个较大的羽化值。让墙壁四周淹没在黑暗中。如图8-2-41所示。

▣ STEP 45 | 激活层"Graffitiwall"的三维开关。

▣ STEP 46 | 在合成中新建一个摄像机。选择摄像机工具，调整到图8-2-42所示的角度。

▣ STEP 47 | 接下来我们在墙壁上加入立体的凹凸效果。右键单击层"Graffitiwall"，选择【效果】>【风格化】>【CC Glass】。

图 8-2-41

图 8-2-42

知识点：CC Glass特效

　　【CC Glass】特效是一个利用指定的贴图做置换，从而产生立体效果的特效。它可以产生动态立体的光影变化，应用范围很广。

　　应用【CC Glass】特效后，首先需要在【Surface】卷展栏的【Bump Map】下拉列表中指定合成中的一个层作为置换贴图使用。【Softness】参数控制立体化的柔和度，数值较高的时候，会产生塑料的效果。如图8-2-43所示。

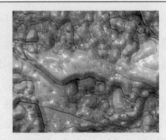

图 8-2-43

　　【Height】参数控制浮雕的高度，【Displ-acement】参数则控制置换强度。

　　【Light】和【Shading】卷展栏分别控制灯光和材质设定。和我们前面在三维部分学习的内容类似，比较简单，这里不再赘述。

▣ STEP 48 | 将【Softness】参数设为2，降低柔和度，然后将【Height】设为20，【Displacement】设为0，让画面产生比较硬的岩石效果。如图8-2-44所示。

▣ STEP 49 | 下面对灯光进行设置。展开【Light】卷展栏，在【Light Type】下拉列表中将灯光类型设为点光源【Point Light】，将【Light Height】设为15。通过降低灯光高度，减小照射范围。然后将【Light Intensity】设为200，让灯光更亮。效果如图8-2-45所示。

图 8-2-44

图 8-2-45

STEP 50 | 接下来设置灯光移动的动画。在影片开始位置激活【Light Position】参数的关键帧记录器。将X轴参数设为100，让灯光到墙壁左侧位置；在4秒位置将其设为1000，让灯光到墙壁右侧位置。

STEP 51 | 最后设置摄像机动画。激活摄像机的【目标点】和【位置】参数关键帧记录器。选择摄像机工具，让摄像机从墙壁侧面开始，由远及近，跟随箭头运动，到3秒位置时旋转至墙壁正面，并推到LOGO上。摄像机轨迹如图8-2-46所示。

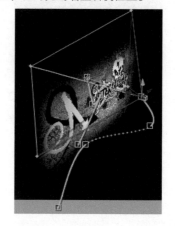

STEP 52 | 影片完成后，输出观看效果。

本节另类的涂鸦效果到这里就学习结束了。比较简单，但是有大量的手绘内容，所以说，熟练掌握图形的绘制方法是必要的。在下一课中，我们将通过一个综合性的实例，实战演练一个风格化的广告制作方法。

图 8-2-46

8.3 实例3

本例中我们来制作一则中国风的汽车广告。以汽车的运动与国画的泼墨技法结合，整个广告流畅地勾画出了一幅写意山水画，既表明了自身的中国元素，又展现出了一种气势磅礴的动感。下面，我们就模拟这段广告的效果来学习国画风格的泼墨效果是如何制作的。在本例中我们将会学习【毛边】、【S_WarpBubble】、【ReelSmart MotionBlur】、【绘画】等几个新的特效。其中【S_WarpBubble】是After Effects第三方Genarts.Sapphire插件包的特效，【ReelSmart_MotionBlur】也是第三方插件，请在制作前安装该插件。

8.3.1 分镜头1

STEP 01 | 首先来制作的一组分镜头：汽车轮子的特写部分。效果如图8-3-1所示。

图 8-3-1

STEP 02 | 将配套素材> LESSON 8> FOOTAGE >实例3中除"Movie"和"Music"文件夹下的所有素材导入项目。如图8-3-2所示。需要注意的是，在文件夹"CAR3"和"CAR4"中，分别有序列文件"CAR"和"CAR_SHADOW"，需要分别导入。

STEP 03 | 以素材"CARA"产生一个合成，将该合成改名为"分镜头1"。

STEP 04 | 在合成中新建一个深蓝灰的纯色层，起名为"背景"，放在汽车层下方。如图8-3-3所示。

图 8-3-2

图 8-3-3

STEP 05 | 如图8-3-4所示在层"背景"上画一个蒙版。然后反转蒙版，调高羽化值。注意将合成的背景颜色设为白色。

STEP 06 | 接下来就该切入本节的重点，制作泼墨效果了。新建一个纯色层，起名"墨迹"，放在汽车和背景层之间，如图8-3-5所示。

STEP 07 | 如图8-3-6所示，在层"墨迹"上创建一个蒙版路径。

STEP 08 | 右键单击层"墨迹"，选择【效果】>【Trapcode】>【3D Stroke】，应用三维描边特效。

STEP 09 | 将【Thickness】参数设为82左右，描边颜色设为黑色。展开【3D Stroke】特效的【Taper】栏，激活【Enable】选项。

STEP 10 | 下面来设置描边动画。到影片的5帧左右位置，激活【End】参数的关键帧记录器，将其设为0；到影片的结束位置，将其设为100。

STEP 11 | 接下来我们产生墨迹效果。右键单击层"墨迹"，选择【效果】>【风格化】>【S_WarpBubble】。

图 8-3-4

图 8-3-5

图 8-3-6

知识点：Genarts.Sapphire

　　Genarts.Sapphire是After Effects上一个非常有价值的插件包，在业界享有盛名。它由著名的视频特效公司GenArts出品。它扩充了多种视频合成软件的编辑能力，并收集了超过200个已掌握的图像处理和合成效果技术，为数字艺术家提供专业的视频效果工作站。

Chapter 08 | 综合特效2

Chapter
01

Chapter
02

Chapter
03

Chapter
04

Chapter
05

Chapter
06

Chapter
07

Chapter
08

Chapter
09

Chapter
10

它包括调色、变形、光效、各种艺术化风格、合成工具、时间的调整以及切换等各方面的特效工具。它弥补了After Effects自身特效的一些不足，大大扩展了After Effects的特效能力。

下面是该特效包的一些特点。

▪ 提供多达175个插件用于图像处理和合成效果；

▪ 每个插件都具有众多的选项，参数可被调整，可创作出无限变化的动画效果；

▪ 独立的分辨率、抗锯齿可以产生高品质的图像；

▪ 每个插件都拥有在线的超链接文档，提供在线支持；

图 8-3-7

▪ 支持双处理器以加快渲染速度；

▪ 支持8位、16位图像格式；

▪ 可在After Effects和Premiere Pro中使用On-screen用户界面进行可视化参数控制；

▪ 可在After Effects、Premiere Pro和Combustion中进行自由的网络渲染等。

下面是Genarts.Sapphire的部分效果。

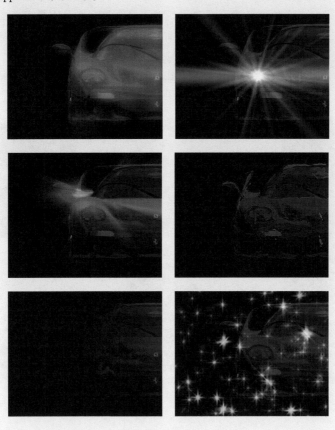

图 8-3-8

📐 STEP 12 | 【S_WarpBubble】特效可以在影片中产生随机腐蚀边缘的效果。将【Amplitude】参数设为0.19，它控制边缘腐蚀的强度。将【Octaves】设为8，以产生更为复杂的边缘。效果如图8-3-9所示。

📐 STEP 13 | 墨迹效果调整完毕，接下来我们存储这个特效，以便在后边使用，那时我们只需做简单的修改即可。单击【Save Preset】，在弹出的对话框中为特效模板起名，存储模板。如图8-3-10所示。

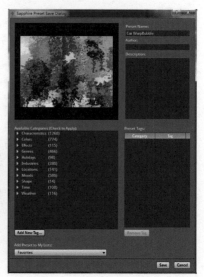

图 8-3-9

图 8-3-10

⬛ STEP 14 ┃ 下面我们对汽车的颜色进行调整，使其更符合整个影片水墨写意的意境。右键单击层 "CARA"，选择【效果】>【颜色校正】>【色相/饱和度】和【曝光度】特效，分别调整汽车的色相、降低饱和度、提高曝光强度。效果如图8-3-11所示。

⬛ STEP 15 ┃ 下面我们为汽车产生一个阴影。右键单击汽车层，选择【效果】>【透视】>【投影】。提高不透明度到80％左右，将距离调远并提高柔和度。效果如图8-3-12所示。

图 8-3-11

图 8-3-12

⬛ STEP 16 ┃ 在真实世界中，当物体快速运动的时候，会根据速度快慢产生不同程度的模糊，我们将其称之为运动模糊。而现在的影片中，汽车轮胎在高速转动的时候，并没有运动模糊现象产生，比较假，所以我们有必要为其产生一个运动模糊效果。在后期合成软件中产生运动模糊效果的工作效率要远远高于在三维软件中打开运动模糊。这也是为什么我们在渲染动画的时候没有使用运动模糊的原因。

⬛ STEP 17 ┃ 在本例中我们将通过一个插件来产生运动模糊效果。右键单击层 "CARA"，选择【效果】>【RE:Vision Plug-ins】>【RSMB】。

知识点：ReelSmart Motion Blur

这是RevisionFX出品的After Effects运动模糊效果插件，它能自动地给连续镜头增加更为自然的运动模糊效果。在它的核心使用了专有的填充和跟踪技术，因此不需要复杂的手工操作，当然也可以在需要的时候增加一些或更多的模糊效果甚至移除运动模糊。总之，可以用它创作出非常真实的运动模糊特效。

STEP 18 将【Blur Amount】参数调为1，提高运动模糊强度。如图8-3-13所示，轮胎产生运动模糊效果。注意对比左图中没有运动模糊的效果。

第一组分镜头制作完毕，在本节中比较重要的知识点就是【S_WarpBubble】特效，我们主要是利用它来产生墨迹的效果。在后边的分镜头中我们还将进一步进行学习。

图 8-3-13

8.3.2 分镜头2

本组分镜头将是汽车的正面特写，伴随半圆的泼墨效果，如图8-3-14所示。

图 8-3-14

STEP 01 以素材"CARSTILL.tga"产生一个合成，改名为"分镜头2"，长度为1秒，选择层"CARA"，将其向右移动一点。

STEP 02 切换到"分镜头1"，按"F3"键展开其【效果控件】对话框。选择特效【色相/饱和度】和【曝光度】，按"Ctrl + C"键复制。切换回"分镜头2"，选择层"CARSTILL"，按"Ctrl + V"键粘贴特效。可以看到，调色效果被应用到目标层上。如图8-3-15所示。

STEP 03 接下来在合成中新建一个灰蓝色的纯色层，起名为"背景"。并绘制图8-3-16所示的蒙版。

图 8-3-15   图 8-3-16

STEP 04 | 接下来我们来制作墨迹效果。这次和分镜头1的泼墨效果有所不同，我们需要制作一个半圆形状的墨迹书写效果。在本节中，我们将通过【S_WarpBubble】特技结合轨道遮罩，来完成最终的效果。

STEP 05 | 在【项目】窗口中选择素材"墨迹C.jpg"，拖入合成"分镜头2"，并放在汽车层和背景层之间。如图8-3-17所示。

STEP 06 | 缩小层"墨迹C"到原来的90%左右，旋转90°，移动到图8-3-18所示的位置。

图 8-3-18

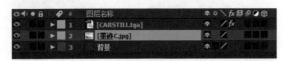

图 8-3-17

STEP 07 | 新建一个纯色层，起名为"墨迹"，放在层"墨迹C"和"背景"之间。如图8-3-19所示。

STEP 08 | 选择 工具，参照"墨迹C"的形状在层"墨迹"上绘制图8-3-20所示的蒙版路径。

图 8-3-20

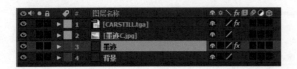

图 8-3-19

STEP 09 | 暂时关闭层"墨迹C"的显示，以方便下面的操作观察。为层"墨迹"应用【3D Stroke】特效。将颜色设为黑色，描边宽度设为115左右，羽化度到45。

STEP 10 | 在影片开始位置激活【End】参数关键帧记录器，将其设为0；在影片结束位置将【End】参数设为100。

STEP 11 | 播放动画可以看到，现在的描边效果是匀速运动，我们来产生一个变速的描边效果。先是快速描到一半多，然后慢慢完成后半段描边。这样可以增加整个影片的韵律感觉。

STEP 12 | 拖动当前时间指示器到【End】参数的70左右位置，产生一个关键帧。然后拖动该关键帧到影片的5帧位置。

STEP 13 | 接下来为层"墨迹"应用【S_WarpBubble】。在【效果控件】对话框中单击【Load Presets】，在弹出的对话框中选择刚才存储的模板。再将【Octaves】参数设为4。效果如图8-3-21所示。

图 8-3-21

STEP 14 | 下面我们使用层"墨迹C"的亮度作为蒙版对层"墨迹"的描边效果进行遮蔽。在层"墨迹"的【TrkMat】下拉列表中选择【亮度反转遮罩"墨迹C.jpg"】。效果如图8-3-22所示。

图 8-3-22

STEP 15 | 最后我们为影片加入字幕。选择 ▮ 工具，在【合成】窗口单击，输入"灵气天成"。然后选择一种符合影片风格的字体，例如隶书即可。

STEP 16 | 还是 ▮ 工具，选中"灵"字符。在【字符】面板中将该字符大小设为85左右，颜色设为红色，如图8-3-23所示。

STEP 17 | 按照相同的方法选择"气天成"三个字符，将其大小设为48左右，颜色设为灰色。

STEP 18 | 接下来为文字设置字间距动画。展开文本层的【文本】属性，在【动画】下拉列表中选择【字符间距】。

STEP 19 | 在影片的开始位置激活【字符间距类型】参数关键帧记录器，将其设为260左右；在10帧位置将其设为24左右；在影片结束位置设为16左右。

STEP 20 | 按"P"键展开文本层的【位置】属性。从影片开始到结束位置制作一个微小的水平位移动画。大概移动20像素的距离就可以了。如图8-3-24所示。

STEP 21 | 在影片的开始位置将文本层的【不透明度】属性设为0；5帧左右位置将其设为100。最后的效果如图8-3-25所示。

图 8-3-23

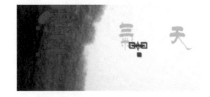

图 8-3-24

图 8-3-25

第二组分镜头到这里就制作完毕了。在本例中我们主要是应用了轨道遮罩，产生一个有型的描边效果。使用【S_WarpBubble】特效的主要目的是为了产生墨迹流动和描边时笔触末尾的不规则形状。如图8-3-26所示，左图中没有使用【S_WarpBubble】，则笔触末尾过于简单了。

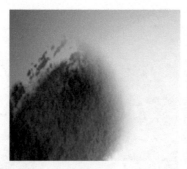

图 8-3-26

在下一节中我们将制作第三个分镜头。在这个镜头中我们将会利用素材制作水墨山水的背景，并学习时间重置的工具。稍事休息，准备下一节的学习吧。

8.3.3　分镜头3

第三个分镜头的效果如图8-3-27所示。下面我们开始学习制作。

图 8-3-27

STEP 01 以素材"CARD"产生新合成"分镜头3"。

STEP 02 切换到"分镜头1"，按"F3"键展开其效果控件对话框。选择特效【色相/饱和度】和【曝光度】，按"Ctrl + C"键复制。切换回"分镜头3"，选择层"CARD"，按"Ctrl + V"键粘贴特效。调色效果被应用到目标层上。如图8-3-28所示。

STEP 03 接下来新建一个纯色层，起名"背景"，放在汽车层下方。如图8-3-29所示绘制蒙版。

图 8-3-28　　　　　　　　　　　　　　　　图 8-3-29

STEP 04 下面我们在合成中加入水墨山水的背景。选择素材"山水.jpg"，拖入合成"分镜头3"，并将其放在层"背景下方"，缩小到如图8-3-30所示的大小。

STEP 05 在本例中我们只需要远山的效果。在层"山水"上绘制图8-3-31所示的蒙版，设置合适的柔化度，将远山以外的景物去除。

图 8-3-30   图 8-3-31

⬇ STEP 06 ┃ 为层"山水"应用【色相/饱和度】特效。激活【彩色化】选项，将色相调为群青，并降低饱和度。效果如图8-3-32所示。

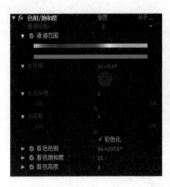

图 8-3-32

⬇ STEP 07 ┃ 现在水墨的效果还不是很浓，我们让它加重一点。选择层"山水"，按"Ctrl + D"键创建一个副本，将上方"山水"的层模式设为【叠加】。如图8-3-33所示。

图 8-3-33

⬇ STEP 08 ┃ 右键单击下方的层"山水"，为其应用【快速模糊】和【色阶】特效。降低饱和度、提高模糊度，并调整直方图使对比度加强，且整体变黑。效果如图8-3-34所示。

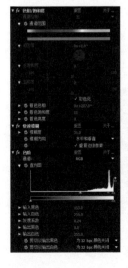

图 8-3-34

STEP 09 | 接下来制作墨迹的效果。选择素材"墨迹A.jpg"，拖入合成"分镜头3"，将其放在汽车层和背景层之间。缩小该层，移动到如图8-3-35所示的位置。

STEP 10 | 新建一个纯色层，将其大小设为350×300，选择滴管工具，吸取背景远山的浓墨颜色。起名为"墨迹"，并在【合成】窗口中将其移动到和"墨迹A"重合的位置。如图8-3-36所示。

图 8-3-35

图 8-3-36

STEP 11 | 按照上面墨迹的形状，在层"墨迹"上绘制图8-3-37所示的蒙版。

STEP 12 | 关闭层"墨迹A"的显示。将当前时间指示器移动到影片的1秒5帧位置，按"M"键展开【蒙版路径】属性，激活关键帧记录器；移动到16帧位置，修改蒙版形状，如图8-3-38所示。

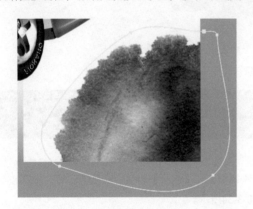

图 8-3-37

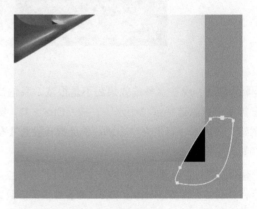

图 8-3-38

STEP 13 | 在当前时间按"Ctrl + Shift + D"键截断层"墨迹"，将前半部分删去。

STEP 14 | 下面我们为层"墨迹"应用【S_WarpBubble特效】，以产生边缘腐蚀效果。将【Amplitude】参数调为0.4左右，【Frequency】调为4.5，降低边缘复杂度。再将【Octaves】参数调为3。效果如图8-3-39所示。

STEP 15 | 对比"墨迹A"我们可以发现，现在的墨太"实"了，没有那种水乳交融的"水墨"效果。接下来我们添加一个特效，来实现墨的"水"化。右键单击层"墨迹"，选择【效果】>【风格化】>【毛边】。

图 8-3-39

Chapter 08 | 综合特效2

Chapter 01

Chapter 02

Chapter 03

Chapter 04

Chapter 05

Chapter 06

Chapter 07

Chapter 08

Chapter 09

Chapter 10

STEP 16 | 将【边界】参数设为20，增加蚀化范围；再将【边缘锐度】参数调为0，减弱边缘硬度，即增大柔化度。如图8-3-40所示。

STEP 17 | 可以发现，现在还不是我们需要的效果，虚成了一片，完全没有了笔触的细节。接下来要做的就非常简单了，在【效果控件】对话框中调转两个特效的顺序，将【毛边】放在【S_WarpBubble】之前就可以了。如图8-3-41所示。

图 8-3-40

图 8-3-41

STEP 18 | 接下来我们在层"墨迹"的【TrkMat】下拉列表中选择【亮度反转遮罩"墨迹A.jpg"】，效果如图8-3-42所示。

STEP 19 | 接下来我们对汽车进行调整。首先加入汽车的阴影。选择素材"CARD_Shadow"，将其导入合成"分镜头3"，并放在层"CARD"下方。如图8-3-43所示。

STEP 20 | 下面为汽车进行速度变化。我们可以看到，现在汽车是以匀速驶入画面的。我们需要的效果是让汽车快速驶入画面，然后突然变慢，以慢镜方式缓缓前进。

STEP 21 | 为了方便调整，我们要把汽车的车体和阴影合在一起。选择层"CARD"和"CARD_Shadow"，重组两个层，并起名为"汽车"。

STEP 22 | 选择重组层，按"Ctrl + Alt + T"键，为其应用一个【时间重映射】操作。

图 8-3-42

图 8-3-43

知识点：时间重映射

　　After Effects可以通过改变层的持续时间，改变影片播放速度，从而让影片做慢动作播放或快进播放。一般情况下，通过时间伸缩命令，就可以非常方便地改变层的持续时间，修改影片播放速度。当需要更自由的时间控制时，例如制作影片由快到慢的过渡或者瞬间加速等特效时，可以使用时间重映射技术。该工具可以拉伸、压缩、反向播放或静止层的一部分。例如反向播放调水运动员跳水镜头，可以制作运动员从水中飞出的特技。

　　选择菜单命令【图层】>【时间】>【启用时间重映射】，可以为当前层应用时间变换控制。对层应用时间变换处理后，可以在【时间轴】窗口的Graph图表对其进行精确调整，以达到复杂的加速、减速效果。

　　在【时间轴】窗口中，可以调节关键帧的播放时间，即该关键帧在哪一个时间点进行播放。时间变换通过对关键帧的时间和速率进行设置，可以对层完成拉伸、压缩、倒播和静止设置。例如将第一帧时间设为结束帧时间，将结束帧时间设为第一帧时间，则可以完成影片的倒放。

　　为层应用时间重置处理后，系统会自动打开其关键帧记录器，产生第一帧与最后一帧的关键帧。关闭关键帧记录器将删除时间变换。可以通过在影片中插入时间变换关键帧，产生复杂的运动。在关键帧导航器中添加关键帧后，系统会自动反映在其值图和速率图中。可以选择 🖉 工具，在值图曲线上单击增加关键帧。

　　时间重置在涉及速率变化时，层的原始时间将不再有效。时间重置的视频播放速度取决于时间重置帧的数量以及在发生变化的时间线上分配的时间量。例如对一帧进行静止设置，并且不增加层的持续时间，则静止帧后的素材为了在剩余的时间限制内播放完毕，必须以快于正常的速度进行播放。

STEP 23 | 可以看到，重组层上出现【时间重映射】属性，并自动在影片首尾产生两个关键帧。移动当前时间指示器到影片的1秒17帧位置，在关键帧导航栏中单击新建一个关键帧。如图8-3-44所示。

图 8-3-44

STEP 24 | 移动新建的关键帧到合成的15帧位置。如图8-3-45所示。

STEP 25 | 我们来分析一下上面的操作。我们将影片原来1秒17帧的关键帧移动到现在的15帧位置，这意味着原来长达42帧的片子现在要在15帧的时间内播完，自然就产生了快进的效果。相应的，由于关键帧的前移，意味着剩下的8帧影片现在要在35帧的时间内播完，自然就产生了慢动作效果。

图 8-3-45

STEP 26 | 下面我们来做一个加减速的调整。在【时间轴】窗口中单击 ▦ 按钮，展开【时间重映射】的图表调整界面。如图8-3-46所示显示当前的曲线。通过曲线我们也可以清晰地分析速度的变化状态。原始的曲线是一条斜向上的直线。而现在直线被分割了。角度大的地方速度就快，而角度小的地方速度就慢。如果曲线的方向向下的话，就表示产生了反向播放的效果。

Chapter 08 | 综合特效2

Chapter 01
Chapter 02
Chapter 03
Chapter 04
Chapter 05
Chapter 06
Chapter 07
Chapter 08
Chapter 09
Chapter 10

▣ STEP 27 ▏在工具栏中选择 ▪ 工具，在中间的关键帧上单击，将其转换为贝塞尔关键帧。调整贝塞尔句柄到图8-3-47所示的状态。

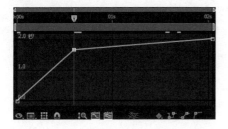
图 8-3-46

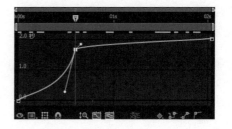
图 8-3-47

▣ STEP 28 ▏播放影片可以发现，在慢动作部分，汽车抖得比较厉害。毕竟将8帧的影片拉长到35帧，变速太厉害了。所以我们需要使用帧融合技术改善一下。

知识点：帧融合

　　当素材的帧速率低于合成的帧速率时，After Effects通过重复显示上一帧来填充缺少的帧。这时运动图像可能会出现抖动。通过帧融合技术，After Effects在帧之间插入新帧来平滑运动；当素材的帧速率高于合成的帧速率时，After Effects会跳过一些帧，这同样导致运动图像抖动。通过帧融合技术，After Effects重组帧来平滑运动。使用帧融合将耗费大量计算时间。

　　帧融合技术在制作变速的时候非常有用。但是也要注意到，它仅仅是个弥补、修饰的作用，并不是万能的。如果我们需要比较夸张的变速效果，就需要使用高速摄像机来拍摄，才能保证足够的帧率。而类似于本例中的三维动画，如果我们打算在后期进行变速处理的话，也应该在输出的时候以较高的帧速率来生成，这样在变速的时候可以保证更好的质量。

▣ STEP 29 ▏双击重组层"汽车"，打开重组层的窗口。将两个层开关面板中 ▣ 下的开关切换到 ▣ 状态下。如图8-3-48所示。

♪	#	图层名称	♠ ✿ ╲ fx 圖 ⊘ ◑ ⬡
▶	1	⬚ [CARD[0000-0050].tga]	♠ ╱ fx ⊹
▶	2	⬚ [CARD_S...000-0050].tga]	♠ ╱ ⊹

图 8-3-48

▣ STEP 30 ▏单击【合成】窗口上方的导航按钮 ［分镜头3 ◀ 汽车］，切换回"分镜头3"。

▣ STEP 31 ▏在【时间轴】窗口上方单击，激活 ▣ 开关，帧融合被打开。分镜头3制作完毕。

　　下一节中我们将制作第四个分镜头。制作方法和上面类似，但是我们需要制作多层墨迹，以产生汽车从墨迹上滑过时的效果。

8.3.4　分镜头4

　　分镜头4的效果如图8-3-49所示。

图 8-3-49

▣ STEP 01 ▏以素材"CARB"产生一个新合成，起名为"分镜头4"。

STEP 02 | 切换到"分镜头1",按"F3"键展开其【效果控件】对话框。选择特效【色相/饱和度】和【曝光度】,按Ctrl+C键复制。切换回"分镜头4",选择层"CARC",按"Ctrl+V"键粘贴特效。调色效果被应用到目标层上。

STEP 03 | 新建纯色层"背景",绘制图8-3-50所示的【曝光度】。

STEP 04 | 新建纯色层,起名为"黑色墨迹",放在汽车与背景之间。如图8-3-51所示画一条直线路径。

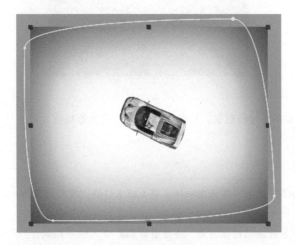

图 8-3-50

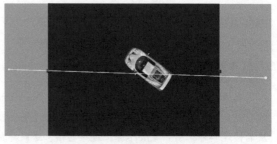

图 8-3-51

STEP 05 | 为层"黑色墨迹"应用【3D Stroke】特效。参照图8-3-52所示的参数进行设置。将颜色设为黑色,加大描边宽度、提高羽化度。

图 8-3-52

STEP 06 | 下面设置墨迹从画面右侧向左侧泼洒的动画。前面我们都是使用【3D Stroke】的【End】参数来设置描边动画的。这次我们换个方法。在影片的1秒位置,按"M"键展开【蒙版路径】属性,激活关键帧记录器;到影片开始位置,调整蒙版到图8-3-53所示的形状。

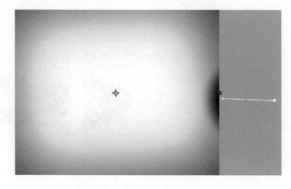

图 8-3-53

STEP 07 接下来制作墨迹效果。首先应用【毛边】特效，产生一个湿边的墨迹。如图8-3-54所示。

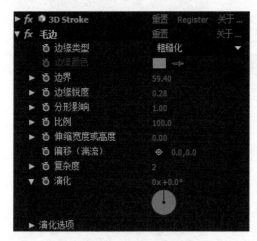

图 8-3-54

STEP 08 下面制作墨迹的硬边喷洒效果。应用【S_WarpBubble】特效，载入"墨迹"模板。效果如图8-3-55所示。

STEP 09 我们看到，汽车在墨迹上走过，应该有滑开墨迹的效果。我们还是使用上面的方法来制作。选择"黑色墨迹"，按"Ctrl + D"键创建一个副本，将处于上方的层改名为"白色墨迹"。

STEP 10 下面我们对刚才"黑色墨迹"的各种特效参数做一些修改。展开【3D Stroke】属性，将颜色改为白色，缩小描边宽度；提高【毛边】特效的蚀化宽度，具体修改参数如图8-3-56所示。

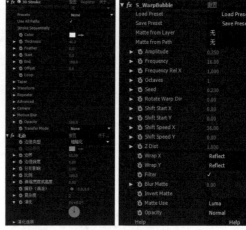

图 8-3-55

图 8-3-56

STEP 11 下面我们还需要对【蒙版路径】动画做一下调整。让描边跟着汽车的运动轨迹来走。展开层"白色墨迹"的【蒙版路径】属性，删除1秒位置的关键帧。到影片的结束位置，调整蒙版形状至图8-3-57所示。

STEP 12 接下来我们在白色和黑色墨迹的融合部分做一些灰蓝色的墨迹，让融合效果更加逼真。选择层"白色墨迹"，按"Ctrl + D"键，产生一个副本，把处于下方的层更名为"深蓝色墨迹"。如图8-3-58所示。

STEP 13 如图8-3-59所示修改3D Stroke特效参数。加大描边宽度，修改描边颜色。

图 8-3-57

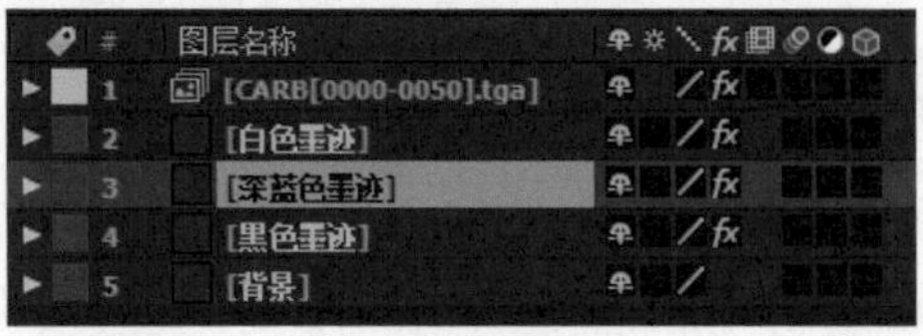

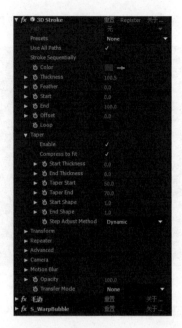

图 8-3-58

图 8-3-59

STEP 14 | 在影片结束位置对"深蓝色墨迹"的【蒙版路径】做简单的调整，让其更长一些。效果如图8-3-60所示。

STEP 15 | 墨迹效果到这里就制作完毕了。最后我们加入字幕。切换到"分镜头2"，选择文本层，按"Ctrl + C"键复制。切换回"分镜头4"，按"Ctrl + V"键粘贴文本层。

STEP 16 | 由于是从1秒长度的合成复制过来，所以文本层的时长不够。在【时间轴】窗口中拖动文本层的出点到影片结束位置，入点到影片的8帧左右位置。

STEP 17 | 对关键帧做一些调节。位置关键帧注意拉通整个影片，并根据画面做一些调整。【字符间距大小】参数也得调节一下。由于这次留给字幕的空间比较大，所以可以适当调高【字符间距大小】参数，让字间距大一些。具体参数不再赘述，根据画面构图和影片节奏调整即可。

STEP 18 | 下面修改字符内容。分别将"灵"修改为"动"，将"气天成"修改为"达天下"。如图8-3-61所示。

图 8-3-60

图 8-3-61

分镜头4制作完毕。在本节中，我们主要是通过多个墨迹层，通过修改墨迹颜色、宽度，最后产生了融合的效果。下面，我们来制作影片的最后一个分镜头，这个镜头中我们将制作水墨山水的背景，并学习手写字的制作方法。

Chapter 08 | 综合特效2

Chapter 01
Chapter 02
Chapter 03
Chapter 04
Chapter 05
Chapter 06
Chapter 07

8.3.5 分镜头5

分镜头5的效果如图8-3-62所示。

图 8-3-62

STEP 01 以PAL制新建一个合成，起名为分镜头5，时长为3秒。

STEP 02 切换到"分镜头3"，选择"背景"层、两个"山水"层，按"Ctrl + C"键复制。切换回"分镜头5"，按"Ctrl + V"键粘贴。并修改三个层的出点至影片结束。

STEP 03 接下来我们要在合成中加入汽车。在【项目】窗口中分别选择素材"CARC"和"CARC_Shadow"，按"Ctrl + Alt + G"键，在弹出的对话框中修改帧速率到99。这是为了让后面的变速效果更平滑，所以在三维软件中使用高的帧速率输出了影片。

STEP 04 选择素材"CARC"和"CARC_Shadow"，将其拖入合成"分镜头5"。按照上面几个例子的方法，复制调色特效，粘贴到层"CARC"上。

STEP 05 播放影片看看，我们需要对背景和远山做一些调整。把背景的蒙版调大一些，流出更多的白色。而远山我们需要将其缩小一点。因为远山是由两个层混合而成的，所以需要同时进行调整。这里我们有个更好的办法来进行缩小的操作。

STEP 06 从【时间轴】窗口中"山水"层的【父系】面板中单击按钮，按住鼠标左键，可以看到，出现一条连线，将它拖向上方的层"山水"。在二者之间创建一个父系关系。可以看到，下方层"山水"的【父系】下拉列表中显示上方层"山水"成为自己的父对象。如图8-3-64所示。如果【时间轴】窗口中没有显示【父系】面板，在窗口中单击鼠标右键，在弹出的菜单中选择【列数】>【父系】，打开父系关系面板。

图 8-3-63

图 8-3-64

知识点：父系关系

After Effcts允许为当前层指定一个父层。当一个层与另一个层发生父系关系后，两个层之间就会联动。父层的运动会带动子层的运动，而子层的运动则于父层无关。

父系关系要遵循一个原则，即一个父层可以拥有多个子层，而一个子层则只能有一个父层。同时，一个层既可以是其他子层的父层，又可以是一个父层的子层。越顶级的父层具有越高的支配权。凡是父层的变化属性设置，都将影响其子层的变化属性。

通过设置层的父系关系，可以进行复杂的动画设置。例如可以使一个父层自转，带动其周围的子层绕其公转。同时，每个子层又可以进行自转。这好像太阳系中行星围绕太阳公转一样。同时，还可以为每个子层再指定下一级子层，形成非常复杂的动画关系。如果将一个层指定为摄像机或灯光的父层，此时，该层的运动会影响摄像机和灯光的运动，好像【LookAt】的效果。

> 为层设置父系关系时，可以使用一个空对象。例如为摄像机或灯光指定一个目标点。空对象不在合成中渲染，但是它同样具有其变化属性。可以将空对象作为其他层的父层，并影响其他层。在【时间轴】窗口或【合成】窗口中空白区域单击鼠标右键，在弹出的菜单中选择【新建】>【空对象】，可以在合成中建立一个空对象。

STEP 07 ┃ 选择作为父层的"山水"，缩小该层并移动位置，可以看到，另一个山水层随着产生变化。注意缩小后对两个层的蒙版做一下调整。父系关系只针对【变换】属性生效，所以蒙版还得一个一个来调。

STEP 08 ┃ 展开处于下方的层"山水"，把直方图调整一下，让墨迹淡一点。如图8-3-65所示。

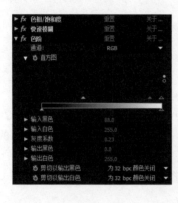

图 8-3-65

STEP 09 ┃ 下面为汽车产生变速的效果。还是和"分镜头3"一样，由快到慢。选择层"CARC"，按"Ctrl + Alt + D"键，应用【时间重映射】操作。

STEP 10 ┃ 移动当前时间指示器到影片的2秒18帧位置，在关键帧导航栏中单击新建一个关键帧。

STEP 11 ┃ 将新建的关键帧移动到合成的15帧位置，移动末尾的关键帧到合成的2秒10帧位置，产生定格的效果。

STEP 12 ┃ 单击 ▦ 按钮，打开曲线图表。如图8-3-66所示调整关键帧曲线。

STEP 13 ┃ 到影片的开始位置。选择层"CARC"

图 8-3-66

的【时间重映射】属性，按"Ctrl + C"键复制属性。选择层"CARC_Shadow"，按"Ctrl + V"键粘贴属性。

STEP 14 ┃ 可以看到，汽车的边缘出现一些白边，尤其在轮胎和阴影部分比较明显。下面我们对其进行处理。右键单击层"CARC"，选择【效果】>【遮罩】>【简单阻塞工具】，将【阻塞遮罩】设为–1，扩展蒙版，白线被挡住了。如图8-3-67所示，左图中还没有使用特效。

图 8-3-67

Chapter 08 ｜ 综合特效2

01
Chapter
02
Chapter
03
Chapter
04
Chapter
05
Chapter
06
Chapter
07
Chapter
08
Chapter
09
Chapter
10

STEP 15 ｜ 将汽车和阴影的帧融合开关 █ 打开，再打开合成的帧融合开关 █，如图8-3-68所示，可以看到产生了运动模糊的效果。这是次一级的帧融合效果，但是速度能快不少。

STEP 16 ｜ 暂时关闭合成的帧融合开关，进行下面的制作。一会儿输出影片的时候再打开它。

STEP 17 ｜ 选择素材"墨迹C.jpg"，将其从1秒位置拖入合成"分镜头5"，放在汽车阴影之下。旋转90°，并缩放、翻转、移动层到图8-3-69所示的位置。

图 8-3-68

图 8-3-69

STEP 18 ｜ 新建一个纯色层，起名为"墨迹"，将入点拖动到1秒位置，"墨迹C"的下方。如图8-3-70所示，根据"墨迹C"来绘制蒙版。

STEP 19 ｜ 关闭层"墨迹C"，为层"墨迹"应用【3D Stroke】和【S_WarpBubble】特效。如图8-3-71所示调整参数。

STEP 20 ｜ 为【3D Stroke】的【End】参数设置动画，产生描边效果。在1秒位置激活【End】参数关键帧记录器，将其设为0；2秒11帧位置设为100。

图 8-3-70

图 8-3-71

STEP 21 ｜ 在层"墨迹"的【Trk Mat】下拉列表中选择【亮度反转遮罩"墨迹C.jpg"】，效果如图8-3-72所示。

STEP 22 ｜ 墨迹的效果制作完毕。接下来我们制作手写字。选择素材"题字"，将其拖入合成"分镜头5"的2秒10帧左右，位于最顶层。在【合成】窗口中将"题字"移动到图8-3-73所示的位置。

STEP 23 ｜ 现在3秒的片长，留给手写字的效果只有不到1秒，所以看不出来什么效果。加长合成到5秒，拖动合成中所有层的出点到影片结束。

图 8-3-72

图 8-3-73

STEP 24 双击层"题字"，将其打开在【图层】窗口。在工具栏中选择画笔工具 ▨。此时会自动弹出【画笔】和【绘画】面板。下面来制作手写字效果。

STEP 25 在【绘画】面板的【持续时间】下拉列表中选择【写入】。将颜色设为红色，以方便观察。如图8-3-74所示。准备开始描边。

STEP 26 在【Brushes】面板中选择一个笔头，比原版文字略粗即可。将光标移动到文字上开始描边。这里有两种方法。

STEP 27 描绘一笔后，可以观察到，系统自动为【Stroke Options】创建【End】参数由0 %~100%的动画。动画速度由描绘的速度决定。可以在描完一笔后，移动时间指示器至其结束处，再描第二笔。依次类推，完成描红。

STEP 28 另外，我们也可以在全部描完后，再对

图 8-3-74

图 8-3-75

描绘顺序和速度进行调节。这里我们使用第二种方法。如图8-3-75所示。按照文字笔划完成描红。描红时建议放大图像以便观察。

STEP 29 可以看到，描红效果非常难看。不要着急，稍后就会解决。下面我们来调节描红的顺序和速度。

STEP 30 按"U"键展开所有笔画。可以看到，按照刚才的描红顺序，依次产生多个【画笔】。到影片开始位置。首先关闭所有【画笔】的【结束】参数关键帧记录器，取消动画效果。然后重新激活【结束】参数关键帧记录器，重新设置动画。

STEP 31 到影片10帧左右位置，将所有【结束】参数设为100 %。

STEP 32 在【时间轴】窗口中将所有【画笔】向右拖动，与层【题字】对齐。如图8-3-76所示。

图 8-3-76

Chapter 08 | 综合特效2

Chapter
01

Chapter
02

Chapter
03

Chapter
04

Chapter
05

Chapter
06

Chapter
07

Chapter
08

Chapter
09

Chapter
10

⬇ STEP 33 | 对最后一个笔画比较少的字，向前移动【结束】关键帧，缩短其描绘时间。

⬇ STEP 34 | 分别选择【画笔】，按顺序首尾相接。如图8-3-77所示。

图 8-3-77

⬇ STEP 35 | 按 ▶ 预览描红效果。满意后切换到【合成】窗口。选择层"题字.PSD"，按"Ctrl + D"键创建副本，将上方的层改名为"题字遮罩"，并删除该层上的【绘画】特效。

⬇ STEP 36 | 在层"题词"的【TrkMat】下拉列表中选择Alpha遮罩，将上方的"题字遮罩"作为遮罩使用。如图8-3-78所示。

图 8-3-78

⬇ STEP 37 | 在层"题字"的效果控件对话框中勾选【在透明背景上】选项，并应用【效果】>【生成】>【填充】特效，将其填充为黑色。效果如图8-3-79所示。

⬇ STEP 38 | 最后我们加入字幕和LOGO。选择 Ⓣ 工具，在【合成】窗口中单击，输入"新一代超级跑车F50"，如图8-3-80所示，修改字体和颜色。

图 8-3-79

图 8-3-80

⬇ STEP 39 | 为字幕设置动画。展开文本层的【文本】卷展栏。在【动画】下拉列表中选择【不透明度】，将其设为0。

⬇ STEP 40 | 在【动画制作工具】的【添加】下拉列表中选择【属性】>【缩放】和【字符位移】，将【缩放】设为1 000，【字符位移】设为50左右。如图8-3-81所示。

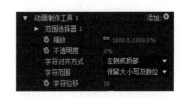

图 8-3-81

STEP 41 | 展开【范围选择器】卷展栏。在4秒位置激活【起始】属性的关键帧记录器，将其设为0；在4秒20帧左右将其设为100。如图8-3-82所示，出现字符变幻，由大向小逐个飞入屏幕的效果。

STEP 42 | 最后我们加入法拉利LOGO。选择素材"LOGO.psd"，将其拖入"分镜头5"的4秒8帧左右位置，如图8-3-83所示缩放放置，并设置淡入的动画。

图 8-3-82

图 8-3-83

所有的分镜头到这里就制作完毕了，接下来我们要对分镜头进行剪辑、串接、配乐等操作。我们将在另一个软件中来完成这些工作。这就涉及After Effects和其他软件的协调工作问题。

8.3.6　在Premiere中剪辑

Premiere Pro是Adobe公司开发的视频编辑软件，它集视、音频编辑于一身，广泛地应用在电视台、广告制作、电影剪辑等领域。

Premiere Pro可以在计算机上编辑并观看多种文件格式的电影，还可以制作用于后期节目制作的编辑制定表（Edit Decision List，EDL）。通过其他的计算机外部设备，甚至可以进行电影素材的采集，可以将作品输出到录像带、CD-ROM和网络上，或将EDL输出到录像带生产系统。

Premiere Pro提供了强大、高效的增强功能和先进的专业工具，包括尖端的色彩修正、强大的音频控制和多个嵌套的时间轴，并专门针对多处理器和超线程进行了优化，能够利用新一代基于英特尔奔腾处理器、运行Windows XP 的系统在速度方面的优势，提供自由渲染的编辑体验。

同After Effects的强大特效功能不同，Premiere Pro主要专注于影片的剪辑工作。当我们需要将大量的镜头剪切、串接的时候，使用After Effects就比较麻烦了，这时候，Premiere Pro就可以充分显示出它的优势了。

After Effects同Premiere Pro可以共享项目文件。也就是说可以在After Effects中导入Premiere Pro的项目文件，保留其中的剪辑信息。这样在做一些比较复杂的片子的时候，我们可以事先使用Premiere Pro进行剪辑，然后导入After Effects中，Premiere Pro中的每个剪辑都会变为层。

另外，Premiere Pro中也可以导入After Effects的项目文件。有两种方式导入。一种方式是在After Effects中导出Premiere Pro项目。这样在Premiere Pro中可以保留在After Effects中的剪辑信息和部分特技信息，After Effects中的每个层都是Premiere Pro的一个剪辑。但是在Premeier Pro中无法识别的特技，例如本例中的大部分插件就无法使用了。在After Effects的【文件】>【导出】>【Adobe Premiere Pro项目】命令可以输出Premiere项目。如图8-3-84所示。

图 8-3-84

另一个方式是在Premiere Pro中导入After Effects的项目，这种方法将每个合成都合并为一个剪辑，我们无法再对其中的层进行编辑修改。但是它可以识别任何在After Effects中所做的操作。一般情况下，我们在

Chapter 08 ┃ 综合特效2

Chapter
01

Chapter
02

Chapter
03

Chapter
04

Chapter
05

Chapter
06

Chapter
07

Chapter
08

Chapter
09

Chapter
10

After Effects中完成特效制作后，可以使用这种方法进行剪辑、配乐等工作。本例中就使用这种方法。注意
Premiere Pro的具体操作方法就不做详细介绍了，如有疑问请参照相关书籍。

▣ STEP 01 ┃ 关闭After Effects，启动Premiere Pro CC。

▣ STEP 02 ┃ 启动软件后，系统会提示新建或者打开一个新项目。最近编辑过的项目会显示出来。如果项目
不在列表中，可以单击【打开项目】，在弹出的对话框中找到项目并打开。

▣ STEP 03 ┃ 单击【新建项目】按钮，会弹出对话框指定存储路径和项目名称，单击【确定】进入软件。

▣ STEP 04 ┃ Premiere Pro和After Effects的工作界面比较相似。在【项目】窗口中双击，找到存储的实例文件
After Effects工程导入，经过短暂查找，弹出【导入After Effects合成】对话框。如图8-3-85所示。

▣ STEP 05 ┃ 分别选择"分镜头1"至"分镜头5"，单击【确定】按钮导入项目。注意每次只能导入一个合
成，所以需要多次导入。

▣ STEP 06 ┃ 接下来我们还需要导入其他素材。在【项目】窗口中双击，将配套素材 > LESSON 8 >
FOOTAGE > 实例3 >Movie下的"泼墨.mov"导入。

▣ STEP 07 ┃ 选择择配套素材 > LESSON 8> FOOTAGE > 实例3 >Music，单击【导入文件夹】按钮，导入
文件夹。

▣ STEP 08 ┃ 下面首先来串接镜头。同After Effects的工作流程相同，Premiere Pro首先需要创建一个【序列】
（类似于合成）以进行编辑工作。在【项目】窗口单击右键，选择【新建项目】>【序列】，弹出【新建序
列】窗口。Premiere Pro的预制设置为我们提供了常用的DV-NTSC、DV-PAL设置，并且支持数字高清影片。
如果需要自定义项目设置的话，在对话框中切换到【设置】页面中进行设置。这里我们使用DV-PAL的标准
48kHz即可。如图8-3-86所示。

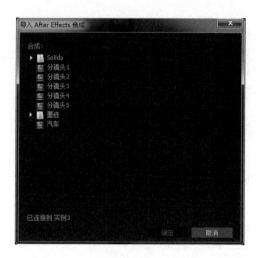

图 8-3-85

图 8-3-86

▣ STEP 09 ┃ 在【项目】窗口右键单击，选择【新建项目】>【通用倒计时片头】，新建一个倒计时素材。
将其拖入【序列】窗口的V 1轨道中。

▣ STEP 10 ┃ 仍然右键单击【项目】窗口，选择【新建项目】>【颜色遮罩】，创建一个白色的背景。将其
拖入【序列】窗口的V 1轨道中，接在倒计时素材后方。

▣ STEP 11 ┃ 接下来选择"分镜头1"，将其拖入【时间轴】窗口V 2轨道上，接在倒计时素材后方。

▣ STEP 12 ┃ 双击"泼墨.mov"，将其打开在【源】窗口。按 ▶ 按钮播放影片，到1秒位置按"O"键设置
出点。将其拖入【序列】窗口V 2轨道，接在"分镜头1"之后。

▣ STEP 13 ┃ 顺序选择"分镜头2~5"，将其拖入【序列】窗口V 2轨道，接在剪辑"泼墨"之后。注意把视
频轨道上的白色背景拉通，并和上面的影片对齐。

STEP 14 | 现在可以看到，【序列】窗口上方显示红线，播放影片会有卡顿现象，这是由于Premiere Pro现在无法实时播放影片的缘故。我们需要对影片预渲染一下。在【序列】窗口中按 "Enter" 键，计算机开始计算。

图 8-3-87

STEP 15 | 计算完毕后会发现，红线变为绿线，播放影片，现在可以流畅地实时播放了。

图 8-3-88

STEP 16 | 下面开始做配乐工作。首先将 "Music" 拖入音频轨道1。注意音乐要比片子长。把音乐的出点往回拖一点，拖到音乐结束位置。展开音频轨道可以看到波形，有助于我们直观地观察声音。将音乐的入点拖动到片子的开始部分。

STEP 17 | 接下来插入音效。首先对第一个剪辑插入发动机引擎咆哮的音效。双击素材 "CAR REWING"，在【源】窗口中打开。播放音频，在第一轮引擎声落下的地方按 "O" 键设置出点，大概在1秒09帧的位置，如图8-3-89所示，将其拖入【序列】窗口影片的开始位置。注意默认状态的序列中没有单声道的音频轨，所以我们拖入【序列】窗口会自动新建一个单声道音频轨。

STEP 18 | 接下来加入汽车驶过的音效。双击素材 "PASSING CAR"，在【源】窗口中声音起来的部分按 "I" 设置入点（2秒3帧的位置），声音落下的部分按 "O" 键设置出点（4秒8帧的位置）。如图8-3-90所示。

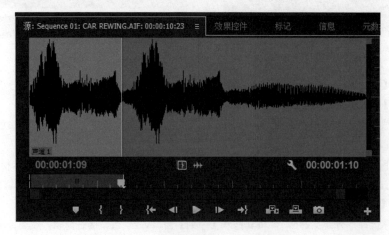

图 8-3-89

Chapter 08 | 综合特效2

Chapter 01
Chapter 02
Chapter 03
Chapter 04
Chapter 05
Chapter 06
Chapter 07
Chapter 08
Chapter 09
Chapter 10

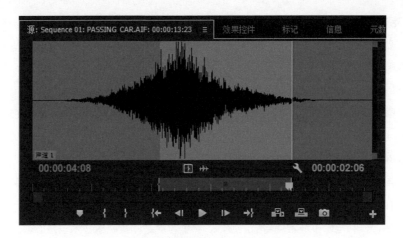

图 8-3-90

⬇ STEP 19 | 将音效拖入【源】窗口中"分镜头3"的位置。

⬇ STEP 20 | 下面加入刹车的声音。选择素材"CAR STOP",将其拖入【序列】窗口"分镜头4"的位置。

⬇ STEP 21 | 选择"CAR REWING",将其拖动道"镜头5"的位置。播放影片,观看效果。可以发现,音效声小了点,而音乐声又大了些。

⬇ STEP 22 | 注意展开音频轨道,将游标移动到音频的黄线上拖动以改变音频大小。向下拖动伴音的黄线,降低音量;向上拖动音效的黄线,增大音量。如图8-3-91所示。游标旁会显示增大或者减小的分贝。调整至满意位置。

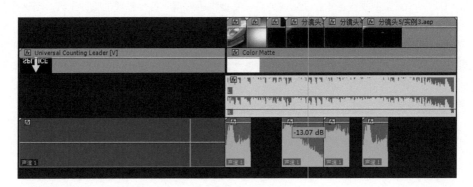

图 8-3-91

同After Effects相同,Premier Pro也可以将影片输出为多种格式,供不同平台播放。选择菜单命令【文件】>【导出】>【媒体】即可。如果需要将影片录制到磁带上,可以选择【磁带】,当然前提是录像机已经和计算机正确连接了。选择一种需要的格式输出即可。

实例3到这里就全部完成了。在本例中我们通过几个分镜头的制作,学习了几种艺术化特效的使用方法以及和Adobe Premiere Pro协同工作的方法。在实际工作中,通常需要多种软件合作完成一部片子。

8.4　本章小结

知识点1：卡通

卡通制作各种风格化的艺术效果时尤其好用。注意不同特效的组合使用,往往能够产生意想不到的效果。

知识点2：毛边

这是经常用到的特效，也是比较出效果的。而且它是After Effects自带的效果，咱们就不用去东找西找了，什么老旧效果就都靠它了。

知识点3：Genarts.Sapphire

这是很大、很全又很好用的插件组。它几乎囊括了后期处理中所有方面的特效，有了它，的确是对After Effects自身特效的一个有力补充。强力推荐。

知识点4：绘画

这是制作手写效果最常用的特效。简单、易用，且功能强大。它是日常工作中必不可少的随身工具。

知识点5：时间重映射技术

变速的效果是广告和电影中经常使用的。所以，熟练掌握时间重映射技术也是必须的。一般情况下，我们在前期拍摄的时候就要考虑后期变速的需要，拍摄一些长镜头更利于应用变速效果。而帧融合技术也是变速技术中一个不可或缺的补充。不过需要注意，帧融合也不是万能的，有时候用了还不如不用效果好，所以，要学会具体问题具体对待。

知识点6：父系关系

这是比较重要而且实用的工具。在多层的制作中，创建父系关系可以让我们的工作简单化。在父系关系无法解决的时候，我们还可以依赖表达式来创建更复杂的联系。

知识点7：和其他Adobe软件的联动

Adobe CC是一个完整的视觉艺术行业解决方案。它提供了应用于各个领域的软件工具。而这些工具中是可以无缝地紧密结合的。在视频编辑方面，和Premiere Pro以及Photoshop、Illustrator的整合对于After Effects是最为重要的；而在多媒体制作方面，与Encore的连接也为我们制作DVD和蓝光影碟提供了便利；与Flash的接口让After Effects可以参予到网络动画的工作中。总之，现在的桌面视频，已经不是单打独斗的年代了。

Chapter

09

综合特效3

本章主要讲解After Effects中的三维仿真特效，有水中的门、大海、火焰、火焰爆炸文字、数字变形人脸等。

学习重点

- 分形杂色
- 湍流置换
- 色光特效
- Element

9.1 实例1

本课将以一个简单的三维仿真实例开始我们的学习。我们将制作一扇水中的门。如图9-1-1所示。例子中的门是从照片上抠下来的，而背景的水则使用【分形杂色】来制作。我们为场景赋予摄像机和灯光，并制作动画。本例中使用的特效是【分形杂色】、【置换图】、【Trapcode Shine】、【CC Light Wipe】。

图 9-1-1

STEP 01 | 新建一个5秒的720×576合成，起名为"三维场景"。

STEP 02 | 在【项目】窗口双击，导入配套素材 > LESSON 9 > FOOTAGE >中的素材"clound.mov"和"Vestige.psd"。

STEP 03 | 将"clound"和"Vestige"导入合成。

STEP 04 | 可以注意到，素材"Vestige"有一些没有抠除干净的白边，我们通过对Alpha通道做收缩来移去白边。右键单击层"Vestige"，选择【效果】>【遮罩】>【简单阻塞遮罩】，将【阻塞遮罩】参数设为2，观察【合成】窗口，白边被收缩祛除了。

STEP 05 | 选择 ✏ 工具，按照门的形状，为云层绘制蒙版。如图9-1-2所示。

图 9-1-2

STEP 06 | 复制层"Vestige"，按"S"键展开【缩放】属性，将Y轴参数设为–100。反转复制层，并将其改名为"Reflect"，移动到最下层。注意调整参数前取消长宽比连接。

STEP 07 | 激活三个层的三维开关，并移动层"Reflect"到图9-1-3所示的位置，两个门的边缘交替，呈反射效果。最后将层"Reflect"和"Cloud"都链接到层"Vestige"，作为该层的子物体存在。

STEP 08 | 接下来我们制作水面效果。新建一个纯色层，起名为"Water"，大小为2 000×2 000。

STEP 09 | 激活层"Water"的三维开关，选择 🔄 工具沿X轴将其旋转90°，并移动到门的交接处。如图9-1-4所示。

STEP 10 | 反转层后可以发现，反射的门被挡住了。将层"Water"的层模式设为【屏幕】，显示反射层。

STEP 11 | 在合成中新建一个35mm摄像机。

Chapter 09 ｜ 综合特效3

Chapter **01**
Chapter **02**
Chapter **03**
Chapter **04**
Chapter **05**

STEP 12 右键单击层"Water"，选择【效果】>【杂色和颗粒】>【分形杂色】。效果如图9-1-5所示。

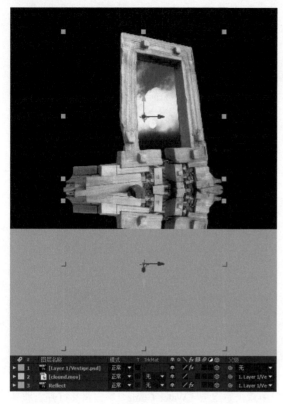

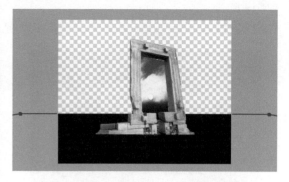

图 9-1-4

图 9-1-3

图 9-1-5

STEP 13 为水波制作动画。激活【演化】属性的关键帧记录器，在5秒位置将其旋转2圈。

STEP 14 现在的水面还很简陋，不是非常逼真。下面我们做进一步的修饰。在合成中新建一个调整图层，右键单击该层，选择【效果】>【扭曲】>【置换图】。

STEP 15 在【置换图层】下拉列表中指定层"Water"作为置换层，但是会发现好像没有什么效果。这是因为【置换图】无法识别应用到置换层上的特效，以及置换层的【变换】属性等变化。所以我们首先需要将层"Water"重组。

STEP 16 选择层"Water"，按"Ctrl + Shift + C"键，选择【将所有属性移动到新合成】，重组该层。

STEP 17 可以发现，重组后的层不受摄像机的控制了。激活重组的【折叠变换开关】 ❄ ，读取重组层的原始参数。如图9-1-6所示。

STEP 18 切换到调整图层的【效果控件】对话框，将【最大水平置换】和【最大垂直置换】参数调高到30左右，观察【合成】窗口，水中的倒影随水波扭曲了。如图9-1-7所示。

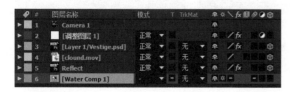

图 9-1-6

图 9-1-7

STEP 19 | 还是有问题，水面上的门也被扭曲了。将调整图层移动到层"Reflect"和"Vestige"之间。如图9-1-8所示。

STEP 20 | 接下来在场景中创建一个点光源渲染气氛，将灯光设为紫色。如图9-1-9所示。

图 9-1-8

图 9-1-9

STEP 21 | 光线有点暗了，提高强度，展开【灯光选项】卷展栏，将【强度】参数设为150。如图9-1-10所示。

STEP 22 | 接下来把水面的反光提高。在【项目】窗口中双击重组层"Water Comp 1"，将其打开。展开层"Water"的【材质选项】卷展栏，将【镜面强度】参数设为100。效果如图9-1-11所示。

STEP 23 | 接下来我们在影片中制作门内发出的光。选择层"Clound"，首先将其重组，并激活【折叠变换开关】。

STEP 24 | 右键单击重组层"Clound"，选择【效果】>【Trapcode】>【Shine】。

STEP 25 | 首先展开【Colorize】卷展栏，在【Colorize】下拉列表中选择【One Color】，将颜色设为淡紫色，【Base On】设为【Alpha】。

STEP 26 | 提高光线强度，将【Boost Light】参数设为2。再展开【Shimmer】参数，将【Amount】设为100，【Detail】设为100，让光线效果更加清晰。最后在【Transfer Mode】下拉列表中将光线混合模式设为【Add】。效果如图9-1-12所示。

图 9-1-10

图 9-1-11

图 9-1-12

STEP 27 | 下面为光线设置由无到有的动画。到4秒位置，激活【Ray Length】和【Boost Light】参数的关键帧记录器。

STEP 28 | 到3秒位置时，将上面两个参数均设为0。

Chapter 09 | 综合特效3

Chapter
01

Chapter
02

Chapter
03

Chapter
04

Chapter
05

Chapter
06

Chapter
07

Chapter
08

Chapter
09

Chapter
10

STEP 29 光线发射的动画制作完成，下方水面也应该由于光线的照射而变亮。展开灯光的【灯光选项】卷展栏，在3秒位置激活【强度】参数关键帧记录器，在4秒位置将其设为300。播放动画观看效果，水面亮度随光线而变化。如图9-1-13所示。

图 9-1-13

STEP 30 下面来制作摄像机移动的动画。让摄像机由远及近推上去。

STEP 31 展开摄像机【变换】属性，激活【目标点】和【位置】属性关键帧记录器。

STEP 32 选择摄像机工具。如图9-1-14所示设置运动路径。

STEP 33 切换回【当前摄像机】窗口。播放影片，观察摄像机移动的轨迹，从3秒位置开始激活【Shine】特效的【Source Point】参数关键帧记录其。修改【Shine】特效的效果点位置，为其制作从左至右光线扫射的效果。如图9-1-15所示。

STEP 34 随着光线的变动，灯光也应该随之变动。在3秒位置激活灯光的【位置】属性关键帧记录器。设置水平移动动画，注意和光线扫射方向同步即可。

图 9-1-14

STEP 35 播放动画时我们发现，水面的倒影过于均匀了。如图9-1-16所示，真正的水面不是这样的。

图 9-1-15　　　　　　　　　　　　　　　　图 9-1-16

STEP 36 下面我们制作由上至下的渐变过渡。为层"Reflect"创建一个矩形蒙版，仅保留靠近水面的区域，并给定一个较高的羽化值，大约200。效果如图9-1-17所示。

STEP 37 最后我们在影片中加入字幕。选择 **T** 工具，在合成中单击，输入字符；并激活三维开关，将其移动到门前。如图9-1-18所示。

图 9-1-17   图 9-1-18

▶ **STEP 38** ┃ 下面制作字幕出现的动画。字幕由一束光线扫出。这里使用CC特效组的扫光切换来完成效果。右键单击字幕层，选择【效果】>【过渡】>【CC Light Wipe】。

知识点：CC Light Wipe特效

　　CC Light Wipe特效专门制作字幕扫光切换效果。它可以制作圆形、矩形或者门形的扫光效果。在【Shape】下拉列表中可以选择切换方式。如图9-1-19所示。

图 9-1-19

　　【Complection】控制切换的百分比。大部分切换特效都以百分比来控制切换的过程。
　　【Center】参数控制光线开始的位置。【Intensity】则控制光线强度。【Direction】可以旋转切换角度。【Color】栏中用于指定光线颜色。激活【Color from Source】，光线根据素材决定其颜色。【Reverse Transition】选项可以反转切换效果。

▶ **STEP 39** ┃ 在【Shape】下拉列表中选择【Doors】，将Direction设为90，激活【Reverse Transition】选项。
▶ **STEP 40** ┃ 在1秒左右位置，激活【Completion】参数关键帧记录器，将其设为100；在2秒左右位置，将其设为0。
▶ **STEP 41** ┃ 下面为文本制作一个倒影。复制文本层，并改名为"Reflect Text"。按"S"键打开【缩放】属性，取消长宽比联结，将Y轴参数设为-100，沿Y轴向下拖动层到图9-1-20所示的位置。
▶ **STEP 42** ┃ 在【时间轴】窗口中将层"Reflect Text"移动到调整图层下方，使其随水波产生变形。效果如图9-1-21所示。影片到这里就全部制作完成了。

　　本例比较简单，通过对几个特效组合使用，就产生了神秘、酷炫的魔幻效果。例子中比较重要的是【分形杂色】和【置换图】两个特效的组合。【分形杂色】产生水波纹，【置换图】产生变形，再加上灯光的设置，就产生了逼真的水波效果，这不需要任何素材。而重组和塌陷开关的使用也需要注意，这是合成中经常使用的技巧。在下一节，我们将利用插件制作更加逼真的海洋世界。

Chapter 09 | 综合特效3

Chapter
01

Chapter
02

Chapter
03

Chapter
04

Chapter
05

Chapter
06

Chapter
07

Chapter
08

Chapter
09

Chapter
10

图 9-1-20

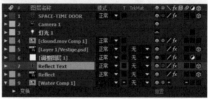

图 9-1-21

9.2　实例2

本例将利用插件来制作大海。效果如图9-2-1所示。我们让摄像机从海面摇向海底。

图 9-2-1

一般情况下，看到上图所示的效果，我们一定想到的是使用3ds Max、MAYA等三维软件进行制作的。实际上，在After Effects中通过使用插件，我们也可以制作真实的海洋效果。下面，我们开始学习制作方法。本例使用的插件是Psunami。这是一个专门制作海景的插件，效果相当真实。制作前请安装插件。

STEP 01 | 新建一个合成，起名为"SEA"，大小为720×576，时间为5秒。

STEP 02 | 新建纯色层，与合成大小相同。

STEP 03 | 右键单击纯色层，选择【效果】>【Red Glint Psunami】>【Psunami】。

STEP 04 | 应用特效后，自动产生了海景效果。如图9-2-2所示。下面根据影片需要做一些设置。

图 9-2-2

STEP 05 在图9-2-3所示的【Preset】下拉列表中，选择【Stormy Seas】>【In a Blue Fog（RCAP）】。
单击旁边的【GO!】按钮，画面产生波涛起伏效果。

图 9-2-3

知识点：Psunami

　　【Psunami】提供了大量的预制模板，在【PRESET】下拉列表中选择即可。预制效果共有12大类，每一类下面还有分类效果。下面对常用的预制效果做一个简单的介绍。

- 【Atmospherics】：大气效果，用来控制基本的效果和天气。图9-2-4为部分效果演示。
- 【Bright Day】：该列表为阳光和月光设置。如图9-2-5所示。

Aruora Borealis　　　　Moon Smoke　　　　　　Up On High　　　　Sunny Sunday

　　　　图 9-2-4　　　　　　　　　　　　　　　　　图 9-2-5

- 【Depth Levels（R）】：摄像机深度设置，设置近点和远点。
- 【Grayscale Levels】：灰度级别，控制海浪的幅度。
- 【Landscapes】：产生另类的风景效果。如图9-2-6所示。
- 【Luminance】：该列表设置色彩和亮度。
- 【Night】：该列表为夜色效果。如图9-2-7所示。

　　Sand Dunes　　　　　　Arctic　　　　　　　　Blue Moon　　　　Martian Moonrise

　　　　图 9-2-6　　　　　　　　　　　　　　　　　图 9-2-7

- 【Stormy Seas】：该列表为暴风雨的海面效果。
- 【Sunrise-Sunset】：该列表为日出和日落效果。如图9-2-8所示。

- 【Time of Day】：该列表以一天的不同时间来产生效果。如图9-2-9所示。

Big Gold Sunset

Mystic Red

6:10 AM

12:00 Midday

图 9-2-8

图 9-2-9

- 【Under Water】：该列表为水下世界效果。如图9-2-10所示。
- 【Weird】：该列表是日光和月光效果。如图9-2-11所示。

Carribbean

Eening Snorkel

Golden Explosion

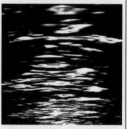
Reflect of Fire

图 9-2-10

图 9-2-11

　　各种定制的特效是可以独立或组合使用的。例如，使用【Big Gold Sunset】的大气和【In a Blue Fog】的波涛组合。效果如图9-2-12所示。

　　在应用定制效果前，首先在【PROPERTY】列表中选择应用效果的目标范围。默认情况下是【All】，而在我们上面的粒子中，则首先全部使用【Big Gold Sunset】效果，然后指定【Primary Waves】使用【In a Blue Fog】，最后还得选择【Camera】使用【Big Gold Sunset】效果的摄像

图 9-2-12

机。利用这两个组合，我们可以轻易地产生各种类型的海景效果。而我们自己定制的特效也可以选择【Save】栏进行存储，以供下次使用。

　　【Render Options】卷展栏主要是对渲染的一些设置，例如渲染目标、渲染模式等的使用。

　　对于渲染目标来说，我们一般选择【Render What】下拉列表中的【Both Air and Water】，渲染全部场景，包括大气和水面。当然，在调试中或者有特殊需要的时候，也可以仅渲染其中的某项。

　　【Render Mode】下拉列表中可以选择各种渲染模式。我们可以将画面渲染为线框、纹理、灰度图、深度图或者代光线追踪的效果等。其中【Too Realistic（RTM）】效果最佳，当然速度也最慢。一般情况下，在调试过程中我们可以使用【Wireframe】和【Texture】加快速度，最终渲染使用【Too Realistic（RTM）】。当然，也不是所有效果都使用【Too Realistic（RTM）】，我们还是要根据画面效果来选择使用。另外，由于这个特效速度比较慢，所以建议在制作过程中经常使用【Quarter】方式来提高刷新速度。

　　【Image Map】下拉列表中可以指定合成中的层来影响海景效果。

【Camera】下拉列表是对摄像机的控制，我们在这里制作摄像机移动动画。

【Air Optics】对大气做一些设置，例如光芒的强度、位置等，还可以为海景添加彩虹；【Ocean Optics】对海面的反光、颜色做调整；【Primary Waves】则控制波纹的尺寸、速度、平滑度等。

【Light】可以分别选择照明对象，我们可以分别对海面、天空进行照明，也可以同时照亮二者。

STEP 06 | 现在的场景太暗了，首先我们提高场景亮度。展开【Light 1】卷展栏，将【Light Elevation】设为60°，该参数控制灯光仰角，效果如图9-2-13所示，场景变亮。

STEP 07 | 接下来我们通过对摄像机进行动画，来产生从海面到海底的效果。在【时间轴】窗口中展开【Psunami】特效的【Camera】卷展栏，激活【Elevation】和【Tilt】参数的关键帧记录器。这两个参数控制摄像机的仰角和倾斜度。

STEP 08 | 到影片的3秒位置，将【Elevation】设为30，【Tilt】设为75。如图9-2-14所示，摄像机移动到海平面以下。

图 9-2-13

图 9-2-14

STEP 09 | 现在的海底太黑了，我们将海水颜色改一下。展开【Ocean Optics】，将【Index of Refraction】设为1.02，减小海水折射值。再将【Water Color】设为淡蓝色，效果如图9-2-15所示。

STEP 10 | 播放影片可以发现，海面的浪小了点，但是海底浪又太大了。这里我们通过关键帧来控制效果。移动到海面和海底交接的地方，在海面的画面时候激活【Primary Waves】卷展栏的【Wind Speed】参数关键帧记录器，将其设为50，提高风速。效果如图9-2-16所示。注意在【Ocean Complexity】选为【Video Detail】。

图 9-2-15

图 9-2-16

STEP 11 | 将时间指示器向后移动，观察画面，到海底的位置将【Wind Speed】参数调为5。由于波浪高度的变化，可能在调整后海平面上下会有一些变化，注意移动关键帧的位置，调整画面效果到满意为止。效果如图9-2-17所示。

STEP 12 | 观看前半段影片，可以发现，海面的雾太浓了，海面也没有光感。展开【Air Optics】卷展栏，将【Haze Visibilty】参数设为0.8，降低雾的浓度。

STEP 13 | 海面的反射效果还差一些。把时间指示器移动到海平面上下交接的地方。在海底的时候激活【Ocean Optics】卷展栏的【Index of Refraction】参数关键帧记录器，记录海底的折射率。向前移动时间指示器到海面为主，将该参数设为1.3，提高海面的折射率。效果如图9-2-18所示。

Chapter 09 | 综合特效3

Chapter
01

Chapter
02

Chapter
03

Chapter
04

Chapter
05

Chapter
06

Chapter
07

Chapter
08

Chapter
09

Chapter
10

图 9-2-17

图 9-2-18

STEP 14 下面对波纹细节做一个设定。波纹细节并不是越多效果就会越好，我们要根据具体需要的效果进行设置。将【Fine Grid Size】参数设为1，效果如图9-2-19所示，这样在保持较好效果的同时可以加快刷新速度。我们在调节过程中也可以先降低该参数，待输出时再调高，以提高工作效率。

海景效果就做到这里，这个实例是对单个特效的学习。像【Psunami】这类的特效，虽然没有前面所讲的那些特效使用频繁，但是一旦需要这种效果时，可就帮了大忙。尤其对那些不会使用三维软件的读者尤其重要。在下一节中，我们将组合多种特效制作火焰效果。

图 9-2-19

9.3 实例3

水做完接下来就是火了，都是对自然界的模拟。After Effects有不少做火焰效果的插件，但是在这个实例中我们不使用插件，完全用After Effects自带的特效进行制作。通过对各种特效的组合使用，我们来模拟一个不错的火焰文字效果。如图9-3-1所示。

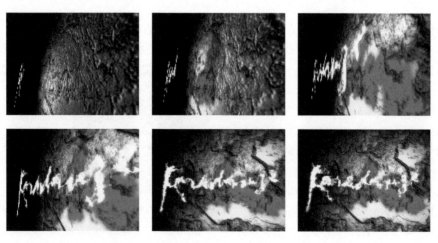

图 9-3-1

本例中使用的特效包括【描边】、【快速模糊】、【湍流置换】、【分形杂色】、【置换图】、【发光】、【CC Glass】。

STEP 01 ┃ 新建一个720×576的合成，时长5秒。

STEP 02 ┃ 导入配套素材> LESSON 9 > FOOTAGE >中的素材"Karadanze.eps"和"Textrue.jpg"。

STEP 03 ┃ 在合成中新建一个纯色层，起名为"Stroke"。在【项目】窗口中将"Karadanze.eps"拖入合成，并放大到满屏，注意激活塌陷开关。如图9-3-2所示。

STEP 04 ┃ 接下来选择 🖋 工具，在层"Stroke"上根据上面的文字形状从左至右绘制Mask。如图9-3-3所示。绘制完成后关闭"Karadanze"的显示开关。

图 9-3-2   图 9-3-3

STEP 05 ┃ 右键单击层"Stroke"，选择【效果】>【生成】>【描边】。

知识点：【描边】特效

　　【描边】是After Effects自带的描边特效，沿指定的路径产生描边效果。虽然功能没有我们前边学习的3D Stroke那么强大，但是应付一般的描边效果足够了，而且相比3D Stroke来说，它的调节更加简单、方便。

　　在【路径】下拉列表中选择用于产生描边效果的路径。该路径可以是开放的，也可以是封闭的。如果当前层包括多条路径。可以激活【所有蒙版】选项，系统将为所有路径描边。如果激活【起始】或【结束】关键帧记录器，可以记录描边动画。也可以选择【顺序描边】选项，系统将根据路径在合成图像中的排列顺序进行描绘，从排列在最上层的路径开始，一直到排列在最底层的路径结束。如果关闭【顺序描边】选项，则系统对所有路径同时开始描边动画。

　　【颜色】指定描边颜色；【画笔大小】控制描边笔触的尺寸；【画笔硬度】控制描边笔触的软硬效果；【不透明度】控制描边笔触的不透明度；【起始】为笔触描边的出发点，【结束】为笔触描边的结束点；【间距】控制笔触段的间距；【绘画样式】指定笔触的应用对象。选择【在原始图像上】，将笔触效果建立在源图像之上。选择【在透明背景上】，将笔触效果应用到透明层。

STEP 06 ┃ 激活【所有蒙版】选项。在【绘画样式】下拉列表中选择【在透明背景上】。拖动【结束】参数可以观察描绘过程。通过对该参数设置关键帧来产生描边动画，在0秒将其设为0，3秒设为100。

STEP 07 ┃ 在【时间轴】窗口中，层"Stroke"的TrkMat下拉列表中选择【Alpha 遮罩 "Karadanze.eps"】作为遮罩。如图9-3-4所示。

STEP 08 ┃ 切换到层"Stroke"的【效果控件】对话框，将【画笔大小】设为19左右，加粗笔画。可以在【合成】窗口中观察到描边效果被约束在遮罩

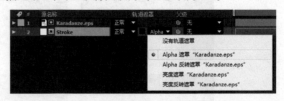

图 9-3-4

范围内。如图9-3-5所示，注意播放影片，看到有溢出的笔触可以调整蒙版路径来解决。

STEP 09 ┃ 描边效果制作完毕，选择两个层，按"Ctrl + Shift + C"键，重组层，并起名为"Stroke"。

STEP 10 ┃ 接下来我们开始制作火焰。首先为重组层"Stroke"应用模糊特效，扩大火焰范围。然后选择【效果】>【模糊和锐化】>【快速模糊】。最后将【模糊度】参数设为10左右即可。如图9-3-6所示。

图 9-3-5

图 9-3-6

STEP 11 右键单击重组层"Stroke",选择【效果】>【扭曲】>【湍流置换】。

知识点:【湍流置换】特效

　　【湍流置换】特效产生一个躁动的置换效果。它是用来表现火焰、水波或者烟雾等扭曲变形效果的不二之选。

　　【置换】下拉列表中可以选择置换的方式。选择一种置换方式后,通过【数量】参数控制置换强度,数值越高,效果越强烈。而【大小】参数可以控制置换的尺寸。

　　【偏移】参数控制躁动的偏移位置。而【演化】参数控制躁动的相位。这两个参数动画都可以产生躁波的动画。

　　【复杂度】参数控制置换的复杂度。在【固定】下拉列表中可以选择躁动后图像边缘的处理方式。【消除锯齿】下拉列表设置抗锯齿质量。

STEP 12 首先将【数量】设为100,提高火焰效果强度;将【大小】设为4,出现火苗效果。然后将【复杂度】设为5,增加细节。最后设定火焰动画。激活【偏移】关键帧记录器,在0秒位置将其拖动到合成的最下方;在5秒位置将其拖动到屏幕中央。播放动画可以发现,火焰效果已见雏形。

STEP 13 下面为火焰添加更多的细节。首先我们来创建一个置换贴图。新建一个纯色层,并应用【分形杂色】特效。

STEP 14 在【分形类型】下拉列表中选择【动态扭转】。提高对比度,将【对比度】设为300。在0秒位置激活【子位移】参数关键帧记录器,在5秒位置将参数设为(0,-180),产生火苗燃烧的效果,如图9-3-8所示。

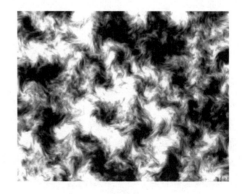

图 9-3-7

图 9-3-8

STEP 15 以【将所有属性移动到新合成】方式重组纯色层,并起名为"DisplaceMap"。然后关闭显示开关。

STEP 16 右键单击重组层"Stroke",为其应用【置换图】特效。在【置换图层】下拉列表中选择层"DisplaceMap"作为置换层。在【用于垂直置换】下拉列表中选择【明亮度】,以图的亮度通道进行置换。再将【最大水平置换】设为0,不在水平方向置换。再将【最大垂直置换】设为–20左右,加大垂直方向的置换效果。如图9-3-9所示。

STEP 17 接下来我们为火焰赋予颜色。火焰的颜色比较复杂,所以用简单的调色是无法得到的。这里我们使用【色光】特效重新映射颜色来得到火焰效果。右键单击重组层"Stroke",选择【效果】>【颜色校正】>【色光】。

图 9-3-9

知识点:【色光】特效

　　【色光】特效以渐变色进行平滑的周期填色,并映射到原图上。【色光】是一个非常出色的图像控制特效。因为可以自己手动调出无数种渐变可能,也就为影片的色彩方向带来无数种可能。如图9-3-10所示,即为着色映射为金属质感的狮子。

图 9-3-10

　　首先需要在【输入相位】参数栏中,对渐变映射的节拍进行设置。展开卷展栏,可以对其下的参数进行设置。在【获取相位,自】下拉列表中可以选择以图像的何种元素产生渐变映射;【添加相位】下拉列表允许指定合成中的一个层产生渐变映射;【添加相位,自】下拉列表中需要为当前层指定渐变映射的添加通道;当在【添加相位】下拉列表中指定一个渐变映射层后,需要在【添加模式】下拉列表中选择渐变映射的添加模式。

　　【输出循环】参数卷展栏可以对渐变映射的样式进行设置。在【使用预设调板】下拉列表中,After Effects 提供了多达33种方式的渐变映射效果。从标准的颜色循环到模拟真实的金属质感,可以对图像进行随意的创造性加工;当选择一种渐变映射效果后,可以在【输出循环】栏中进行进一步的调整。该栏包括一个色轮和一个色条。色轮决定了图像中渐变映射的颜色。在色轮上拖动三角形的颜色块,可以改变颜色的面积和位置。在色轮的空白区域单击,会弹出颜色设置对话框,可以选择颜色,在色轮上添加新的颜色控制。同样,双击颜色控制块,也可以在弹出的颜色设置对话框中改变颜色。如果要删除颜色控制,只需要将其拖离色轮即可。颜色控制的另一头所连接的色条控制颜色的不透明度。可以拖动不透明度控制块,更改颜色的不透明度。【循环重复次数】控制渐变映射颜色的循环次数。注意不要将其设为0,但也不要将该参数设置过高。取消【插值调板】选项,系统以256色在色轮上产生渐变映射。

　　展开【修改】卷展栏,可以对渐变映射效果进行修改。【修改】下拉列表中需要指定渐变映射如何影

Chapter 09 | 综合特效3

Chapter
01

Chapter
02

Chapter
03

Chapter
04

Chapter
05

Chapter
06

Chapter
07

Chapter
08

Chapter
09

Chapter
10

响当前层。选择【无】，则层不产生渐变映射。

　　展开【像素选区】卷展栏，可以指定渐变映射在当前层上所影响的像素范围。可以在【匹配颜色】栏中指定当前层上渐变映射所影响的像素范围。在【匹配容差】栏设置像素容差度。容差度越高，则会有越多与选择像素颜色相似的像素被影响。【匹配柔和度】栏可以为选定的像素设置柔化区域，使其与未受影响的像素产生柔化的过渡。最后需要在【匹配模式】下拉列表中选择指定颜色所使用的模式。注意，选择【关】选项时，系统会忽略像素匹配，影响整个图像。

　　【蒙版】下拉列表中可以为当前层指定一个遮罩层。系统会根据在【蒙版模式】下拉列表中指定的蒙版方式，为当前层应用一个蒙版，以确定渐变映射效果的影响范围。

　　【与原始图像混合】用于合成转化后的图像与转化前的图像，应用淡入淡出效果。

STEP 18 | 注意在【获取相位，自】下拉列表中选择【Alpha】，将颜色映射源设为当前层的Alpha通道。如图9-3-11所示。

STEP 19 | 指定映射来源后，我们来设置映射效果。展开【输出循环】卷展栏，在【使用预设调板】下拉列表中选择预制的【火焰】映射效果。如图9-3-12所示。

图 9-3-11

图 9-3-12

STEP 20 | 设置映射后，我们可以看到，火焰效果已经基本完成。如图9-3-13所示。

STEP 21 | 最后我们为层"Stroke"应用【发光】特效，并降低【发光强度】参数到0.5左右，火焰被加亮，现在的火焰效果已经相当逼真了，如图9-3-14所示。

图 9-3-13

图 9-3-14

STEP 22 | 火焰的效果制作完成，接下来我们制作背景，并且完成火焰照亮背景的动画设置。

STEP 23 | 在【项目】窗口中选择素材"Textrue.jpg"导入合成，放在最底层。

STEP 24 | 右键单击层"Textrue"，选择【效果】>【风格化】>【CC Glass】。

STEP 25 | 将【Softness】参数设为2，降低柔和度，将【Height】设为5，【Displacement】设为0，让画面产生比较硬的岩石效果，如图9-3-15所示。

STEP 26 下面对灯光进行设置。展开【Light】卷展栏，将【Light Color】设为黄色，这是由于火焰照亮背景应该是金色的光芒。在【Light Type】下拉列表中将灯光类型设为【Point Light】。再将【Light Height】设为10。通过降低灯光高度，减小照射范围。

图 9-3-15

STEP 27 接下来我们要根据火焰字描边燃烧的效果，对灯光位置做从左至右的动画，产生背景被照亮的效果。在做这些之前，首先将层"Textrue"和"Stroke"转换为三维层，并新建摄像机，调整到如图9-3-16的角度即可。注意将层"Textrue"放大到200%，并将层"Stroke"向前（Z轴）移动一些，在两个层之间产生距离。

STEP 28 现在岩石背景边缘太硬，为层"Textrue"创建蒙版，并调整高羽化值到200左右，如图9-3-17所示。

图 9-3-16

图 9-3-17

STEP 29 下面来设置灯光动画。切换到层"Textrue"的效果控件对话框，激活【Light Position】属性的关键帧记录器，在0～3秒设置灯光从左至右的移动动画。注意和火焰的燃烧范围同步。

STEP 30 现在可以发现，背景过亮了，所以灯光局部照亮的效果还不是很明显。下面我们对材质做一个调节，让灯光以外的地方变暗。将【Ambient】设为0，关闭环境光。再将【Diffuse】设为100，加强照明效果。然后将【Metal】设为0，【Roughness】参数设为0.1。效果如图9-3-18所示。

STEP 31 播放动画观看效果，可以发现，灯光从左至右滑过的效果虽然有了，但是火焰燃烧的地方应该始终照亮，而不该变暗，如图9-3-19所示。所以，我们还需要对照射范围设置动画，使其越来越大。在0秒位置激活【Light Height】参数关键帧记录器，在3秒位置将该参数设为60。

图 9-3-18

图 9-3-19

Chapter 09 ｜ 综合特效3

Chapter
01

Chapter
02

Chapter
03

Chapter
04

Chapter
05

Chapter
06

Chapter
07

Chapter
08

Chapter
09

Chapter
10

STEP 32 ｜ 火焰照射在岩石上应该产生加亮的效果。为层"Textrue"应用【Gow】特效，如图9-3-20所
示。岩石被火焰照亮并发光。

STEP 33 ｜ 现在的火焰黑边感觉很不舒服。选择层"Stroke"，将其层模式设为【叠加】，效果如图9-3-21
所示。

图 9-3-20

图 9-3-21

STEP 34 ｜ 下面我们为火焰产生投影。新建一盏灯，
聚光灯或者点光源都可，我们仅用它产生投影。

STEP 35 ｜ 新建灯光后可以发现，文字和背景层
均受到灯光的照射。分别展开这两个层的【Material
Options】卷展栏，将【Accepts Lights】参数设为
【Off】，使其不受灯光照射；将层"Stroke"的
【Casts Shadows】参数设为【On】，产生投影。

STEP 36 ｜ 下面对投影进行设置。展开灯光的
【Light Options】卷展栏，将【Casts Shadows】参数
设为On，【Shadow Darkness】设为50％，【Shadow
Diffusion】设为3。效果如图9-3-22所示。

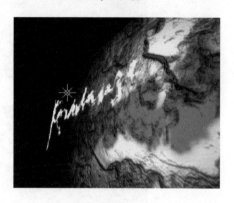

图 9-3-22

STEP 37 ｜ 最后我们来设置摄像机动画。激活摄像机的【目标点】和【位置】参数关键帧记录器。选择摄
像机工具，在开始的3秒多时间内，让摄像机缓慢由下至上摇动，然后用0.5秒左右的时间旋转至文字正面即
可。如图9-3-23所示。

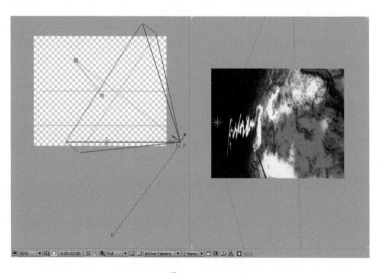

图 9-3-23

◢ STEP 38 ▏火焰文字制作完毕，输出影片观看效果。

　　本节通过对几个特效的组合使用，制作了逼真的火焰文字效果。在本例中，理清制作思路是最重要的。我们首先使用【描边】特效制作了文字描边的效果，然后使用【湍流置换】、【分形杂色】和在【置换图】特效制作了火焰的形状，最后用【色光】特效产生了火焰颜色。而背景使用【CC Glass】特效，则产生了立体的光影变幻效果。通过对特效的熟练掌握再加上清晰的制作思路，任何制作困难都可以迎刃而解。

9.4　实例4

　　上一节我们学习制作了火焰字。本节的内容仍然是和火有关的。我们将在例子中制作火焰中爆炸出现的文字标题。本例不使用任何素材，所有效果都由After Effects独立完成。效果如图9-4-1所示。本例使用的特效是【Particular】、【梯度渐变】、【色光】、【湍流置换】、【色相/饱和度】、【发光】、【毛边】。

图 9-4-1

9.4.1　制作爆炸火焰

　　首先来制作第一个分镜头，爆炸的火焰效果。

◢ STEP 01 ▏新建一个HDTV 720P 25帧的合成，起名为"爆炸"，时长为1秒。

◢ STEP 02 ▏在合成中新建纯色层，大小与合成相同。

◢ STEP 03 ▏右键单击纯色层，选择【效果】>【Prapcode】>【Particular】。

◢ STEP 04 ▏在【效果和预设】面板中选择【动画预设】>【Prests】>【Trapcode Particular ffx】>【t2_FireStarter】。我们选择一个预制的火焰效果，经过简单修改来实现我们需要的效果。

◢ STEP 05 ▏首先展开【Emitter】卷展栏，关闭【Position×Y】的关键帧记录器，并单击 ⊕ 按钮，如图9-4-2所示，将火焰放置到屏幕中央。

◢ STEP 06 ▏我们将发射器的尺寸设大一点。在【Emitter】卷展栏中，将【Emitter SizeX】、【Emitter SizeY】均设为50。

◢ STEP 07 ▏现在的火焰团在一起，没有爆开，所以我们需要将【Velocity】参数设高些，提高到1 000，观看效果，火焰爆炸并扩散开来。

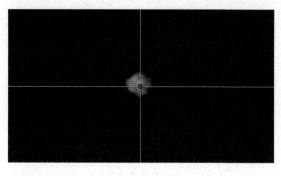

<table>
<tr><td>图 9-4-2</td><td>图 9-4-3</td></tr>
</table>

STEP 08 | 接下来将【Position Z】的参数设为-700，让火焰距离我们近一些，这样，爆炸的冲击力感觉会更足。

STEP 09 | 火焰分为内焰和外焰两部分。外焰主要由【Particle】参数栏控制，内焰则由【Aux System】卷展栏控制。本例中，我们主要对外焰进行修改设置，内焰效果已经不用修改。

STEP 10 | 展开【Particle】卷展栏，对粒子做进一步设定。首先调高粒子寿命，将【Life】参数设为80，【Life Random】设为0。效果如图9-4-4所示，整个火焰爆炸的效果更强了。

STEP 11 | 在【Particle Type】下拉列表中选择【Sphere】。这样可以避免使用烟雾粒子的时候火焰中产生的黑点。

STEP 12 | 在【Emitter】卷展栏中将【Particles / sec】设为600。让单位时间内喷射的粒子更多，火焰更巨大。如图9-4-5所示。

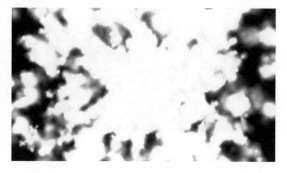

图 9-4-4　　　　　　　　　　　　　　　图 9-4-5

火焰爆炸的效果到这里就制作完毕了。接下来，我们新建一个合成，制作满屏火苗的效果。

9.4.2 制作满屏火苗

STEP 01 | 首先新建HDTV 720P 25帧的合成，起名为"火苗"，时长为5秒。

STEP 02 | 新建一个纯色层，应用【效果】>【生成】>【梯度渐变】特效，设置由左至右的渐变。如图9-4-6所示。

STEP 03 | 应用【效果】>【扭曲】>【极坐标】特效。在【转化类型】下拉列表中选择【矩形到极线】，将直角坐标系转换为极坐标，将【插值】参数设为100。

STEP 04 | 继续应用【效果】>【颜色校正】>【色光】特效。展开【输出循环】卷展栏。在【使用预设调整】下拉列表中选择【金色 2】。再将当前层放大至满屏。效果如图9-4-7所示。

STEP 05 | 以【将所有属性移动到新合成】方式重组纯色层，并起名为"Map"。关闭显示开关，将其转换为三维层。

STEP 06 ┃ 新建纯色层，起名为"FIRE"，为其应用【Particular】特效。

图 9-4-6 　　　　　　　　　　　　　　　　　　　　图 9-4-7

STEP 07 ┃ 首先展开【Emitter】卷展栏。在【Emitter Type】下拉列表中选择【Layer Grid】，在【Layer】下拉列表中指定重组层"MAP"作为发射粒子的网格层。在【时间轴】窗口中会自动产生新层"LayerEmit[MAP]"。

STEP 08 ┃ 展开【Grid Emitter】栏将【Particles in X】和【Particles in Y】均设为800。这里注意，如果机器配置不够的话，设一个较低的值，例如300，继续后面的制作。等最终完成，输出的时候再调回800即可。

STEP 09 ┃ 展开【Emitter】卷展栏，将【Velocity】的三个参数均设为0。

STEP 10 ┃ 接下来展开【Physics】下的【Air】卷展栏，将所有参数设为0。展开【Turbulence Field】卷展栏，将【Affect Size】设为15、【Affect Position】设为180、【Scale】设为15、【Octave Multiplier】设为5。效果如图9-4-8所示。

STEP 11 ┃ 接下来展开【Particle】卷展栏，将【Life】设为8、【Size】设为1.5、【Opacity】设为30，在【Transfer Mode】下拉列表中选择【Add】。效果如图9-4-9所示，火苗效果完成。

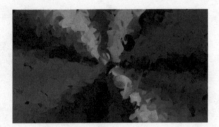

图 9-4-8 　　　　　　　　　　　　　　　　　　　　图 9-4-9

STEP 12 ┃ 在初始阶段喷射出粒子火焰后，后续已经不许继续喷射粒子了。在0秒位置激活【Particles / sec】的关键帧记录器，记录100个粒子的状态。往后走一帧，将该参数设为0。

STEP 13 ┃ 接下来我们对火苗的入屏、出屏做动画设置。这里对火焰贴图进行修改就可以达成效果。在【项目】窗口中双击"MAP"，切换到重组层"MAP"的合成当中。

STEP 14 ┃ 首先为纯色层应用【效果】>【过渡】>【块溶解】。将【块宽度】和【块高度】均设为90左右，产生比较大的方形切换。再将【过渡完成】设为30％。如图9-4-10所示。图像上产生一些空洞，这样可以让火焰的分布变化丰富一些。

STEP 15 ┃ 接下来设置火焰的入屏方式。我们让其由下至少燃烧至满屏。新建一个纯色层，起名为"Matte"，将其放在最上方。

STEP 16 ┃ 为层"Matte"应用【梯度渐变】特效，如图9-4-11所示设置渐变。

STEP 17 ┃ 为层"Matte"应用【效果】>【扭曲】>【湍流置换】特效。如图9-4-12所示调整参数。并激活【偏移】参数的关键帧记录器，设置由下至上的垂直运动动画。

STEP 18 ┃ 接下来在层"Matte"上画一个矩形蒙版，设置羽化，如图9-4-13所示。在20帧左右激活【蒙版路径】参数的关键帧记录器，在1秒12帧左右让蒙版包括整个画面，从而产生自下而上的渐变出屏。

图 9-4-10 图 9-4-11

图 9-4-12 图 9-4-13

STEP 19 在纯色层的【TrkMat】下拉列表中选择【Alpha 遮罩 "[Matte]"】，效果如图9-4-14所示。

STEP 20 切换到合成"火苗"，可以看到，火苗按照我们在贴图中的动画设置出屏。如图9-4-15所示。

图 9-4-14 图 9-4-15

STEP 21 切换回合成"MAP"。重组两个层，在重组层上画图9-4-16所示的蒙版。在水平方向对蒙版做羽化。

图 9-4-16

STEP 22 接下来设置出屏动画。展开蒙版的【蒙版扩展】参数，在2秒位置激活关键帧记录器，将其设为300，使其范围扩展到满屏，显示全屏火焰。在2.5～3.5秒的位置将其设为0，使火焰居中显示。在5秒位置将其设为-130，让火焰完全消失。

火苗的动画到这里就全部完成了。接下来，我们制作标题字幕。

9.4.3 制作标题字幕

STEP 01 以HDTV 720P 25帧新建合成，起名为"字幕"，时长为5秒。

STEP 02 选择 T 工具，在合成中输入"SUPERNATURAL"，如图9-4-17所示。

STEP 03 新建纯色层，起名为"FIRE"。为其应用【梯度渐变】和【湍流置换】特效。为【湍流置换】的【偏移（湍流）】参数制作由下至上的动画，为【演化】参数制作旋转3圈的动画。如图9-4-18所示。

图 9-4-17

图 9-4-18

STEP 04 继续为层"FIRE"应用【效果】>【颜色校正】>【色光】特效。展开【输出循环】卷展栏，在【使用预设调板】下拉列表中选择【火焰】。

STEP 05 在纯色层的【TrkMat】下拉列表中选择【Alpha 遮罩"[Supernatural]"】，将文本作为遮罩使用，效果如图9-4-19所示。

图 9-4-19

标题字幕制作完毕，最后我们将所有的镜头合成起来，再加上最后的特效。

9.4.4 最终效果

STEP 01 新建一个HDTV 720P 25帧，起名为"完成"，时长为7秒。

STEP 02 将刚才制作的三个合成拖入新合成，如图9-4-20所示进行排列。爆炸结束时火苗向上升起。

图 9-4-20

STEP 03 新建一个白色纯色层，放在层"爆炸"和"火苗"的衔接处，设置不透明度的动画，使其成为两个层之间的白场，如图9-4-21所示。

Chapter 09 | 综合特效3

Chapter
01

Chapter
02

Chapter
03

Chapter
04

Chapter
05

Chapter
06

Chapter
07

Chapter
08

Chapter
09

Chapter
10

图 9-4-21

📑 STEP 04 | 下面开始处理文字。按"S"键打开【缩放】参数，将字幕缩放到原来的70%左右，移动到图9-4-22所示的位置。

📑 STEP 05 | 移动到字幕的入点位置，大约1秒10帧左右，激活【缩放】参数的关键帧记录器。按"T"键打开【不透明度】参数，激活关键帧记录器，将其设为0。

📑 STEP 06 | 移动到2秒，将【不透明度】参数设为100。

📑 STEP 07 | 移动到6秒位置，将【缩放】参数设为80，并且为【位置】和【不透明度】参数在当前时间创建关键帧。

📑 STEP 08 | 往后移动几帧，放大字幕到200左右，将【不透明度】参数设为0，并且稍移动字幕位置。

📑 STEP 09 | 在往后移动到字幕层的出点，缩小字幕到原来的70%左右，将【不透明度】参数设为100。再小幅移动字幕位置。

📑 STEP 10 | 接下来我们为缩放和不透明度属性设置抖动。注意打开【摇摆器】对话框，选择刚才最后为【缩放】属性设置的几个关键帧。可以看到，【摇摆器】的参数被激活。如图9-4-23所示设置参数。单击【应用】按钮应用效果。

图 9-4-22

图 9-4-23

📑 STEP 11 | 选择【不透明度】参数的最后几个关键帧。在【维数】下拉列表中选择【全部独立】，将【频率】设为8，【数量级】设为10，单击【应用】按钮应用。应用完毕后，右键单击关键帧，选择【切换定格关键帧】，将这些关键帧均转换为定格插值。

📑 STEP 12 | 用同样的方法为【位置】属性的最后几个关键帧设置抖动。

📑 STEP 13 | 字幕动作设置完毕，接下来我们对文字的颜色做处理。首先右键单击层"字幕"，选择【效果】>【颜色校正】>【色相/饱和度】，将饱和度降低到−60左右。

📑 STEP 14 | 继续选择【效果】>【风格化】>【发光】特效应用到字幕上。

📑 STEP 15 | 选择【效果】>【风格化】>【毛边】特效。如图9-4-24所示调整参数。

📑 STEP 16 | 接下来我们为字幕应用【湍流置换】特效，模拟由火焰变成字的效果。如图9-4-25所示设置参数。在字幕的出点位置将强度设为100。在2秒10帧左右位置将强度设为0，恢复文字正常显示。并且为【演化】参数制作1圈的动画，让扭曲效果动起来。注意调整的时候往后走几帧观察效果，由于其透明，所以在字幕开始阶段是无法观察到效果的。

图 9-4-24

图 9-4-25

STEP 17 ｜ 最后我们激活字幕层和合成的运动模糊开关 ◎，输出影片即可。注意在【合成设置】窗口的【高级】页面中，将【快门角度】设为30°左右，不要让模糊效果太强，如图9-4-26所示。

图 9-4-26

本节到这里就全部结束了。在下一节中，我们将通过一个综合性的实例，制作一个数字变形的人脸，并学习在After Effects中制作真实三维字幕的方法。

9.5 实例5

在本例中，我们将制作一个数字变形的人脸。效果如图9-5-1所示。在本例中主要涉及的特效有【卡片动画】、【Shine】、【Gradient Layer】、【3D Invigorator】、【Light Factory】等。

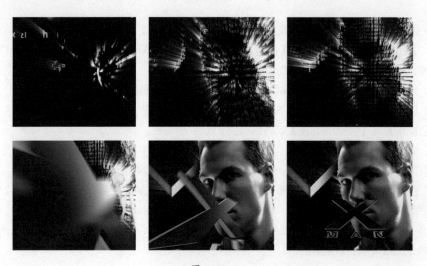

图 9-5-1

Chapter 09 ｜ 综合特效3

Chapter
01

Chapter
02

Chapter
03

Chapter
04

Chapter
05

Chapter
06

Chapter
07

Chapter
08

Chapter
09

Chapter
10

9.5.1　制作跳动的字符

在影片中，闪动的字符构成人脸。所以，我们首先需要将闪动的字符制作出来。

🔽 STEP 01 ｜ 首先导入配套素材 > LESSON 9 > FOOTAGE中素材"Map.jpg"。

🔽 STEP 02 ｜ 新建一个合成，大小为2 500×2 000。起名为"文字"，合成时长为5秒。

🔽 STEP 03 ｜ 选择 🅣 工具，在合成中输入满屏的"After Effects"，创建文本层，如图9-5-2所示。

🔽 STEP 04 ｜ 下面我们设置字符变动的动画。展开文本层，在【动画】下拉列表中选择【字符位移】。如图9-5-3所示。

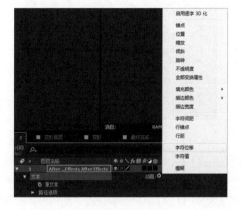

图 9-5-2　　　　　　　　　　　　　　　　　　　　图 9-5-3

🔽 STEP 05 ｜ 可以看到，文本层上新增【动画制作工具】的参数栏。通过设置【字符位移】参数，可以让文本向相邻的位置进行偏移。如图9-5-4所示。例如【字符位移】参数为1，则A变为B、F变为G。但是这里我们发现一个问题，改变参数后所有的字符起了相同的变化，而我们需要的是一个不规则的变化，应该怎么办呢？

🔽 STEP 06 ｜ 非常简单，我们只需要为文本加入一个抖动的效果就可以了。单击【动画制作工具】栏的【添加】按钮，选择【选择器】下的【摆动】。如图9-5-5所示。

图 9-5-4　　　　　　　　　　　　　　　　　　　　图 9-5-5

🔽 STEP 07 ｜ 展开【摆动选择器】参数栏，将【摇摆/秒】设为1。可以看到，所有的字符开始随机变化。

9.5.2　制作人脸变形

接下来我们制作字符随着人面变形的效果。首先，我们使用轨道遮罩来做一个底层。这样可以在后面让人面效果更加明显一点。

🔽 STEP 01 ｜ 以PAL制新建一个合成，时长5秒，起名为"变形底层"。

🔽 STEP 02 ｜ 将合成"文字"拖入合成"变形底层"，产生一个嵌套层，并缩小该层到合成大小。

🔽 STEP 03 ｜ 将素材"Map.jpg"拖入合成"变形底层"，并放在嵌套层"文字"下方。

STEP 04 | 缩小并移动层"Map"至图9-5-6所示。以【将所有属性移动到新合成】方式重组该层,并起名为"渐变贴图"。

STEP 05 | 在层"渐变贴图"模式面板的【Trk Mat】下拉列表中选择【Alpha 遮罩"文字"】,将上方的层作为遮罩使用。效果如图9-5-7所示。

图 9-5-6

图 9-5-7

STEP 06 | 可以看到已经将文字约束在人物面部形状上,但是仅仅是约束而已,我们需要的变形效果还没有产生,下面来继续。

STEP 07 | 以PAL制产生新合成"变形",时长5秒。将刚才的"变形底层"和"渐变贴图"拖入该合成,成为其嵌套层。关闭"渐变贴图"的显示开关。

STEP 08 | 右键单击层"变形底层",选择【效果】>【模拟】>【卡片动画】,为层应用特效。

知识点:【卡片动画】特效

　　【模拟】特效组中提供了各种粒子运动效果。使用粒子运动场可以产生大量相似物体独立运动的动画效果。粒子效果主要用于模拟现实世界中物体间的相互作用,例如喷泉、雪花等效果。该效果通过内置的物理函数保证了粒子运动的真实性。我们在前面已经通过该组中的两个特效制作了穿越水墙的效果。

　　【卡片动画】特效可以根据指定层的特征分割画面,产生卡片舞蹈的效果。这是一个真正的三维特效。可以在X、Y、Z轴上对卡片进行位移、旋转或者缩放等操作,还可以设计灯光方向和材质属性。

STEP 09 | 将【行数和列数】设置为【独立】。注意切换回合成"文字",数一数文字行和列的数目,在这里添上相对应的数字。

知识点:分割卡片

　　【行数和列数】下拉列表中可以控制如何在单位面积中产生卡片。【独立】方式下,行和列是相互独立的,其数量可以分别设置。【列数受行数控制】方式下,列数参数由行数参数控制。这里分割卡片的数目越多,后边的变形也越细。但是在本例中,也不是越细越好,我们要根据文字的行列数目来设置。不然有可能一个字符被分成多块,那就不好了。

STEP 10 | 可以看到,【背面图层】中显示当前层为背景层。我们需要在【渐变图层】下拉列表中指定一个渐变层来影响当前层而产生变形。因为要让数字跟随人脸变形,所以在下拉列表中选择层"渐变贴图"。

STEP 11 | 展开【Z 位置参数】,在【源】下拉列表中选择【强度1】,将【乘数】设为0.6。如图9-5-8所示,我们可以看到,数字随着人脸形状变形。这是由于数字根据渐变贴图,在Z轴上做了位置偏移,所以产生了变形效果。

Chapter 09 | 综合特效3

Chapter
01

Chapter
02

Chapter
03

Chapter
04

Chapter
05

Chapter
06

Chapter
07

Chapter
08

Chapter
09

Chapter
10

知识点：根据渐变贴图产生偏移

【卡片动画】根据我们指定的渐变贴图，通过在X、Y、Z三个轴向上对分割的卡片做位移、旋转以及缩放的操作来产生变形。

【源】下拉列表中可以指定影响卡片的素材特征。例如可以使用素材的强度影响卡片，也可以使用素材的RGBA通道影响卡片。它们所影响的效果是有所不同的。

【乘数】参数栏为影响卡片的偏移值指定一个乘数，以控制影响效果的强弱。一般情况下，该参数影响卡片间的位置。

【偏移】参数栏根据指定影响卡片的素材特征，设定偏移值。该参数影响特效层的总体位置。

⬇ STEP 12 | 为了加强变形效果我们继续设置，分别展开X和Y轴的缩放参数，在【源】中选择【强度 1】，将【乘数】设为0.6。如图9-5-9所示，可以看到，文字根据面部轮廓缩放，产生近大远小的立体效果。

图 9-5-8　　　　　　　　　　　　　　　　　　图 9-5-9

⬇ STEP 13 | 播放影片看看，已经产生了数字变形的效果，接下来我们设置动画，做更酷的效果。首先让数字打散，然后汇聚成人脸。

⬇ STEP 14 | 在3秒位置激活参数【乘数】的关键帧记录器。展开【摄像机位置】，激活【Z位置】关键帧记录器。

知识点：摄像机系统

【卡片动画】提供了三种摄像机系统，首先我们来看看摄像机位置方式，其参数栏如图9-5-10所示。

【X、Y、Z 旋转】参数控制摄像机在X、Y、Z轴上的旋转角度。【X、Y、Z 位置】参数则控制摄像机在三维空间中的位置属性。可以在参数栏中设置摄像机位置，也可以在【合成】窗口中拖动摄像机控制点位置。

图 9-5-10

【变换顺序】下拉列表中可以选择摄像机的变化顺序。

摄像机系统选用【边角定位】后，【边角定位】参数栏被激活。如图9-5-11所示。使用该方式，系统在层的四个角产生控制点。通过控制点可以改变层形状。

图 9-5-11

【边角定位】参数分别控制上、下、左、右四个控制点的位置。可以调整控制点参数，也可以在合成图像窗口中选择控制点，按住鼠标拖动其位置即可。激活【自动焦距】参数，系统可以自动调整焦距。此时忽略【焦距】参数调整。

【合成摄像机】方式下可以使用After Effects的摄像机来操纵特效。当然，首先必须在合成中创建一个摄像机。

STEP 15 | 到影片的开始位置，将【乘数】参数设为–55左右，【Z位置】设为–4左右。

STEP 16 | 接下来为文字加入光效。右键单击层"变形底层"，选择【效果】>【Trapcode】>【Shine】。

STEP 17 | 在【Colorize】下拉列表中选择【Chemistry】，发射出神秘的绿色光芒。将【Ray Length】设为2，使光效变短。再将【Boost Light】设为35左右，加强光芒效果。在【Transfer Mode】下拉列表中选择【Add】即可。效果如图9-5-12所示。

STEP 18 | 我们还需要在影片的最后完全显现出人物。恢复层"渐变贴图"的显示。注意该层应该在"变形底层"上方。选择【效果】>【过渡】>【渐变擦除】。如图9-5-13所示。

图 9-5-12

图 9-5-13

知识点：【渐变擦除】特效

【过渡】中是一组切换特效。所谓切换即两个镜头间如何进行连接。最常用的切换为硬切。即从一个镜头立刻切换另一个镜头的方式。这是最常用的切换方式。

有些时候影片需要的是各种特殊的切换以进行两个镜头间的过渡，这时候可以使用切换特效。切换特效可以在层与层重叠部分建立切换。要为两个层建立切换，必须在层的重叠部分进行关键帧设置。

【渐变擦除】特效以指定层的亮度值建立一个渐变图层。在渐变图层擦除中，渐变图层的像素亮度决定当前层中哪些对应像素透明，以显示底层。

STEP 19 | 在【渐变图层】下拉列表中选择"渐变贴图"。在3秒20帧左右位置，激活【过渡完成】关键帧记录器，将其设为100%。在4秒5帧左右将其设为7%左右。切换效果如图9-5-14所示。

STEP 20 | 变形效果制作完毕，接下来我们在影片中加入LOGO。

图 9-5-14

Chapter 09 | 综合特效3

Chapter
01

Chapter
02

Chapter
03

Chapter
04

Chapter
05

Chapter
06

Chapter
07

Chapter
08

Chapter
09

9.5.3　制作立体LOGO

在影视片头中，我们经常可以看到各种立体LOGO的效果，其在影片中担负着重要的角色。由于After Effects中没有三维建模的功能，所以这些立体LOGO我们只能在其他三维软件中制作完成后，将其渲染为After Effects兼容的格式导入合成使用，而这也导致了一些不便。

例如，我们需要让LOGO的位置和合成中的三维摄像机同步，这在其他软件中制作就是个问题；又例如，我们的影片可能需要反复修改，而每一次修改都需要在三维软件中重新渲染生成，非常不方便；还有一种更严重的情况就是，你根本不会三维软件，而影片中必须使用立体LOGO。

所幸的是，After Effects的第三方插件为我们解决了这个问题。通过使用Element这个插件，可以在After Effects中创建立体LOGO或者其他简单的模型，并且可以使用After Effcts的摄像机和灯光系统。同其他三维模型插件相比，Element具有高质量的材质效果，不亚于任何专业三维软件，且使用非常简便。接下来，我们学习使用Element来创建一个立体LOGO。

STEP 01 ｜以PAL制创建一个合成，起名为"最终完成"，时长为5秒。并将上边完成的合成【变形】拖入作为背景。

STEP 02 ｜Element可以导入OBJ、C4D等常用的三维模型文件进行制作合成，也可以将After Effects的文本或者蒙版路径转化为模型。本例中我们使用After Effects来制作落幅LOGO字幕。

STEP 03 ｜选择 T 工具，输入LOGO字符，并分别调字符大小至图9-5-15所示的状态。

图 9-5-15

STEP 04 ｜注意关闭文本层显示，我们只需要使用它的文字路径就可以了。

STEP 05 ｜新建一个纯色层，和合成大小相同即可，起名为"LOGO"。

STEP 06 ｜右键单击层"LOGO"，选择【效果】>【Video Copilot】>【Element】。

STEP 07 ｜首先我们指定需要产生三维效果的目标路径。在效果控件对话框中展开【Custom Layers】下的【Custom Text and Masks】，在【Path Layer 1】下拉列表中选择文本层。如图9-5-16所示。

STEP 08 ｜单击【Scence Setup】按钮，进入Element界面进行三维制作。单击上方的【EXTRUDE】按钮为文本挤出立体效果。如图9-5-17所示。

图 9-5-16

图 9-5-17

知识点：Element

Element模型编辑界面非常直观。中间【Preview】窗口中可以观察模型状态。单击上方菜单栏的【IMPORT】按钮，可以导入三维模型。

在【Preview】窗口中按住鼠标左键拖动即可旋转模型。鼠标滚轮能够推上或拉远模型。下方工具栏的灯光下拉列表中指定一种灯光。【Brightness】参数可以增强或减弱灯光效果。【Show Grid】打开后可以在窗口中显示线框。如图9-5-18所示。

窗口下方的【Material and Bevel Browser】栏中可以对模型的立体倒角和材质指定一个预制模板，单击相应文件夹即可打开模板库。选择一种模板双击即可应用效果。如图9-5-19所示。

图 9-5-18

图 9-5-19

指定一种效果后，可以在右侧【Scence】栏中看到模型的构成元素。可以通过激活或者关闭元素旁边的方块来决定模型的显示状态。如图9-5-20所示。选择模型相应的元素后，可以在下方的【Edit】栏对其进行形状或者材质编辑。如图9-5-21所示。需要注意的是，形状的编辑仅对倒角有效。我们导入的其他模型，就只能编辑材质了。

图 9-5-20

图 9-5-21

【Bevel】栏对模型的倒角进行设置。例如模型厚度、倒角尺寸和大小等。【Textures】栏可以为模型的漫反射、反射或者环境等指定贴图。其他几栏对材质的漫反射、反射、环境等进行设置。

对于反射来说，反射环境非常重要。单击窗口上方的【Environment】按钮，可以在弹出的对话框中，对反射环境进行设置。如图9-5-22所示。

右侧的【Model Browser】栏中可以显示Element模型库的模型。选择文件夹后指定模型双击即可导入场景。如图9-5-23所示。

图 9-5-22

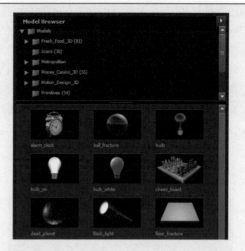

图 9-5-23

◢ STEP 09 ┃ 在【Presets】下打开【Bevels】文件夹。选择【Oreo】模板双击应用。如图9-5-24所示。

◢ STEP 10 ┃ 在【Edit】栏对模型进行修改。首先选择倒角【Shiny】，在下方【Bevel】参数栏中将【Expand Edges】参数调小至−0.4左右，收缩倒角。将【Bevel Size】参数调为0.5左右，缩小倒角。激活【Bevel Backside】在背面也产生倒角。效果如图9-5-25所示。调整完毕后单击【OK】按钮回到合成。

图 9-5-24

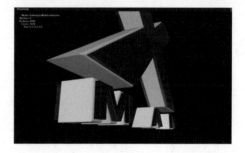

图 9-5-25

◢ STEP 11 ┃ Element使用After Effects合成的摄像机浏览场景。在合成中新建一个摄像机，将摄像机【缩放】设为300左右，产生比较强烈的透视效果。

◢ STEP 12 ┃ 选择摄像机工具，在合成中调整摄像机至图9-5-26所示的效果。

◢ STEP 13 ┃ 选择层"LOGO"，在【效果控件】对话框中展开【World Transform】参数栏。该参数栏用于设置模型的空间位置、大小、角度等。将【X Rotaion World】参数设为−30左右，使LOGO产生仰视效果。如图9-5-27所示。

图 9-5-26

图 9-5-27

▶ STEP 14 ┃ 接下来设置LOGO飞入场景的动画。将当期时间指示器移动到4秒15帧左右的位置。激活【World Position XY】和【Y Rotation World】参数的关键帧记录器，如图9-5-28所示。

▶ STEP 15 ┃ 将当前时间指示器移动至3秒20帧左右位置，将【World Position XY】参数设为0，−150左右，【World Position Z】设为−470左右，【Y Rotation World】设为1圈，让LOGO从屏幕中央旋转飞入。

▶ STEP 16 ┃ 下面加强LOGO飞入画面的运动模糊效果。展开【Render Settings】栏【Motion Blur】参数栏，在【Motion Blur】下拉列表中选择【On】，将【Motion Blur Smaples】设为15，调高运动模糊采样值。立体LOGO到这里就制作完毕了。效果如图9-5-29所示。

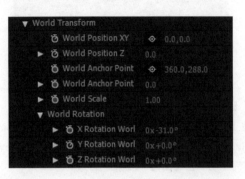

图 9-5-28

图 9-5-29

9.6　本章小结

　　本章学习了很多模拟自然的水、火、变形等仿真的效果。这些效果在传统观念中是一定要使用素材或者在三维软件中制作的。实际上，对于不是非常复杂的仿真效果，只要我们肯开动脑筋，完全可以使用After Effects来完成。有时候，这还要比我们东奔西跑的找素材或在三维软件中绞尽脑汁地控制粒子运动、调节材质更加简便。所以，开动你的大脑，充分去发掘After Effects的无尽潜力吧。

　　本章的知识学到这里就全部结束了，下面，我们对本章的重要知识点做一个总结。

　　知识点1：分形杂色

　　经过若干个实例的接触，【分形杂色】的重要性已经不言而喻了。它是我们制作各种效果的基础。虽然单独看来，【分形杂色】的效果非常简陋，但是离开它，我们制作的水、线条、火等等效果就都是空中楼阁了。

　　知识点2：湍流置换

　　对于制作各种仿真效果来说，【湍流置换】的重要作用我们已经有深切体会了。实际上，它的功能还不止如此，对于各种曲线变形来说，【湍流置换】也有着重要的作用。

　　知识点3：色光特效

　　【色光】重新映射颜色的功能是独一无二的。丰富的模板和自由的编辑模式，让它成为特效制作中的必备工具。

　　知识点4：Element

　　对于不会使用三维软件的读者来说，Element是雪中送炭。而对于那些三维软件高手来说，Element也是有一定的意义的。尤其在需要和After Effects中的三维场景共用摄像机的时候，这个优势就更加明显了。虽然你可以使用RPF来解决这个问题，但是对于需要重复修改的场景来说，使用Element就会更加方便一些。

综合特效4

本章主要讲解如何在实拍素材的基础上加入
After Effects特效，实现不可思议的电影魔术。

学习重点

- Particle Playground
- 粒子发射器
- 运动追踪
- 分层渲染

10.1 实例1

本章将通过几个实例，学习如何在实拍素材上进行特技处理，实现各种匪夷所思的电影魔术。第一个实例，我们来制作一个双手可以发火的超能英雄。效果如图10-1-1所示。

图 10-1-1

STEP 01 首先导入配套素材 > LESSON 10> FOOTAGE下的"FIRE HAND.mov"。

STEP 02 在项目窗口中选择素材"FIRE HAND.mov"，按"Ctrl + Alt + G"键，在弹出的解释素材对话框中，【场和Pulldown】栏中的【分离场】下拉列表中选择【高场优先】，为素材做分离场的操作。

STEP 03 以素材"FIRE HAND.mov"产生一个合成。

STEP 04 在【时间轴】窗口中将层"FIRE HAND"的入点拖动到双手开始展开的位置。如图10-1-2所示。

STEP 05 要制作双手发火的效果，首先需要将人物的双手提取出来。这里我们使用【时差】特效。这个特效可以将图像中的动态部分提取出来。而素材中除了双手外，其他部分基本都是静止的，所以，【时差】特效正好可以满足我们的需要。右键单击层"FireHand"，选择【效果】>【时间】>【时差】。

STEP 06 在效果控件对话框中激活【绝对差值】选项。拖动【时间偏移量】参数，可以看到，时间偏移，手的位置在动。这里设为0.020即可。提高对比度，调整【对比度】参数到60左右。如图10-1-3所示。

图 10-1-2

图 10-1-3

STEP 07 下面我们对提取出来的手进行进一步处理，使其更加清晰。首先为层应用【模糊和锐化】特效组下【快速模糊】特效，将【模糊度】设为10左右；接下来应用【风格化】特效组下的【阈值】特效，将【级别】参数设为50左右，效果如图10-1-4所示，双手被完全提出。

Chapter 10 | 综合特效4

Chapter
01

Chapter
02

Chapter
03

Chapter
04

Chapter
05

Chapter
06

Chapter
07

Chapter
08

Chapter
09

Chapter
10

⊠ STEP 08 ┃ 预演一下影片，注意不要让双手以外的部分被提出。

⊠ STEP 09 ┃ 最后我们将图像中的黑色部分透明，仅留下提出的双手。右键单击层，选择【键控】>【亮度键】，将【阈值】参数调高，图像中除双手以外的部分被透明。如图10-1-5所示。

图 10-1-4　　　　　　　　　　　　　　　　　　　　　　　　图 10-1-5

⊠ STEP 10 ┃ 按 "Ctrl＋Shift＋C" 键，以【将所有属性移动到新合成】方式重组该层，起名为 "FIRE CLIP"。

⊠ STEP 11 ┃ 右键单击重组层 "FIRE CLIP"，选择【效果】>【模拟】>【粒子运动场】。为双手应用粒子特效，我们将使用粒子特效产生火焰的雏形。

知识点：粒子运动场

　　使用粒子运动场可以产生大量相似物体独立运动的动画效果。粒子效果主要用于模拟现实世界中物体间的相互作用，例如喷泉、雪花等效果。该特效通过内置的物理函数保证了粒子运动的真实性。

　　在粒子的制作过程中，首先产生粒子流或粒子面，或对已存在的层进行 "爆炸" 产生粒子。在粒子产生后，就可以控制它们的属性，如速度、尺寸和颜色等，使粒子系统实现各种各样的动态效果。例如可以为圆点粒子进行贴图操作，也可以用文本字符作为粒子。

　　Aftrer Effects通过对一个层应用粒子发生器产生粒子。粒子的状态将受到重力、排斥力、墙、爆炸和属性映射选项的影响。可以选择使用圆点、层素材或文本作为粒子内容。粒子运动场使用反锯齿技术进行渲染，也应用运动模糊来移动粒子。所以使用最好质量和运动模糊时，渲染将花费很长时间。当一个层用于存放粒子后，粒子运动场会忽略该层上的属性和关键帧变化，仅使用该层的初始状态。

⊠ STEP 12 ┃ 首先我们需要对粒子发生器进行设置。本例中我们由双手发射粒子，所以需要使用【图层爆炸】发生器。展开【发射】，将【每秒粒子数】参数设为0，关闭默认的加农粒子发生器。

知识点：粒子发生器

　　粒子发生器共有【发射】、【网格】、【图层爆炸】三类，其中【发射】在层上产生粒子流，【网格】产生粒子面，【图层爆炸】将一个层爆破后产生粒子。粒子发生器在产生粒子的同时设置粒子的属性。

1. 【发射】粒子发生器

　　【发射】粒子发生器在层上产生连续的粒子流，如同加农炮向外发射炮弹。默认情况下，系统使用【发射】粒子发生器产生粒子。如果要使用其他粒子发生器，可以关闭【发射】。

• 【位置】：确定粒子发射点的位置。

• 【圆筒半径】：设置发射的柱体半径尺寸，负值产生一个圆柱体，正值产生一个方柱体。输入较低的值收缩柱体，较高的值扩展柱体。

• 【每秒粒子数】：确定每秒产生粒子数量。高值产生高密度的粒子。将其设为0时，不产生粒子。

• 【方向】：控制粒子发射的角度。

• 【随机扩散方向】：确定每个粒子随机地偏离【发射】方向的偏离量。较低的值使粒子流高度集中；较高的值使粒子流分散。

• 【速率】：确定粒子发射的初始速度，单位为像素／秒。

• 【随机扩散速率】：确定粒子速度的随机量。值越高，粒子变化速度越高。

- 【颜色】：指定圆点粒子或文本粒子的颜色。

- 【粒子半径】：设置圆点的尺寸（以像素为单位）或字符的尺寸（以点为单位）。将其设为0时，不产生粒子。

【发射】：根据设定的方向和速度持续不断地发射粒子。默认情况下，它以每秒100粒的速度向【合成】窗口的顶部发射红色的粒子。可以改变发射方向或重力设置，对其进行调节。效果如图10-1-6所示。

图10-1-6

2.【网格】粒子发生器

【网格】粒子发生器从一组网格交叉点产生连续的粒子面。网格粒子的移动完全依赖于重力、排斥、墙和属性映像设置。默认情况下，重力属性打开，网格粒子向框架的底部飘落。

- 【位置】：确定网格中心的X、Y坐标。不论粒子是圆点、层或文本字符，粒子一经产生都是出现在交叉点中心。如果使用文本字符作为粒子，默认情况下Edit Grid Text对话框中的【Use Grid】选项是选中的，此时每个字符都出现在网格交叉点上，标准的字符间距、词距和字距排列都不起作用。如果要文本字符以普通间距出现在网格上，则要使用文字对齐功能，而不是【Use Grid】选项。

- 【宽度】：以像素为单位，确定网格的边框宽度。

- 【高度】：以像素为单位，确定网格的边框高度。

- 【粒子交叉】：确定网格区域中水平方向上分布的粒子数。将其设为0时，不产生粒子。

- 【粒子下降】：确定网格区域中垂直方向上分布的粒子数。将其设为0时，不产生粒子。注意使用文字作为粒子时，如果【选项】>【编辑网格文字】对话框中的【使用网格】选项未项中，则【粒子交叉】和【粒子下降】无效。

- 【颜色】：指定圆点粒子或文本粒子的颜色。

- 【粒子半径】：设置圆点的尺寸（以像素为单位）或字符的尺寸（以点为单位）。将其设为0时，不产生粒子。

效果如图10-1-7所示。

图10-1-7

3.【图层爆炸】层爆破器

【图层爆炸】：将目标层分裂为粒子，可以模拟爆炸、烟火等效果。

- 【引爆图层】：选择要爆炸的层。

- 【新粒子的半径】：为爆炸所产生的粒子输入一个半径值，该值必须小于原始层的半径值。

- 【分散速度】：该值以像素/秒为单位，决定了所产生粒子速度变化范围的最大值。较高值产生一个更分散的爆炸；较低值则使新粒子聚集在一起。

- 一旦将一个层爆炸，在合成中会连续不断产生粒子。若要开始或结束层爆炸，可以设定【新粒子半径】的值为0。

Chapter 10 | 综合特效4

Chapter
01

Chapter
02

Chapter
03

Chapter
04

Chapter
05

Chapter
06

Chapter
07

Chapter
08

Chapter
09

Chapter
10

如果层为嵌套合成，可以对嵌套合成中的层设置不同的透明度属性或入点和出点，使爆炸层在不同点透明。

如果要改变爆炸层的位置，则在新位置重组该层，然后用重组的层作为爆炸的层。当层爆炸后，粒子的移动受重力、排斥力、墙和属性映像选项的影响。效果如图10-1-8所示。

图 10-1-8

层爆破后，利用【粒子爆炸】可以分裂一个粒子成许多新的粒子。爆炸粒子时，新粒子继承了原始粒子的位置、速度、透明度、缩放和旋转属性。当原始粒子爆炸后，新粒子的移动受重力、排斥力、墙和属性映像选项的影响。

在【影响】参数栏指定哪些粒子受选项的影响。粒子运动场根据粒子的属性指定包含的粒子或排除的粒子。

【粒子来源】下拉列表中可以选择粒子发生器，或选择其粒子受当前选项影响的粒子发生器的组合。

【图层映射】下拉列表通过指定一个层映射，决定了在当前选项下影响哪些粒子。选择是根据层中每个像素的亮度决定的，当粒子穿过不同亮度的层映射时，粒子所受的影响不同。默认情况下，当对应于层映射像素的亮度值为255（白色）时，粒子受到100％影响；当对应于层映射的亮度值为0（黑色）时，粒子不受影响。

【字符】下拉列表中可以指定受当前选项影响的字符的文本区域。只有在将文本字符作为粒子使用时该项才有效。例如设定一个重力属性，可以设定作为粒子中的某一些字符受其影响。单击【效果控件】对话框上方【选项】，打开设置对话框。如图10-1-9（左图）所示。在对话框【所选文字】中分别输入收影响的字符。单击【确定】退出，在【字符】下拉列表中选择受影响的选定字符区域。如图10-1-9（右图）所示。

图 10-1-9

【更老/更年轻，相比】参数栏指定年龄阈值，以秒为单位。给出粒子受当前选项影响的年龄上限或下限，指定正值影响较老的粒子，而负值影响年轻的粒子。

【年限羽化】参数栏控制年龄羽化。以秒为单位指定一个时间范围，该范围内所有老/年轻的粒子都被羽化或柔和。羽化产生一个逐渐的而不是突然的变化效果。

4.指定粒子贴图

默认情况下，粒子发生器产生圆点粒子。After Effects可以通过图层映射指定合成中的任意层作为粒子的贴图来替换圆点。例如使用一条小鱼游动的素材作为粒子的贴图，粒子系统将用这只小鱼的素材替换所有圆点粒子，从而产生一群小鱼。如图10-1-10所示，左图为圆点粒子，右图为粒子贴图后的效果。

图 10-1-10

在【图层映射】卷展栏【使用图层】下拉列表中可以指定当前合成中的一个层作为粒子贴图。需要注意的是，粒子贴图使用层的源文件，即表示在贴图层上所做的所有操作都会被粒子忽略。

粒子的贴图既可以是静止图像，也可以是动态视频。如果使用动画素材进行贴图时，可以设定每个粒子产生时定位在哪一帧，使同一层上的各粒子有不同的变化。【时间偏移类型】下拉列表中可以选择动态贴图的时间偏移方式。

如果选择【相对】方式，由设定的时间位移决定从哪里开始播放动画，即粒子的贴图与动画中粒子的当前帧时间步调保持一致。如果选择【相对】并设置时间位移为0，则所有粒子都从映像层中与运动场层的当前时间相对应的那帧开始显示；如果选择了【相对】并设置时间位移为0.2（同时合成设置为25fps），则每个粒子都从前一粒子所显示帧之后0.2秒的那一帧（即间隔5帧）开始显示映像层的帧。所以，运动场层播放时，第一个粒子显示映像层中与运动场层的当前时间相对应的那一帧，第二个粒子显示映像层中比当前时间晚0.2秒的那一帧，第三个粒子显示映像层中比当前晚时间0.4秒的那一帧，依此类推。第一个粒子总是显示映像层中与运动场层的当前时间相对应的那一帧。

【绝对】方式根据设定的时间位移显示映像层中的一帧而忽略当前时间。该选项可以使一个粒子在整个生存期显示动画层中的同一帧，而不是依时间在运动场层向前播放时循环显示各帧。如果选择【绝对】并设置【时间偏移】为0，每个粒子在整个生存期都将显示映像层的第一帧；如果要从其后的某一帧开始，则事先移动映像层到对应于运动场层的入点的那一帧。如果设置了【时间偏移】为0.2，则每个新粒子将显示一个粒子之后0.2秒的那一帧，即第五帧。

【相对随机】方式下，每个粒子都从映像层中一个随机的帧开始，其随机值范围从运动场层的当前时间值到所设定的【最大随机时间】值。如果选择【相对随机】，并设置【最大随机时间】的值为1，则每个粒子将从映像层中当前时间到其之后1秒这段时间中的任意一帧开始。如果选择【相对随机】为负值，则其随机值范围将从当前时间之前【最大随机时间】值到当前时间。

如果选择【绝对随机】方式，每个粒子都从映像层中0到所设置的【最大随机时间】值之间任意一帧开始。若要每个粒子呈现动画层中各个不同的帧时需选择该选项。如果选择了【绝对随机】，并设置【最大随机时间】值为1，则每个粒子显示映像层中从0~1秒间的任意一帧。

5.用文本替换粒子

可用文本替换默认粒子，使粒子发生器发射文本字符。分别可以对【发射】和【网格】指定发射的文本。在效果控件对话框中，单击【选项】，打开文本设置对话框，单击【编辑发射文字】。在弹出的对话框中输入文本，并设置下面的选项。

Chapter 10 ｜ 综合特效4

Chapter
01

Chapter
02

Chapter
03

Chapter
04

Chapter
05

Chapter
06

Chapter
07

Chapter
08

Chapter
09

- 【字体】为【发射】字符选择字体和风格。
- 【顺序】设定【发射】发射字符的顺序。该顺序与在文本框中输入字符的顺序有关。当粒子从左向右发射时，文本的顺序不变；当粒子从右向左发射时，文字必须反向输入。
- 【循环文字】：设定文本循环。
- 【自动定向旋转】：在文本设置对话框中激活该选项，可以使文本按发射路径自动旋转。
- 【启用场渲染】：激活该选项，使用场渲染。
- 【网格】：用文本替换【网格】粒子的方法与【发射】粒子类似。
- 【字体】：为网格字符选择字体和风格。
- 【对齐方式】：选择左对齐、居中或右对齐将文本框中的文本定位在Grid属性设定的位置，或单击【使用网格】将文本定位在连续网络交叉点上。
- 【循环文字】：选择该选项，可重复所输入的字符直到所有网格交叉点都有一字符；不选择该选项，则文本中的字符只出现一次。

▣ STEP 13 ｜ 展开【图层爆炸】卷展栏，在【引爆图层】下拉列表中选择"FIRE CLIP"，以双手作为爆破层。【新粒子半径】参数可以设高一点，因为粒子半径越小，层爆破后产生的粒子就越多，运算速度也会越慢。这里我们设为15左右即可。然后将【分散速度】设为100。如图10-1-11所示。

▣ STEP 14 ｜ 下面我们要对影响粒子的重力做设置。默认状态下，重力是向下的，这里我们让重力向上，让火苗向上走。

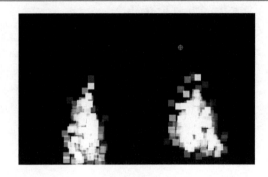

图 10-1-11

知识点：影响粒子的力场

粒子一旦产生后，可以用重力、排斥力和使用墙的方法来调节其物理状态。

- 【重力】：在设定方向上拖动对象。重力用于垂直方向上，可产生下落或上升的粒子；重力应用于水平方向，可以模拟风的效果。
- 【排斥力】：避免粒子间的碰撞，排斥力为正值时将使粒子向外扩散；排斥力为负值时，将使粒子相互吸引。
- 【墙】：将粒子约束在一个区域中。

粒子在生存期内，其属性分别受两方面影响。粒子产生时所指定的属性是由粒子发生器确定的，如粒子数量、粒子颜色等属性。而产生后的属性由重力、排斥力、墙和属性映射器控制。

例如使用【发射】粒子发射器产生一束粒子，在它产生时，其属性受到粒子生成器的影响，这时【发射】的属性可以确定粒子发射的方向、速度以及数量。而当粒子一旦运动起来，它的状态就会受到重力、排斥力、墙和属性映射器影响，这时，重力是主要影响因素。

通常情况下影响粒子状态的因素有以下几点。

- 速度：粒子发生器决定粒子产生时的速度，【网格】粒子没有初始速度。粒子产生后，粒子速度则由在【重力】和【排斥力】属性中的【力】选项或是通过使用层映射为属性映射器中的速度、动态摩擦、力和质量属性设置一个值来影响单个粒子的速度。
- 方向：粒子产生时，【发射】指定了粒子方向，【图层爆炸】和【粒子爆炸】在所有方向上发射新粒子，【网格】粒子没有初始方向。粒子产生后，方向受到重力中【方向】选项的影响；也受到具有【墙】属性的蒙版影响；使用层映射，为属性映射器中的梯度力、X 速度和Y速度属性设置一个值，也可影响单个粒子的方向。

· 区域：使用【墙】蒙版可将粒子约束在不同区域中或在所有边界外，通过使用一层映射为属性映射器中【梯度力】属性设置一个属性值，也可以将粒子限制在某一区域内。

· 样式：粒子产生时，除了用层映射替换默认的圆点的情况，【发射】、【网格】、【图层爆炸】和【粒子爆炸】都设置了粒子的大小，【发射】和Grid还设置了粒子的初始颜色。而【图层爆炸】和【粒子爆炸】则从所爆炸的圆点、层或字符获取颜色，【选项】对话框决定了文本的初始样式。粒子产生后，可以使用属性映射器为红、绿、蓝、缩放、不透明和字体设置属性值。

· 旋转：粒子产生时，【发射】和【网格】产生的粒子没有旋转，【粒子爆炸】产生的粒子随着所爆炸的圆点、层或是字符进行旋转。也可以使用【自动定向旋转】选项使粒子沿着各自的轨迹自动旋转。或使用层映射为属性映射器中的【角度】、【角速度】和【扭矩】属性设置一个属性值。

使用重力调节粒子

重力在指定的方向上影响粒子的运动状态，模拟真实世界中的重力现象。

· 【力】：力量，控制重力的影响力。较大的值增大重力影响。正值使重力沿重力方向影响粒子，负值沿重力方向反向影响粒子。

· 【随机扩散力】：指定重力影响力的随机值范围。值为0时，所有粒子都以相同的速率下落；当值为一个较高的数时，粒子以不同的速率下落。

· 【方向】：设置重力方向，默认值为180°，重力向下。

· 【影响】：指定哪些粒子受选项的影响。粒子运动场根据粒子的属性指定包含的粒子或排除的粒子。

效果如图10-1-12所示，左图为重力力量为0，粒子不受重力影响；右图为重力力量50，方向向下，粒子被重力拖动朝下。

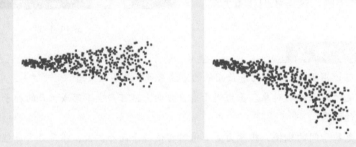

图 10-1-12

使用排斥力调节粒子状态

排斥力控制相邻的粒子的相互排斥或吸引。类似给每个粒子增加正、负磁极。

· 【力】：指定排斥力影响程度。较大的值增大影响力，正值排斥，负值吸引。

· 【力半径】：以像素为单位，指定粒子受到排斥或吸引的范围，使粒子只能在这个范围内受到排斥或吸引。

· 【排斥物】：指定哪些粒子作为一个粒子子集的排斥源或吸引源。

· 【影响】：指定哪些粒子受选项的影响。粒子运动场根据粒子的属性指定包含的粒子或排除的粒子。

效果如图10-1-13所示，左图为粒子相互吸引，右图为粒子相互排斥。

使用墙调节粒子状态

墙约束粒子移动的区域。墙是用蒙版工具（如笔工具）产生的封闭蒙版，产生一个墙可以使粒子停留在一个指定的区域。当一个粒子碰到墙，它就以碰墙的力度所产生的速度弹回。

· 【边界】：选择一个蒙版作为边界墙。

· 【影响】：指定哪些粒子受选项的影响。粒子运动场根据粒子的属性指定包含的粒子或排除的粒子。

Chapter 10 | 综合特效4

Chapter 01
Chapter 02
Chapter 03
Chapter 04
Chapter 05
Chapter 06
Chapter 07
Chapter 08
Chapter 09
Chapter 10

　　选择作为边界墙的蒙版约束粒子，效果如图10-1-14所示，左图为未受约束的粒子，右图为以蒙版为边界对粒子进行了约束的效果。

图 10-1-13

图 10-1-14

　　除了上面的力场影响外，After Effects还提供了属性映射器对粒子的特定属性进行控制。属性映射器不能直接作用于粒子，但可以用层映射对穿过层中的粒子进行影响。每个层映射器像素的亮度被粒子运动场当作一个特定值。可以使用属性映射器选项将一个指定的层映射通道（红、绿或蓝）与指定的属性相结合，使得当粒子穿过某像素时，粒子运动场就在那些像素上用层映射提供的亮度值修改指定的属性。属性映射【持续属性映射器】与【短暂属性映射器】。

持续属性映射器

　　持续改变粒子属性为最近的值，直到另一个运算（如排斥、重力或墙）修改了粒子。例如使用层映射改变了粒子属性，并且动画层映射使它退出屏幕，则粒子保持层映射退出屏幕时的状态。

　　首先在【使用图层作为映射】下拉列表中选择一个层作为影响粒子的层映射。

　　Affects指定哪些粒子受选项的影响。粒子运动场根据粒子的属性指定包含的粒子或排除的粒子。

　　属性映射器中可以用层映射的红、绿、蓝通道控制粒子属性。粒子运动场分别从红、绿、蓝通道中提取亮度值进行控制。如果只修改一个属性或使用相同值修改三个属性，可以使用灰阶图作为层映射。系统使用红、绿、蓝通道分别对粒子的以下属性进行控制影响。

- 【无】：不改变粒子。
- 【红】：复制粒子的红色通道的值。
- 【绿】：复制粒子的绿色通道的值。
- 【蓝】：复制粒子的蓝色通道的值。
- 【动态摩擦】：复制运动物体的阻力值。
- 【静态摩擦】：复制保持静态粒子不动的惯性值。
- 【角度】：复制粒子移动方向的一个值。该值与粒子开始角度相对应。
- 【角速度】：复制粒子旋转的速度，以度/秒为单位。

- 【扭矩】：复制粒子旋转的力度。正的转矩会增大粒子的角速度，且对于大量集聚的粒子增大的速度更慢一些。越亮的像素对角速度的影响越明显，如果应用了与角速度相反的足够大的转矩，则粒子将开始向相反的方面旋转。

- 【缩放】：复制粒子沿着X轴和Y轴缩放的值。使用【Scale】参数可以拉伸一个粒子。

- 【X缩放】：复制粒子沿着X轴缩放的值。

- 【Y缩放】：复制粒子沿着Y轴缩放的值。

- 【X】：复制屏幕中粒子沿着X轴的位置。

- 【Y】：复制屏幕中粒子沿着Y轴的位置。

- 【X速度】：复制粒子的水平方向速度。

- 【Y速度】：复制粒子的垂直方向速度。

- 【梯度力】：基于层映射在X轴和Y轴运动面上区域的张力调节。彩色通道中的像素亮度值定义每个像素上粒子张力的阻力，减弱和增强粒子张力。层映射中有相同亮度的区域不对粒子张力进行调节。低的像素值对粒子张力阻力较小，高的像素值对粒子张力阻力较大。

- 【渐变速度】：复制基于层映射在X轴和Y轴运动面上区域的速度。

- 【X力】：复制沿X轴向运动的强制力，正值将粒子向右推。

- 【Y力】：复制沿Y轴向运动的强制力，正值将粒子向下推。

- 【不透明度】：复制粒子的透明度。值为0时，全透明；值为1时，不透明。

- 【聚集】：复制粒子聚集。通过所有粒子相互作用调节张力。

- 【寿命】：复制粒子的生存期，在生存期结束时，粒子从层中消失。

- 【字符】：复制对应于ASCII文本字符的值，用它替换当前的粒子。通过在层上灰色阴影的色值指定文本字符的显示内容，值为0时不产生字符。对于US.English字符，使用值从32至127，仅当用文本字符为粒子时才能使用。

- 【字体大小】：复制字符的点大小，仅当用文本字符为粒子时才能使用。

- 【时间偏移】：复制层映射属性用的时间位移值。

- 【缩放速度】：影响粒子的速度。

- 【最小值】/【最大值】：当层映射亮度值的范围太宽或太窄，可以用【最小值】和【最大值】选项来拉伸、压缩或移动层映射所产生的范围。例如设置了粒子的初始颜色，然后要用层映射改变粒子的颜色。如果认为粒子颜色的变化不够剧烈，可以通过降低【最小值】或提高【最大值】来增加颜色的对比；设置了粒子的初始速度，然后要用层映射影响X速率属性。不管怎样，都会发现在最快和最慢粒子间的差别太大，通过对映像到X速率属性上的层映射通道的【最小值】和【最大值】的提高和降低，可以缩小粒子速率的变化范围；使用层映射影响缩映放属性，且发现最小的粒子不够小，而最大的粒子又太大。这时，整个输出范围都需要向下移动，可以同时降低【最小值】和【最大值】来完成；层映射在所希望的相反的方向上改变了粒子。这时，可以交换【最小值】和【最大值】。

短暂属性映射器

短暂属性映射器在每一帧后恢复粒子属性为初始值。例如使用层映射改变粒子的状态，并且动画层映射使它退出屏幕，那么每个粒子一旦没有层映射之后马上恢复成原来的状态。

短暂属性映射器调节参数与持续属性映射器相同，详细内容参阅"持续属性映射器"。下面给出短暂属性映射器与持续属性映射器不同的参数。

短暂属性映射器可以指定一个算术运算增强、减弱或限制映像结果。该运算用粒子属性值和相对应的层映射像素进行计算。

- 【设置】：粒子属性的值被相对应的层映射像素的值替换。

- 【相加】：使用粒子属性值与相对应的层映射像素值的合计值。

Chapter 10 | 综合特效4

Chapter
01

Chapter
02

Chapter
03

Chapter
04

Chapter
05

Chapter
06

Chapter
07

Chapter
08

Chapter
09

Chapter
10

- 【差值】：使用粒子属性值与对应的层映射像素亮度值的差的绝对值。
- 【相减】：使用粒子属性的值减去对应的层映射像素的亮度值。
- 【相乘】：使用粒子属性值与相对应的层映射像素值相乘的值。
- 【最小值】：取粒子属性值与相对应的层映射像素亮度值之中较小的值。
- 【最大值】：取粒子属性值与相对应的层映射像素亮度值之中较大的值。

⬇ STEP 15 ▎展开【重力】卷展栏，将【方向】设为0，【力】设为400。如图10-1-15所示，火焰有了向上的趋势。

⬇ STEP 16 ▎粒子效果设置完毕，注意在【图层爆炸】卷展栏下将粒子尺寸设为4，这样可以让火焰有更多的细节。

⬇ STEP 17 ▎接下来我们为粒子应用模糊，选择【效果】>【模糊和锐化】>【快速模糊】。在【模糊方向】下拉列表中选择【垂直】，将【模糊度】参数设为40左右，产生向上的模糊效果。在火焰的水平方向，我们应用一个较小的模糊。再次为层应用【快速模糊】特效，在【模糊方向】下拉列表中选择【水平】，将【模糊度】参数设为2。效果如图10-1-16所示。

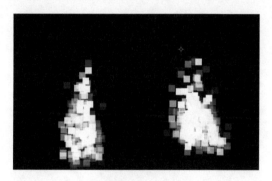
图 10-1-15

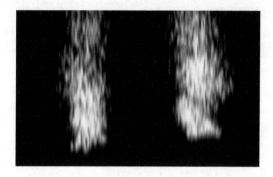
图 10-1-16

⬇ STEP 18 ▎以【将所有属性移动到新合成】方式重组层，起名为"FIRE"。

⬇ STEP 19 ▎下面开始火焰的最终效果制作。方法和我们上一课中选择的火焰文字类似。首先为重组层"FIRE"应用【扭曲】特效组下的【湍流置换】特效。在【置换】下拉列表中选择【湍流较平滑】，将【数量】设为30左右，【大小】设为20左右，【复杂度】设到3左右，效果如图10-1-17所示。

⬇ STEP 20 ▎接下来应用【颜色校正】特效组的【色光】特效。在【输入相位】卷展栏【获取相位】下拉列表中选择Alpha。在【输出循环】的【使用预设调板】下拉列表中选择【火焰】。效果如图10-1-18所示。

图 10-1-17

图 10-1-18

STEP 21 | 最后应用【发光】特效，降低亮度，将【发光强度】参数设为0.3。在【项目】窗口中选择素材"FIRE HAND.mov"，将其拖入合成，放在重组层"FIRE"下方。将"FIRE"的层模式设为【屏幕】。注意缩放和移动"FIRE"，使其和演员双手重合，效果如图10-1-19所示。

STEP 22 | 接下来对影片进行调色操作。新建调整图层，为调整图层应用【曲线】特效。提高RGB、红色和蓝色曲线在暗部的对比度。调色结果如图10-1-20所示。

图 10-1-19

图 10-1-20

STEP 23 | 火焰升腾对人物皮肤的亮度会有较大的影响。下面我们对皮肤做局部调色。新建调整图层，并如图10-1-21所示，沿人物头部和双臂轮廓绘制蒙版，并设置羽化。

STEP 24 | 首先为新建的调整图层应用【曲线】特效。如图10-1-22所示调整Red曲线。让皮肤整体变红。

STEP 25 | 接下来应用【发光】特效，降低辉光亮度，调整【发光强度】参数到0.3。

STEP 26 | 由于火焰是动态的，所以人物皮肤的亮度也不是一成不变的。由于脸部效果最明显，所以我们对面部蒙版进行设置。

图 10-1-21

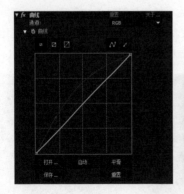

图 10-1-22

STEP 27 | 展开面部的【蒙版不透明度】属性。按"Alt + Shift + ="键，添加表达式。输入以下语句："wiggle（25，35）"，为蒙版的不透明属性增加随机效果。这样，随着调整图层蒙版不透明度的改变，调整图层对下面的影响强弱也就发生了改变。如图10-1-23所示。

Chapter 10 | 综合特效4

Chapter **01**
Chapter **02**
Chapter **03**
Chapter **04**
Chapter **05**
Chapter **06**
Chapter **07**
Chapter **08**
Chapter **09**
Chapter **10**

STEP 28 | 在火焰出来之前，人物皮肤是不会发亮的。下面我们对调整图层的整体不透明度做调整，以改变特效影响强度。在1秒18帧左右，即火焰出现的时候，激活"调整图层2"的【不透明度】属性关键帧记录器，将其设为100%。在1秒14帧左右，火焰即将出现的时候，将其设为0%。

STEP 29 | 最后，我们在影片中加入镜头聚焦的效果，模糊背景，突出前景。新建一个调整图层，沿人物轮廓画蒙版，设置羽化值到100左右，并激活反转选项。为调整图层应用【快速模糊】特效，最终效果如图10-1-24所示。

图 10-1-23　　　　　　　　　　　　　图 10-1-24

影片到这里就全部制作完毕了，在下一个实例中，我们将学习电影合成中常用的绘景技术。

10.2　实例2

电影中经常会使用绘景的技术。即为拍摄好的影片加上无法正常拍摄得到的远景或者其他一些元素。而在本节的例子中，我们就要实现这样的一个效果。在拍摄的一片空地上，加上宏伟的金字塔，并处理天空和画面色调，将一个非常平常的镜头处理成一部魔幻大片的效果。效果如图10-2-1所示。

图 10-2-1

本课将使用的特效是【曲线】和【发光】。特效比较简单，我们主要是学习通过追踪来进行摄像机对位，而在后面的例子中，我们也会频繁接触到追踪技术。对于在真实场景中的合成，追踪是至关重要的。

STEP 01 | 在项目窗口中双击，导入配套素材 > LESSON 10 > FOOTAGE下的"BG.mov""SKY.mov"和"Pyramid.jpg"。

STEP 02 | 以素材"BG.mov"产生一个合成。

STEP 03 | 将素材"Pyramid.jpg"加入合成，放在"BG"上方。

STEP 04 | 首先为层"Pyramid"绘制蒙版，如图10-2-2所示，分别绘制圆形和金字塔外形的蒙版，并且为基座的蒙版设置羽化值。

STEP 05 | 可以看到，在图10-2-2的画面上，金字塔的位置是合适的，但是镜头是移动的，所以必须让金字塔跟随镜头同步移动。我们可以通过设置层"Pyramid"的位置动画来实现，但是非常难以将二者同步移动，这时候，我们就要用到追踪技术了。

图 10-2-2

知识点：跟踪器

　　跟踪器是After Effects的关键帧助理工具中功能最强大、也是作用最广的一个工具。运动追踪器根据在第一帧中选择的区域中的像素为标准，来记录后续帧的运动。例如可以将一个燃烧的火焰素材与一个运动中的网球合成。跟踪器通过追踪网球的运动轨迹，使火焰与网球的运动轨迹相同，以完成合成效果。

　　After Effects可以对多种元素进行追踪。例如可以对一个影像片段中人物头部加入一个光环。可以让光环随着头部的运动而移动、旋转、缩放。同样，可以追踪某个物体的多个控制点。物体的外形变化通过控制点表现出来。例如，想要替代演员衣服上的标签，新标签的顶点会追踪旧标签的顶点。新标签的形状变化将对应于那些顶点运动。也可以应用某个特效的轴心点追踪。

　　应用运动追踪时，合成中应该至少有两个层（一个为追踪目标层，一个为连接到追踪点的层）或一个带有位置属性效果（该效果必须具备效果点）的层。下面，我们通过实例来学习追踪技术。

STEP 06 | 首先在合成中新建两个空对象来应用追踪结果。一般情况下，我们都在追踪结果应用到空对象上，再将层连接上去，这样便于调整。这里创建两个空对象是因为场景比较复杂，必须有多个特征点才能完成追踪。

STEP 07 | 追踪前，如果追踪对象带有场的话，必须做分离场的操作，这样才能得到最佳的追踪效果。在项目窗口中选择素材"BG.mov"，按"Ctrl + Alt + G"键，在弹出的解释素材对话框中【场和Pulldown】栏的【分离场】下拉列表中选择【低场优先】。如图10-2-3所示。

STEP 08 | 在【视图】菜单栏中选择【跟踪器】，打开【跟踪器】面板。在合成中选择层"BG"，单击【跟踪器】面板的【跟踪运动】按钮，自动切换到【图层】窗口下。如图10-2-4所示。

图 10-2-3

图 10-2-4

STEP 09 | 可以看到，【图层】窗口出现一个追踪范围框。

知识点：追踪范围

　　在进行运动追踪之前，首先需要定义一个追踪范围，追踪范围由两个方框和一个十字线构成。如图10-2-5所示。根据选择的追踪类型不同，追踪范围框数目也不同。可以在After Effects中进行一点追踪、两点追踪、三点追踪和四点追踪。

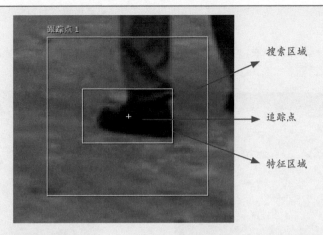

图 10-2-5

  外面的方框为追踪搜索区域，里面的方框为追踪特征区域，特征区域和搜索区域都由封闭的框架构成，并各带有4个控制点，通过移动控制点可以调整两个区域的范围。

  追踪点由十字线构成，追踪点与其他层的轴心点或效果点相连。当追踪完成后，结果将以关键帧的方式记录到图片层的相关属性，追踪点与其他层的轴心点相连。追踪点在整个的追踪过程中不起任何作用，它只是用来确定其他层在追踪完成后的位置情况。

  特征区域用于定义追踪目标的范围。系统记录当前特征区域内的对象明度和形状特征，然后在后续帧中以这个特征进行匹配追踪。对影像进行运动追踪，要确保特征区域有较强的颜色或亮度特征，与其他区域有高对比反差。在一般情况下，前期拍摄过程中，要准备好追踪特征物体，以使后期可以达到最佳的合成效果。并且在数字化素材的时候，尽可能使用无损压缩来保持素材精度（本书由于光盘容量的问题，所以素材都使用了有损压缩，但是对追踪影响不是很大，如果使用无损压缩追踪效果会更好）。

  搜索区域用于定义下一帧的追踪区域，搜索区域的大小与需要追踪的物件的运动速度有关。一般情况下被追踪素材的运动速度越快，也就意味着两帧之间的位移要越大，这时，搜索区域也要跟着增大，要让搜索区域包括两帧位移所移动的范围。搜索区域的增大带来追踪时间的增加问题。

⬎ STEP 10 | 开始第一段追踪。我们从影片的1秒15帧开始追踪。因为前面的时间摄像机都在地面上，拍不到金字塔，所以没有追踪的必要。

⬎ STEP 11 | 摄像机的移动包括了位置和角度的改变，所以我们必须同时对【位置】和【旋转】两个属性进行追踪。注意在【跟踪器】面板中激活【旋转】属性。如图10-2-6所示。

⬎ STEP 12 | 激活【旋转】属性后，新增一个追踪范围框。这种两点追踪是最常用的追踪方式。分别移动两个框到图10-2-7所示的特征点上，并扩大特征框和范围框的区域。在移动范围框的时候可以看到，范围框内被放大，以方便定位。

图 10-2-6

图 10-2-7

STEP 13 从窗口中的工作区域可以限定追踪范围。将追踪的起点设置到1秒15帧，将追踪的终点设置到2秒15帧。如图10-2-8所示。

STEP 14 设置追踪框和范围以后，我们再做进一步的设置。单击【跟踪器】面板的【选项】按钮，弹出【动态跟踪器选项】对话框。如图10-2-9所示。

图 10-2-8

图 10-2-9

知识点：追踪设置

【跟踪器增效工具】中设置追踪使用的插件。在不安装插件的状态下，默认情况下使用【内置】。

【通道】参数栏中可以指定后续帧中追踪对象的比较方法。【RGB】追踪影像的红、绿、蓝颜色通道；【明亮度】追踪区域比较亮度值；【饱和度】以饱和度为基准进行追踪。在追踪过程中，我们要根据特征区域和其他区域区别最明显的通道来进行追踪。

【匹配前增强】参数栏可以进行追踪前处理。可以在追踪前对影像进行模糊或锐化处理，以增强搜索能力。

激活【跟踪场】，可以在交错视频中的两个视频场中追踪运动。追踪场对帧速率加倍，确保能追踪两个场。

【子像素定位】参数进行子像素匹配。在特征区域中将像素分成更小的部分，在帧间进行匹配。划分得越小，追踪精度越高，但需要耗费大量的计算时间。

【如果置信度低于】参数用于精度百分比低于指定的宽容度时，如何处理。【预测运动】选项系统使用外推运动追踪隐藏对象的运动宽容度。【自适应特性】选项控制原始帧与后续帧用于匹配的量，使其便于追踪。如果追踪图形特征在追踪的帧中有较大的变化，如改变形状、颜色或亮度的改变，使用较大的值；如果追踪对象特征变化较小，使用较小的值。

STEP 15 将当前时间指示器移动至1秒15帧，在【跟踪器】面板中单击 ▶ 按钮开始追踪。追踪完成后，可以看到，【图层】窗口中出现追踪轨迹的关键帧。并且在追踪的连接目标对应属性上产生一系列的追踪关键帧。默认情况下，每次追踪数据都会按照"跟踪点 #"的方式被存储。如图10-2-10所示。如果需要进行完全相同的追踪，只需要调用追踪数据直接应用到目标上即可，省去再次追踪的时间。

图 10-2-10

Chapter 10 | 综合特效4

Chapter 01
Chapter 02
Chapter 03
Chapter 04
Chapter 05
Chapter 06
Chapter 07
Chapter 08
Chapter 09
Chapter 10

STEP 16 | 在【跟踪器】面板中单击【Edit Target】按钮，在弹出的【运动目标】对话框【图层】下拉列表中选择"空1"。单击【确定】按钮退出。

图 10-2-11

知识点：追踪目标

　　【运动目标】对话框中指定应用追踪效果的目标。【图层】下拉列表中可以指定连接到追踪点的层。如果需要将追踪连接到当前层的效果点上，可以选择【效果点控制】下拉列表中的效果点。

STEP 17 | 单击【应用】按钮，将追踪结果应用到空对象1上。在弹出的【动态跟踪器应用选项】对话框【应用维度】下拉列表中选择【X】和【Y】，如图10-2-12所示。

STEP 18 | 自动切换到【合成】窗口。可以看到，空对象1沿刚才追踪的轨迹开始移动。接下来，我们开始第二段追踪。仍然选择层"BG"，在【跟踪器】面板中单击【跟踪运动】，可以看到，【动态跟踪器】中出现了【跟踪器2】，这是第二个追踪数据。设置方法和前一次追踪相同。

STEP 19 | 在【图层】窗口中将追踪范围设到4秒11帧开始直到影片结束。并且如图10-2-13所示设置追踪范围框。将右边的树和左侧的树丛、楼房设为追踪特征，并扩大特征框和范围框的区域。

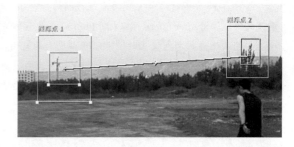

图 10-2-12

图 10-2-13

STEP 20 | 在【跟踪器】面板中单击 ▶ 按钮开始追踪。追踪完成后，将追踪目标设为空对象2，并应用到目标上。

STEP 21 | 选择层"Pyramid"，在影片的结束点将其放在图10-2-15所示的位置。

图 10-2-14

图10-2-15

STEP 22 | 在【父级】下拉列表中选择【空1】，将其指定为层"Pyramid"的父物体。

STEP 23 | 影片的前半部分金字塔还是没有动静。下面，选择【空1】，在【父级】下拉列表中选择【空2】，使其成为【空1】的父物体。注意将当前时间指示器移动至影片结束位置再连接父子关系。

STEP 24 | 重新播放影片，金字塔已经完全和影片镜头同步了。接下来，我们开始调色工作。

STEP 25 | 为层"Pyramid"应用【曲线】和【色相饱和度】特效。注意将【色相饱和度】特效放在下方，将【主饱和度】设为–65。下面开始调整曲线。

知识点：曲线

After Effects里的曲线控制与Photoshop中的曲线控制功能类似，可对图像的各个通道进行控制，调节图像色调范围，也可以用0至255的灰阶调节颜色。曲线特效控制是AfterEffects里非常重要的一个调色工具。

After Effects通过坐标调整曲线。图中水平坐标代表像素的原始亮度值，垂直坐标代表输出亮度值。可以通过移动曲线上的控制点编辑曲线，任何曲线的Gamma值表示为输入、输出值的对比度。向上移动曲线控制点降低Gamma值，向下移动增加Gamma值，Gamma值决定了影响中间色调的对比度。在曲线图表中，0~85的参数范围中改变曲线，将会影响图像的阴影部分；在86~170范围内改变曲线，将会影响中间色调的区域。在171~255范围内改变曲线可以影响高亮区域。曲线上最多由16个控制点组成。

首先需要在通道下拉列表中指定调节的图像通道。可以同时调节图像的RGB通道，也可以对红色、绿色、蓝色和Alpha通道分别进行调节。选中曲线工具 单击曲线，可以在曲线上增加控制点。如果要删除控制点，在曲线上选中要删除的控制点，将其拖动至坐标区域外即可。按住鼠标左键拖动控制点，可对曲线进行编辑。

选中铅笔工具 ，可以在坐区域中拖动游标，绘制一条曲线。

选择【平滑】工具可以平滑曲线。【重置】可以将坐标区域中的曲线恢复为直线。

【保存】可以将调节完成的曲线存储为一个.acv文件，以供再次使用。【打开】可以打开存储的曲线调节文件。注意After Effects可以打开Photoshop中存储的曲线调节文件。

使用曲线进行颜色校正时，可以获得更大的自由度。可以添加控制点到曲线上，拖动控制点进行更精确的调整。同时，曲线调整具有更加强大的交互性，可以看见曲线外形和图像效果之间的关联。 工具可以像绘画一样自由控制图像亮度级别。还可以为一切操作记录动画，系统将自动记录曲线的变化过程。

STEP 26 首先在【通道】下拉列表中选择【RGB】，如图10-2-16所示，在曲线下方增加控制点，向下拖动。

STEP 27 接下来切换到【红色】通道，增加图像中的红色，如图10-2-17所示。

STEP 28 最后切换到【蓝色】通道，增加蓝色，如图10-2-18所示。

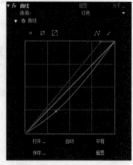

图 10-2-16　　　　　　　　　　图 10-2-17

图 10-2-18

STEP 29 调色完毕，金字塔已经和背景融为一体。下面我们复制两个金字塔，并缩小其中一个，如图10-2-19所示排列，产生金字塔群的效果。

Chapter 10 | 综合特效4

Chapter
01

Chapter
02

Chapter
03

Chapter
04

Chapter
05

Chapter
06

Chapter
07

Chapter
08

Chapter
09

Chapter
10

⬇ STEP 30 | 接下来在影片中加入动态云层。在项目中选择"SKY.mov"加入合成并放大，放在金字塔和背景之间。然后绘制一个矩形蒙版，设置垂直方向的羽化，让图像下方和背景有个半透明的过渡。

图 10-2-19

图 10-2-20

⬇ STEP 31 | 天空也应该和镜头同步。将层"Sky"连接到【空 1】上，建立父级关系。播放影片的过程中可以看到，天空随着摄像机移动，但是出现了空白，这是因为天空不够大的缘故。继续放大并移动天空位置至充满屏幕为止。注意播放影片，在不同位置比较并调整。最终结果如图10-2-21所示。

⬇ STEP 32 | 下面对整个场景进行调色，制作世界末日的效果。新建调整图层，并应用【曲线】特效。

⬇ STEP 33 | 切换到【RGB】通道，加亮场景，并提高对比度。如图10-2-22所示。

图 10-2-21

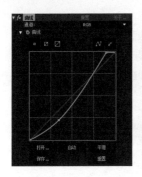

图 10-2-22

⬇ STEP 34 | 切换到【红色】通道，增加影片中的红色，如图10-2-23所示。

图 10-2-23

▶ STEP 35 ▌ 我们还需加强金字塔顶的反光。在合成中选择三个金字塔，按"Ctrl + Shift +C"键重组。将重组层联结到【空 2】上，注意在影片结束位置建立父级连接。并且绘制图10-2-24所示的蒙版，设置羽化值，仅包括金字塔尖即可。

▶ STEP 36 ▌ 在【时间轴】窗口开关面板中激活重组层的开关 ⊘ ，将其转换为调整图层，并应用【发光】特效。效果如图10-2-25所示。

▶ STEP 37 ▌ 影片制作完毕，输出观看效果。

在本例中，我们合成了一个魔幻场景。最重要的部分就是追踪。追踪的过程比较简单，但是需要注意的有两点：一是要最大地保持素材精度。二是选好特征点，这是保证追踪效果的重要因素。

图 10-2-24 图 10-2-25

在下一节中，我们将一段实拍素材通过特技加工合成，制作成一个经典的科幻镜头。

10.3 实例3

相信大家都对电影《终结者》中史瓦辛格的超酷机器人形象记忆犹新，本节我们来让自己成为未来的机器人战士。效果如图10-3-1所示。本节使用的特效是【色相/饱和度】、【色阶】、【提取】、【CC Glass】、【填充】、【快速模糊】、【曲线】、【梯度渐变】和【摄像机镜头模糊】，还用到一个特效模板。

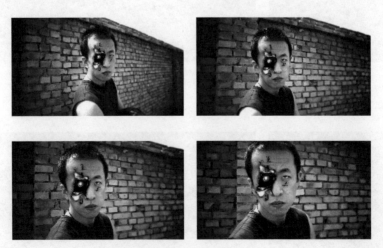

图 10-3-1

▶ STEP 01 ▌ 在项目窗口中双击，导入配套素材 > LESSON 10> FOOTAGE下的"FACE.mov" "Explwipe.mov" "Robot.jpg"和"Texture.jpg"。

Chapter 10 | 综合特效4

Chapter
01

Chapter
02

Chapter
03

Chapter
04

Chapter
05

Chapter
06

Chapter
07

Chapter
08

Chapter
09

Chapter
10

☒ STEP 02 ┃ 以素材 "FACE.mov" 产生合成。

☒ STEP 03 ┃ 首先将 "Texture.jpg" 加入合成，放在 "FACE" 上方。

☒ STEP 04 ┃ 我们需要使用纹理来产生破裂的皮肤。首先将【效果】>【颜色校正】>【色相/饱和度】特效应用到层 "Texture" 上。

☒ STEP 05 ┃ 在【通道控制】下拉列表中选择【红色】，将【红色亮度】设为–100，变为最黑，并扩大通道范围。如图10-3-2所示。

☒ STEP 06 ┃ 在【通道控制】下拉列表中选择【主】，将图像饱和度设为–100，转化为黑白图像，效果如图10-3-3所示。

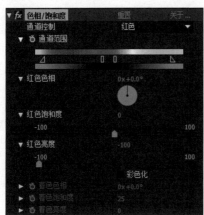

图 10-3-2　　　　　　　　　　　　　　　　　　　图 10-3-3

☒ STEP 07 ┃ 接下来需要提高图像的对比度，以方便后面使用。右键单击层 "Texture"，选择【效果】>【颜色校正】>【色阶】。

☒ STEP 08 ┃ 调整直方图，使画面呈现黑白效果，仅将破裂的纹理保留下来。如图10-3-4所示。

☒ STEP 09 ┃ 接下来我们将纹理的白色部分全部透明。透明的方法很多，这里我们用抠像来解决。选择【效果】>【键控】>【提取】，将【白场】参数设为50。效果如图10-3-5所示。

图 10-3-4　　　　　　　　　　　　　　　　　　　图 10-3-5

☒ STEP 10 ┃ 如图10-3-6所示绘制蒙版，选取需要使用的部分，并缩小移动至人物面部。注意将层的【缩放】属性X轴参数设为负值，翻转当前层。

☒ STEP 11 ┃ 复制纹理层，重新绘制蒙版，在人物面部增加一些小的伤疤纹理，效果如图10-3-7所示。

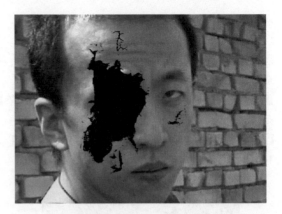

图 10-3-6   图 10-3-7

STEP 12 | 重组所有的纹理层，并起名为"SCAR"。

STEP 13 | 因为摄像机在动，所以有必要使用追踪技术让有疤痕的人物面部同步。首先为素材做场分离的操作。在项目窗口中选择"FACE.mov"，按"Ctrl + Alt + G"键，在解释素材对话框中【场和Pulldown】栏的【分离场】下拉列表中选择【高场优先】。

STEP 14 | 在合成中新建一个空对象，准备应用追踪结果。

STEP 15 | 选择层"FACE"，注意打开【跟踪器】面板，单击【跟踪运动】。在本例中摄像机除了位置和角度的移动外，还有推进的效果，所以追踪的时候必须包括缩放比例。在【跟踪器】面板中同时激活【位置】、【旋转】和【缩放】三项属性。如图10-3-8所示。

图 10-3-8

STEP 16 | 如图10-3-9所示，设置追踪范围框的位置，使其包括人物眼睛和嘴角，并适当扩大追踪范围，以获得更精确的追踪结果。

STEP 17 | 按 ▶ 按钮开始追踪，追踪完毕后，如图10-3-10所示，出现追踪轨迹。

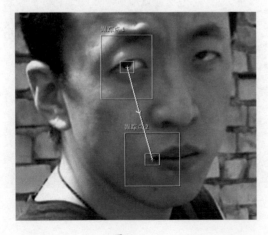

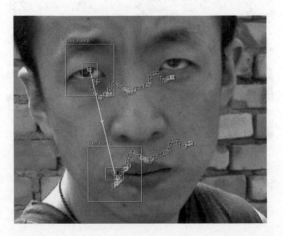

图 10-3-9   图 10-3-10

STEP 18 | 单击【编辑目标】按钮，在下拉列表中选择空对象。退出后单击【应用】按钮，将追踪结果应用到空对象上。

STEP 19 | 注意在影片的开始位置，将空对象指定为层"SCAR"的父物体。播放动画观看效果，伤疤和摄像机同步运动，和脸部融合在一起。注意在结束位置，有可能伤疤过大，由于角度的问题，伤疤会跑出人物面部。适当地缩小层"SCAR"可以解决这个问题。

STEP 20 | 下面需要将虚拟问题和疤痕合并为一个层。首先复制一个空对象，起名为"空 2"。选择"空 1"和层"SCAR"重组，起名为"SCAR MAP"。

STEP 21 | 暂时关闭重组层"SCAR MAP"，右键单击层"FACE"，选择【效果】>【风格化】>【CC Glass】。用这个特效来产生皮肤裂痕的厚度。

STEP 22 | 在【Bump Map】下拉列表中选择【SCAR MAP】，【Property】下拉列表中选择【Alpha】。调低浮雕效果，将【Softness】设为1，【Height】设为10，【Displacement】设为80。效果如图10-3-11所示。

STEP 23 | 现在的疤痕反光太强，塑料感明显，灯光照射角度也不是很好。展开【Shading】栏，将【Roughness】参数调到最低。在【Light】栏中调整【Light Direction】，观看效果，至满意为止。

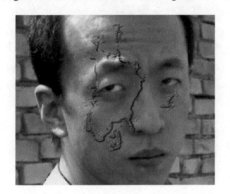
图 10-3-11

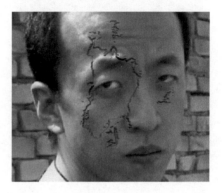
图 10-3-12

STEP 24 | 下面我们在皮肤的裂口下加入裸露出来的机器骨骼。在项目窗口中选择素材"Robot.jpg"，加入合成，放在重组层"SCAR MAP"下方。

STEP 25 | 在层"Robot"的【TrkMat】下拉列表中选择【Alpha遮罩"[SCAR MAP]"】，并移动层"Robot"到如图10-3-13所示的位置。终结者的面孔已经初步显现出来了。

STEP 26 | 下面我们在机器眼中加入火焰。在项目窗口中选择"Explwipe"加入合成。缩小该层到眼睛的大小，并按照眼睛形状绘制圆形蒙版，将层的混合模式设为【屏幕】。如图10-3-14所示。

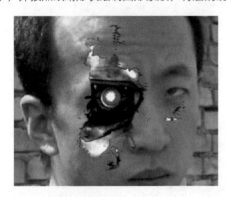
图 10-3-13

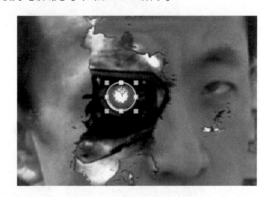
图 10-3-14

STEP 27 | 注意在影片的开始位置，在父级下拉列表中分别为层"Explwipe"和"Robot"指定"空 2"为父物体，建立父级关系。完成两个层和摄像机的同步。

STEP 28 | 现在的疤痕还有些硬，不是非常逼真，我们在周围添加一些血色。为重组层"SCAR MAP"创建一个副本，起名为"BLOOD"，放在层"FACE"和"Robot"之间。注意恢复该层显示。

STEP 29 ┃ 右键单击层"BLOOD"，选择【效果】>【生成】>【填充】，将填充颜色设为暗红色。为该层添加【快速模糊】特效，将【模糊度】参数设为30左右，将层模式设为【强光】。效果如图10-3-15所示。

STEP 30 ┃ 因为裂开的皮肤和机械头骨之间是有距离的，所以为了加强立体感，要在裂痕上加上投影。复制层"SCAR MAP"，改名为"Shadow"，将其放在最上层，恢复显示，并且将层模式设为【相加】。

STEP 31 ┃ 右键单击层"Shadow"，选择【图层样式】>【内阴影】，将【不透明度】参数设为100%，增加不透明度。将【大小】参数设为20，增加阴影尺寸。将【角度】参数设为60，改变投影角度。效果如图10-3-16所示。

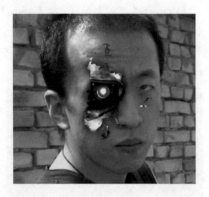 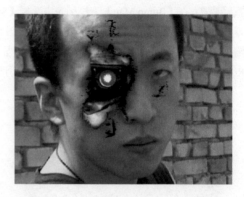

图 10-3-15　　　　　　　　　　　　　　　图 10-3-16

STEP 32 ┃ 下面对影片进行调色。新建一个调整图层，放在最上层。我们先应用一个预制调色模板。在【效果和预设】面板中展开【动画预设】>【Presets】>【Image – Creative】，选择【晕影照明】，将其拖到调整图层上。效果如图10-3-17所示。

图 10-3-17

STEP 33 ┃ 接下来为调整图层应用【曲线】特效。在【通道】栏选择【RGB】，调节曲线，增加亮度和对比度。如图10-3-18所示。

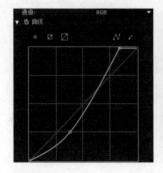 

图 10-3-18

Chapter 10 | 综合特效4

Chapter
01

Chapter
02

Chapter
03

Chapter
04

Chapter
05

Chapter
06

Chapter
07

Chapter
08

Chapter
09

STEP 34 | 接下来在【通道】下拉列表中选择【红色】。如图10-3-19所示调节红色通道。减弱暗部区域的红色，提升亮部区域的红色。

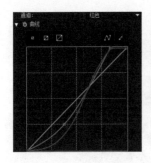 

图 10-3-19

STEP 35 | 最后调整蓝色通道，在【通道】下拉列表中选择【蓝色】，如图10-3-20所示调整曲线。减弱暗部、提高亮部。

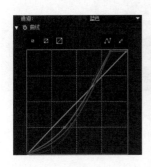 

图 10-3-20

STEP 36 | 调色到这里就基本完成了。最后我们加入镜头聚焦的效果。首先新建一个纯色层，并应用【效果】>【生成】>【梯度渐变】特效，选择【径向渐变】方式，调整两个渐变颜色的位置，如图10-3-21所示。

STEP 37 | 以【将所有属性移动到新和成】方式重组纯色层，起名为"Depth Map"。并关闭该层显示。

STEP 38 | 右键单击调整图层，选择【效果】>【模糊和锐化】>【摄像机镜头模糊】。

STEP 39 | 在【景深映射图层】下拉列表中指定刚才制作的渐变重组层"Depth Map"，将其作为深度贴图。

STEP 40 | 将【模糊焦距】设为80。最终效果如图10-3-22所示。

图 10-3-21   图 10-3-22

    影片到这里就全部完成了。我们通过对纹理层的使用，并添加一些特效，最终完成了终结者机器人的效果。同上一节相同，追踪在本例中起到了至关重要的作用。在下一节中，我们将学习新的工具——稳定。它同追踪类似，但是作用又有所不同。

10.4 实例4

本节将制作一个人因愤怒变为恶魔的效果。如图10-4-1所示。本节应用的特效有【液化】、【曲线】、【色相/饱和度】、【梯度渐变】和【摄像机镜头模糊】。

图 10-4-1

▶ STEP 01 | 在【项目】窗口中双击，导入配套素材 > LESSON 10> FOOTAGE下的"DEMON.mov"，并以其产生一个合成。

▶ STEP 02 | 我们要对人物的面部进行变形。但是在使用特效的时候，由于面部会动，所以特效的位置会不断变动，最后的效果也会非常差。例如本来鼻子变大的地方，由于过几秒后该位置变成耳朵，就变成了放大镜的效果。这和我们需要的效果是不同的。有两个办法解决这个问题：第一，让头部的位置始终固定；第二，为特效制作关键帧动画。第二个方法费时、费力，最后的效果也很难实现，所以，我们就要用第一种方法。

▶ STEP 03 | 画面中的摄像机是动的，人物也是动的，如何让头部位置始终固定呢？这里我们将使用After Effects的稳定工具，首先使头部居中，然后再使用表达式连接，让画面恢复正常尺寸，最后应用特效。

▶ STEP 04 | 选择层"DEMON"，打开【跟踪器】面板，单击【稳定运动】按钮。如图10-4-2所示。

图 10-4-2

知识点：稳定运动

【稳定运动】工具首先设定一个追踪区域，然后对这个区域内的像素进行追踪，得到这个区域的抖动情况，最后根据追踪到的数据进行平稳处理。这个工具通过层本身的移动消除了不希望的运动。

▶ STEP 05 | 由于镜头在动，人在动，动作比较复杂，所以我们需要全方位的追踪。在【跟踪器】面板中同时激活【位置】、【旋转】属性。

▶ STEP 06 | 追踪前仍然先分离场。在项目窗口中选择"DEMON.mov"，按"Ctrl + Alt + G"键，在解释素材对话框中【场和Pulldown】栏的【分离场】下拉列表中选择【低场优先】。

Chapter 10 | 综合特效4

Chapter
01

Chapter
02

Chapter
03

Chapter
04

Chapter
05

Chapter
06

Chapter
07

Chapter
08

Chapter
09

Chapter
10

STEP 07 | 如图10-4-3所示，设置追踪范围框位置，以眼睛为特征进行追踪。注意加大追踪范围，以提高追踪精度。

STEP 08 | 单击 ▶ 按钮开始追踪，追踪完毕后，出现图10-4-4所示的追踪轨迹。

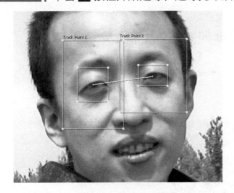
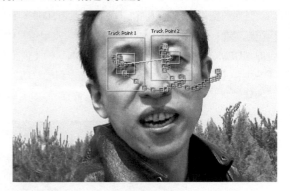

图 10-4-3　　　　　　　　　　　　　　　　　　　图 10-4-4

STEP 09 | 和前面的运动追踪不同，稳定工具是对当前层自身的操作，所以不用选择目标。单击【应用】按钮，应用追踪结果。可以看到，追踪结果应用后，层的位置、轴心和旋转，都应用了追踪关键帧。图像开始旋转、移动，实际上，稳定就是一个以动制动的过程。

图 10-4-5

STEP 10 | 播放影片可以发现，头部始终固定在画面中央。但是又有个问题，画面在合成中移动、缩放时，无法充满屏幕。下面我们要解决这个问题。不能用简单的缩放来解决，这里我们使用表达式来控制。

STEP 11 | 按 "Ctrl + Shift + C" 键，以【将所有属性移动到新合成】方式重组层，并起名为 "DEMON Stabilize"。

STEP 12 | 在【项目】窗口中双击 "DEMON Stabilize"，将其打开在【时间轴】窗口中。按住鼠标左键将其向下拖，打开新的【时间轴】窗口。如图10-4-6所示。

图 10-4-6

STEP 13 在合成"DEMON"中展开重组层"DEMON Stabilize"的【变换】属性。同样在合成"DEMON Stabilize"中也展开【变换】属性。

STEP 14 首先放大重组层。注意当前合成为"DEMON Stabilize"。按"Ctrl + K"键，打开合成设置窗口。注意长宽比锁定是激活的，将大小设为2 000×1 500，放大合成。

STEP 15 在合成"DEMON"中分别为重组层"DEMON Stabilize"的【锚点】属性创建表达式，连接到合成"DEMON Stabilize"中层"DEMON"的【位置】属性上；【位置】属性添加表达式，连接到【锚点】属性上；【旋转】属性添加表达式，连接到层"DEMON"的【旋转】属性上。注意在【旋转】属性的表达式编辑栏加上"*-1"的语句，减弱旋转效果。如图10-4-7所示。

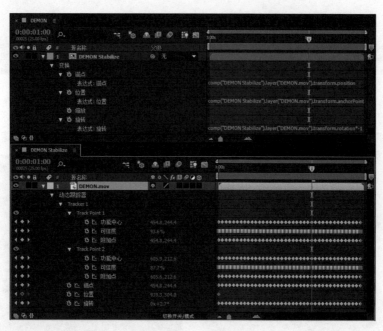

图 10-4-7

STEP 16 下面我们制作面部变形效果。关闭合成"DEMON Stabilize"。在合成"DEMON"中，右键单击重组层"DEMON Stabilize"，选择【效果】>【扭曲】>【液化】，将当前时间指示器移动到1秒左右位置。

STEP 17 选择 ▓ 工具，在鼻子上拖动，放大鼻子。如图10-4-8所示。

STEP 18 在【画笔大小】栏加大笔刷尺寸，放大嘴部。如图10-4-9所示。

图 10-4-8

图 10-4-9

STEP 19 选择 ▓ 工具，如图10-4-10所示，分别拖动鼻子、眼睛、嘴巴各部分，做夸张的变形。注意根据变形的面积不断调整笔刷尺寸和压力。

STEP 20 | 开始阶段不需要变形，下面我们来设置变形过程的动画。在影片17帧左右位置，即头还未前倾的时候，激活【扭曲百分比】属性的关键帧记录器，将其设为0。

STEP 21 | 移动当前时间指示器到20帧左右位置，完全变形，将【扭曲百分比】设为100。

STEP 22 | 移动当前时间指示器到1秒10帧左右位置，这段时间内完全保持恶魔的状态，为【扭曲百分比】参数添加状态为100的关键帧。

STEP 23 | 移动到1秒12帧左右位置，将【扭曲百分比】参数设为0，结束变形。

动画设置完毕后，预览效果，修改变形效果不太好的地方，使用 🖳 工具可以恢复变形前的原始效果。

STEP 24 | 接下来我们对恶魔的面孔做进一步的修饰。首先就是改变面部颜色。新建一个调整图层，并如图10-4-11所示绘制蒙版，设置羽化。

图 10-4-10

图 10-4-11

STEP 25 | 将重组层"DEMON Stabilize"指定为调整图层的父物体，这样可以让蒙版跟随面部一起动。

STEP 26 | 播放动画，可以看到，虽然蒙版位置和人头符合，但是由于头部靠近放大的效果，所以蒙版的大小还得变化一下。根据图像变化，为【蒙版路径】属性设置关键帧动画，使其始终包裹人头。注意只需要在变形阶段制作动画，正常阶段我们不使用调整图层。

STEP 27 | 为调整图层应用【曲线】特效，加深对比度；并添加【色相/饱和度】特效，降低饱和度，效果如图10-4-12所示。

STEP 28 | 变形没有开始和变形结束的时候面部颜色不需要改变。根据刚才变形的时间，为调整图层设置【不透明度】属性的关键帧动画。变形没有开始的时候，不透明度为0，变形开始不透明度为100。

STEP 29 | 接下来新建第二个调整图层。如图10-4-13所示绘制蒙版，设置羽化，并根据画面变化制作关键帧动画。添加【曲线】特效，提高对比度，加深眼睛和嘴部的颜色，让恶魔的效果更加强烈。

图 10-4-12

图 10-4-13

▶ STEP 30 ┃ 下面我们对影片整体进行调色。新建调整图层，为其应用【曲线】特效。首先调整【RGB】曲线，提高对比度。如图10-4-14所示。

▶ STEP 31 ┃ 接下来调整【红色】和【蓝色】曲线，分别降低暗部的红色和蓝色，曲线形状和【RGB】曲线类似。

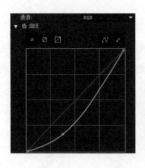 

图 10-4-14

▶ STEP 32 ┃ 最后我们降低图像的颜色饱和度。应用【色相/饱和度】特效，将饱和度调低到−50左右。效果如图10-4-15所示。

▶ STEP 33 ┃ 颜色调节完毕。最后我们加入镜头聚焦效果。方法和上一节相同。首先新建一个纯色层，应用【梯度渐变】特效，如图10-4-16所示设置渐变。并重组为"Depth Map"层。

图 10-4-15

图 10-4-16

▶ STEP 34 ┃ 为【调整图层 3】应用【摄像机镜头模糊】特效。在【景深映射图层】下拉列表中选择【Depth Map】。将【光圈半径】设为40，增加模糊效果。在影片15秒左右位置激活【模糊焦距】参数的关键帧记录器，将其设为80，影片1秒左右将其设为60，调整聚焦距离动画。最终效果如图10-4-17所示。

本节的练习到这里就结束了。本节对稳定的使用非常重要，注意在进行稳定后，还要通过表达式来恢复层的大小使其符合合成。

图 10-4-17

10.5 实例5——和3ds Max协同工作

After Effects CC可以和3ds Max协同进行工作。在3ds Max中，可以输出RLA或RPF文件。它们除了包括大部分格式文件都有的颜色通道和Alpha通道，还包括G-Buffer通道。RPF格式的文件比RLA格式的文件更优越。它可以保留从3ds Max中命名的对象名称，能够包括更加完整的G-Buffer通道。在学习本节内容时需要注意，读者应该有一定的3ds Max软件基础，涉及该软件的操作会简单带过，其不在本书学习范围。

知识点：在3ds Max中输出G-Buffer通道

要在After Effects CC对RLA或RPF文件进行特效合成，必须在3ds Max中渲染输出文件时，输出G-Buffer通道。

在3ds Max中选择要指定Object ID的对象，单击鼠标右键，在弹出的菜单中选择属性（Properties）。如图10-5-1所示。

可以在弹出的对话框中看到【G-Buffer】选项。在【Object Channel】栏中输入对象ID号。如图10-5-2所示。默认情况下，场景对象的ID为0。需要注意的是，对象的ID号必须是唯一的。如果不同的对象ID号相同，则Combustion中无法对其进行区分。

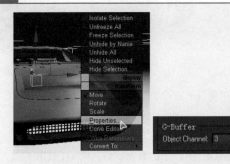

图 10-5-1　　　　　　图 10-5-2

不但可以为对象赋予ID号，还可以为应用于对象的材质赋予ID。Combustion同样可以识别3ds Max中的材质ID。

在材质编辑器中，可以看到图10-5-3所示的材质 ID列表。可以选择ID号赋予材质，也可以为子材质赋予材质ID。同对象ID相同，对象的材质ID也必须是唯一的。

ID设置完毕后，开始渲染影片。在渲染对话框中单击【Save】栏【File】按钮，存储文件。可以将影片渲染为RLA或RPF格式。选择文件格式后，系统自动弹出设置对话框。可以在其中选择输出的通道类型，也可以输出Z轴信息、ID信息、像素信息等。如图10-5-4所示。

图 10-5-3

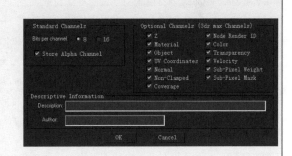

图 10-5-4

需要注意的是，由于带有许多通道信息，所以RLA或者RPF文件非常巨大。RPF是RLA的扩展格式，可以带有更多的信息，一般情况下，我们使用RPF文件。

有关于3ds Max的更多信息，可以参照相关书籍进行学习。下面，我们学习如何在After Effects中处理RLA/RPF文件。

After Effects通过【3D 特效】的特技效果，可以读取和操纵3D文件附加的通道信息，包括Z深度、对象ID、背景色、材质ID等；还可以沿Z轴蒙版3D元素，在3D场景中插入其他元素，模糊3D场景，分离3D元素，应用带有深度的烟雾特技效果，以及提取3D通道信息作为其他特技效果的参数等。下面，我们通过一个实例学习处理RPF文件的方法。效果如图10-5-5所示。

图 10-5-5

实例中将调入一个RPF动画，在After Effects CC中将一些元素合成到动画中，并使用RPF摄像机和ID信息。

STEP 01 以序列方式导入配套素材 > LESSON 10> FOOTAGE >RPF下的素材，导入FOOTAGE下的 GIRL A、GIRL B、GIRL C。

STEP 02 首先以素材"RPF CAMERA"产生一个合成。

STEP 03 右键单击层"RPF CAMERA"，选择【关键帧辅助工具】>【RPF摄像机导入】。经过短暂的计算，可以看到，系统自动在合成中产生一个摄像机。展开摄像机，可以看到，三维场景中的摄像机轨迹以关键帧的形式被读取进来。如图10-5-6所示。切换到【自定义视图】下，也可以看到摄像机轨迹。需要注意，RPF摄像机必须在英文文件夹下方可导入。

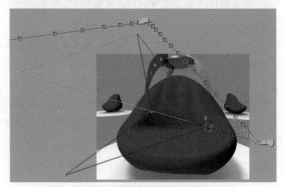

图 10-5-6

知识点：RPF摄像机

RPF文件可以携带3ds Max中的摄像机信息。这样，当我们将After Effects中的对象合成到RPF文件的场景中时，就可以使用RPF场景的信息。能够携带摄像机信息非常重要。因为如果需要合成的目标场景摄像机是运动的，就涉及在合成时需要使用与该场景完全相同的视角对合成的对象进行观察。如果不能使用三维场景的摄像机信息，而是通过After Effects摄像机调整视角，要做到合成对象和场景的准确对位非常困难。而使用RPF摄像机就不需要考虑这个问题，因为计算机会自动将对象放置到三维场景中，并使用三维场景中的摄像机观察对象。我们只要调整合成对象的位置就可以了。

STEP 04 下面我们在场景中加入元素，通过使用RPF摄像机，让元素和场景完美结合。选择素材"GIRL A.PSD"拖入合成。单击 ⬡ 按钮，将其转换为3D层。

STEP 05 缩小并移动层"GIRL A"到图10-5-7所示的位置。注意为了和三维场景准确对位，必须拖动当前时间指示器，在各个时间点观察位置是否合适，直到调整层"GIRL A"到一个准确的位置。

图 10-5-7

Chapter 10 | 综合特效4

Chapter
01

Chapter
02

Chapter
03

Chapter
04

Chapter
05

Chapter
06

Chapter
07

Chapter
08

Chapter
09

Chapter
10

STEP 06 | 接下来在第二个沙发上坐一个美女。选择"GIRL B.PSD"拖入合成，转换为3D层，调整位置，使其坐在第二个沙发上。如图10-5-8所示。

图 10-5-8

STEP 07 | 按上面的方法加入第三个美女"GIRL C"，调整好位置。如图10-5-9所示。

图 10-5-9

STEP 08 | 播放影片观察效果，可以发现出现一些问题，在镜头转过去的时候，本该被沙发遮挡的人物也显现出来。下面修改各层的出点，使其在看不到的地方不再出现。如图10-5-10所示。

图 10-5-10

STEP 09 | 接下来我们在场景中加入旋转字幕。具体制作方法和第4章中的旋转字幕类似。这里不再赘述，参考图10-5-11所示的参数制作即可。

图 10-5-11

STEP 10 | 播放影片可以发现，本该被沙发遮挡的旋转字幕出现在沙发前方。如图10-5-12所示。

STEP 11 | 把字幕层拖到层"RPF CAMERA"下方可以解决这个问题，但是在影片的最后发现问题又出现了。本该被遮挡住的远处沙发跑到字幕层的前面来了。如图10-5-13所示。看来，单纯的移动层是没有办法解决这个遮挡问题的。把层放回到层"RPF CAMERA"上方。

▣ STEP 12 ▏下面我们使用ID信息来解决这个问题。

▣ STEP 13 ▏选择层"RPF CAMERA"，按"Ctrl + D"键，创建副本，并改名为"沙发A"，将其放在字幕层上方、"GIRL A"下方。如图10-5-14所示。

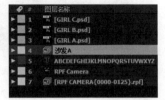

图 10-5-12   图 10-5-13   图 10-5-14

▣ STEP 14 ▏下面我们把沙发单独提取出来。右键单击层"沙发A"，选择【效果】>【3D 通道】>【ID遮罩】。

▣ STEP 15 ▏在效果控件对话框中，【辅助通道】的下拉列表中选择【对象ID】，将【ID Selection】设为5。如图10-5-15所示。这里选择5是因为在三维软件中输出的时候，将沙发A的ID通道指定为5。现在可能还看不到效果。关闭下面的"RPF CAMERA"就可以看出效果了，如图10-5-15所示。

▣ STEP 16 ▏把层"沙发A"和"GIRL A"对齐出点。接下来复制层"沙发A"，并改名为"沙发B"，将其放在层"GIRL A"和层"GIRL B"之间。再将"沙发B"的ID号设为6。如图10-5-16所示，并将其出点与"GIRL B"对齐。

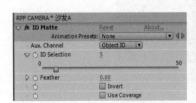

图 10-5-15   图 10-5-16

▣ STEP 17 ▏继续复制一个层"沙发C"，放在层"GIRL B"和"GIRL C"之间，将ID号设为7，并将出点拖到影片结束。如图10-5-17所示。

▣ STEP 18 ▏最后新建一个形状图层，如图10-5-18所示设置渐变效果，将其放在最底层作为背景。恢复层"RPF CAMERA"的显示。影片制作完毕。

图 10-5-17   图 10-5-18

Chapter 10 | 综合特效4

Chapter 01
Chapter 02
Chapter 03
Chapter 04
Chapter 05
Chapter 06
Chapter 07
Chapter 08
Chapter 09
Chapter 10

除了使用RPF摄像机信息、ID通道外，还可以使用Z轴信息来产生变焦、雾化等效果。这些效果比较简单，可以自己试一下，都在【3D通道】特效组下。

10.6 和C4D协同工作

CINEMA 4D（C4D）是一款强大色三维动画软件。它功能强大，使用便捷，在影视包装领域使用非常广泛。尤其是在与After Effects的协同工作上，它是所有三维软件中最好的。在学习本课内容时需要注意，读者应该有一定的CINEMA 4D软件基础，涉及该软件的操作会简单带过，其不在本书学习范围。

10.6.1 导入C4D场景

After Effects可以导入C4D的场景文件，并加以处理和合成。方法非常简单，在【项目】窗口中双击，找到模型所在的文件夹，选择后导入即可。如图10-6-1即可。

模型导入后会在【项目】窗口中显示，和其他素材相同。新建一个合成后，将模型拖入合成中即可进行编辑、修改。

在After Effects中，可以对C4D场景的摄像机、灯光进行操作，对模型进行分层修改，同时还可以提取指定部件的空间位置以进行特效合成。要使用这些信息，我们需要在C4D保存模型的时候做一些设置。

CINEMA 4D

在C4D中模型的【对象】面板中选择需要在After Effects中提取数据的对象，单击右键后选择【CINEMA 4D标签】>【外部合成】，为对象添加一个外部合成标签。如图10-6-2所示。

可以看到，【对象】面板中的目标旁会显示外部合成标签 。如图10-6-3所示。

After Effects

加了外部合成标签的对象即可在After Effects中进行编辑。还是回到After Effects，加入到合成中的场景模型看来没有什么特别。打开模型层的【效果控件】对话框看看。（注：学习使用的模型位于配套素材>LESSON 10>C4D。）

如图10-6-4可以看到，模型层自动添加了【CINEWARE】特效。该特效位于【效果】>【CINEMA 4D】中。利用这个特效，就可以提取C4D模型文件的场景信息。下面来看看主要的参数设置。

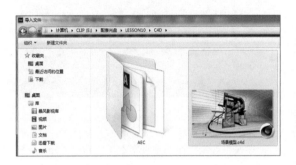

图 10-6-1

图 10-6-2   图 10-6-3

图 10-6-4

首先来看看最下方【CINEMA 4D Scence Data】参数，单击【提取】，可以提取模型的场景信息。可以看到，场景中设置了外部标签的对象全部成为合成中的层。如图10-6-5所示。

再来看看摄像机操作。在【效果控件】对话框中【CINEWARE】特效的【Project Settings】栏下可以看到【Camera】下拉列表。列表中可以选择使用的摄像机。选择【Comp Camera】后，可以通过合成的摄像机来控制场景。如图10-6-6所示。

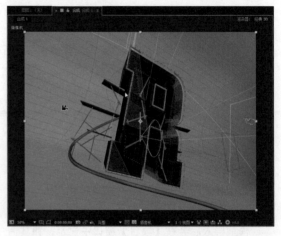

图 10-6-5

图 10-6-6

在使用摄像机前，先来看看【Render Settings】中的设置。渲染设置中主要对场景的渲染引擎以及渲染方式进行设置。在【Renderer】下拉列表中有【Software】、【Standard（Draft）】和【Standard（Final）】三种方式。渲染质量依次上升，但是刷新时间也会大幅增加。效果如图10-6-7所示。一般情况下，我们在调整场景时使用【Software】，最终输出切换到【Standard（Final）】即可。

图 10-6-7

在场景调整过程中，如果场景比较复杂或者机器不给力，还可以在【Software】模式下的【Display】下拉列表中选择【Wireframe】或者【Box】，以线框或盒子形状显示场景模型，以加快刷新速度。如图10-6-8所示。

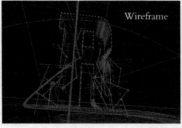
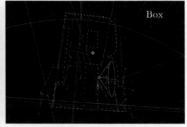

图 10-6-8

Chapter 10 | 综合特效4

Chapter
01

Chapter
02

Chapter
03

Chapter
04

Chapter
05

Chapter
06

Chapter
07

Chapter
08

Chapter
09

Chapter
10

在【Current Shading】显示模式下，还可以勾选其中的三个选项，来选择是否使用纹理或投影等加速显示。

场景中的摄像机或灯光调整和动画方式同After Effects的三维合成调整方式相同，这里不再赘述。再来看下，在【CINEWARE】特效【Multi-Pass（Linear Workflow）】参数栏下，单击【Add Image Layers】，可以将模型的诸如漫反射、投影、反射、全局光等材质属性通过分层逐个显示出来。如图10-6-9所示，单击【Add Image Layers】按钮，经过短暂的计算，合成中新增多个材质层。

图10-6-9

这些层上都会有一个【CINEWARE】特效。我们也可以通过【Set Multi-Pass...】按钮，为该层重新制定显示的材质属性。通过为不同的材质属性施加特效调整，可以在模型上实现复杂的材质效果。例如可以为漫反射层加一个效果来改变其色相，而在投影层上加一个效果改变亮度，如图10-6-10所示。需要注意的是，调整材质时应该在【Standard】模式下进行。

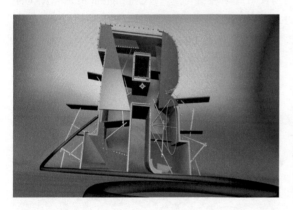

图 10-6-10

10.6.2　导入AEC文件

除了上述直接导入C4D场景外，C4D还提供了一种AE合成文件——AEC文件，以方便将C4D中的三维数据导入After Effects以供合成。

CINEMA 4D

以上一个场景为例。如果我们需要在场景中制作一个绕着文字旋转的粒子光束，就可以使用AEC文件来完成，非常方便。首先，我们在CINEMA 4D软件创建一个螺旋样条线，然后创建一个空物体使其沿螺旋样条线向上盘旋行进。这个空物体将是接下来我们在After Effecs中粒子发射器的参考目标，如图10-6-11所示。

动画设置完毕后，我们要为需要导出数据的目标制定外部合成标签。在这里就是刚才设置了沿路径行走动画的"平面"，为其在【CINEMA 4D标签】中指定一个【外部合成】标签。

标签指定完成后，需要输出动画。在【渲染】菜单中选择【编辑渲染设置】。注意在【保存】面板下展开【合成方案文件】。在【目标程序】下拉列表中选择【After Effects】，注意勾选【包括3D数据】。单击【保存方案文件】，制定存放AEC文件的目标路径。如图10-6-12所示。

图 10-6-11   图 10-6-12

接下来指定渲染文件的格式，包括渲染尺寸、范围等，然后进行渲染即可。渲染完毕后会得到一个AEC文件和场景的渲染视频或序列图片。接下来我们要在After Effects中导入并使用。

After Effects

After Effects导入AEC文件时需要一个插件。首先打开C4D软件安装目录，在C:\Program Files\MAXON\CINEMA 4D R×（注：您的软件版本号）\Exchange Plugins\aftereffects中，找到对应操作系统和After Effects版本文件夹，可以看到插件"C4DImporter.aex"，将该插件复制到After Effects的插件目录中即可。

启动After Effects，在【项目】窗口双击，找到刚才输出的AEC文件所在文件夹，将其导入。（注：配套素材>LESSON 10>C4D>AEC下。）

导入后可以在【项目】窗口中看到两个文件夹。一个文件夹是刚才的AEC文件和输出的图片序列。另一个是固态层文件夹，里边的空白层即之前设置路径动画的空物体，如图10-6-13所示。

双击合成将其打开。可以看到，场景中的摄像机、灯光以及空白物体信息都已导入合成。选择层"空白"，可以看到动画路径。如图10-6-14所示。按"U"键展开该层所有动画关键帧。

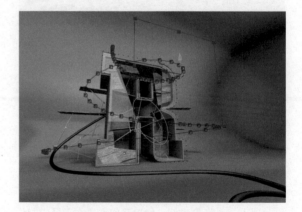

图 10-6-13   图 10-6-14

场景光效的制作方法很多。在第7章已经专题讨论，这里不再赘述。我们着重讲一下如何将动画数据应用到粒子发射器上。还是以【Particular】为例。新建一个纯色层，为其应用【Particular】效果。

在【时间轴】窗口中展开【Particular】特效的【Emitter】发射器卷展栏。我们需要通过表达式将粒子发射器的位置捆绑到C4D场景中的空物体上。首先捆绑X、Y轴位置。选择【位置XY】，按"Alt + Shift +"键：添加表达式。

从【位置XY】表达式栏的 ⊚【表达式关联器】上拖动链接到层"空白"的【位置】属性上。表达式关

Chapter 10 | 综合特效4

Chapter
01

Chapter
02

Chapter
03

Chapter
04

Chapter
05

Chapter
06

Chapter
07

Chapter
08

Chapter
09

Chapter
10

联自动建立。如图10-6-15所示。

  X、*Y*轴上的粒子位置建立了。接下来建立*Z*轴的粒子位置。选择粒子的【位置Z】参数，按"Alt＋Shift＋∶"键添加表达式。从【表达式关联器】上拖动链接到层"空白"的【位置】属性Z轴参数上。如图10-6-16所示。

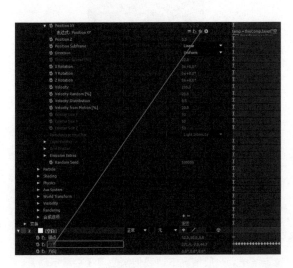

图 10-6-15   图 10-6-16

  链接完成，播放影片，可以看到粒子跟随场景中的路径行进。如图10-6-17所示。接下来，我们进一步调整粒子参数，利用之前学到的知识，制作一个炫酷的光效。注意场景中的遮挡通过设置【Visibility】参数来实现即可。

图 10-6-17

  C4D和After Effects的协同工作还有很多方法，利如用第三方插件Element导入模型并重新编辑材质等。相信在后续的版本中，After Effects的三维合成功能会更加强大、完善。

10.7   稳定工具

  当我们使用肩扛拍摄的时候，镜头抖动是难免的。这也是为什么我们通常需要使用三脚架的原因。但是在很多情况下，无法使用三脚架，这时候如何防止拍摄时的抖动就是一个大问题了。通过后期来解决这个问题，是一个比较经济、实用的方案。

在配套素材 > LESSON 10 > FOOTAGE文件夹中提供了一段用于稳定的素材"稳定素材.mp4"。这段素材在车上拍摄,抖动比较厉害。

STEP 01 首先以"稳定素材.mp4"产生一个合成。播放影片可以发现,抖动非常厉害。

STEP 02 右键单击层"Stabilizer 1",选择【变形稳定器VFX】应用稳定工具。也可以在【跟踪器】面板中直接单击【变形稳定器】按钮应用稳定。如图10-7-1所示。

STEP 03 应用稳定后,【合成】窗口画面上出现"在后台分析"提示,系统开始自动分析影片中的场景信息,这是稳定工作的第一步。如图10-7-2所示。【效果控件】对话框中会自动应用【变形稳定器VFX】特效,并显示计算进度。

图 10-7-1

STEP 04 场景信息分析完毕后,系统会自动进行第二步,对画面进行稳定操作。如图10-7-3所示。

STEP 05 画面上的橙色条消失后,稳定完成。非常简单,不需要任何设置,完全由系统自动完成。播放影片观看效果,镜头的抖动被消除了。

STEP 06 如果稳定效果不是很好的话,我们还可以对特效【变形稳定器VFX】参数做进一步调整,来根据素材不同改善效果。注意修改参数后,系统仅重做稳定的第二步,第一步分析完成后不用重来一遍。

STEP 07 在【结果】下拉列表中可以选择如何应用稳定结果。一般情况下,我们都使用【平滑运动】,不然画面会偏差得非常厉害。

图 10-7-2

图 10-7-3

STEP 08 在【方法】中可以设定用何种方法来进行稳定。系统提供了四种方法:移动画面,移动缩放和旋转画面,改变画面透视关系,以及拉伸像素处理稳定。一般情况下,使用【位置、缩放、旋转】就可以得到不错的效果。默认处理方法是【子空间变形】,抖动比较厉害的时候,这种方法的效果会比较好。

STEP 09 【取景】下拉列表中用于设置稳定后如何处理画面,其中提供了四种处理方法,都比较简单,自己试一下就明白了。一般情况下我们使用【稳定、裁剪、自动缩放】,将稳定后的画面自动缩放到合成大小,放大后【自动缩放】栏会自动显示放大比例。如果使用前两种处理方法,也可以调整【其他缩放】参数手动放大画面。

STEP 10 【稳定、人工合成边缘】可以不改变画面大小,自动通过重复边缘像素来填补空白区域。这种方法的好处是可以保证画面质量,但是如果场景比较复杂,自动重复的边缘效果不是很好。

STEP 11 【平滑度】参数是指绘制稳定的平滑度,数值越高,摄像机运动越平滑,抖动越弱。但是注意这个参数并不是越高越好。因为前面我们讲到,后期的抖动实际上是以动制动,画面移动后出现的空白区域主要靠放大画面来填补。如果空白区域过大,放得太大会影响画面质量。所以,这里的【平滑度】参数根据画面的抖动情况,设置一个合适的值就可以了。【高级】栏可以对追踪做进一步设置,通常使用默认值即可。

　　稳定的代价是牺牲一些画质，所谓"鱼与熊掌不可兼得"。所以，前期尽量让镜头稳定一些是必需的，该使用三脚架的时候一定要使用，如果抖动太厉害，那是用稳定器也是无济于事的。

10.8　跟踪摄像机

　　After Effects CC中的摄像机反求功能简单、易用。对于我们后期将三维特效合成到实拍场景中非常有用。利用跟踪摄像机工具，我们可以快速将实拍场景的摄像机运动信息反求出来，并产生一个After Effects的合成摄像机。下面，我们使用一段速度来学习跟踪摄像机的使用方法。

STEP 01 | 首先在配套素材 > LESSON 10 > FOOTAGE中选择素材"跟踪摄像机"，产生一个合成。

STEP 02 | 右键单击层"跟踪摄像机"，选择【跟踪摄像机】，计算机开始分析摄像机信息。如图10-8-1所示。

STEP 03 | 分析完毕后，可以看到，画面上显示反求摄像机的跟踪点。如图10-8-2所示。

STEP 04 | 在【效果控件】对话框中单击【创建摄像机】按钮，可以看到，【时间轴】窗口中新增【3D 跟踪器】摄像机，如图10-8-3所示。

STEP 05 | 还是在同目录下将素材"屏幕.psd"导入项目。然后将其导入合成后放在层"跟踪摄像机"上方，并激活该层三维开关。

图 10-8-2

图 10-8-3

STEP 06 | 接下来只需要用变换工具移动、缩放和旋转层"屏幕"，调整其位置和大小即可，主要将其混合模式设为【强光】。播放影片可以看到，手机屏幕和影片中的摄像机同步运动起来。效果如图10-8-4所示。

图 10-8-4

跟踪摄像机是一个非常有用的工具。将特效合成到实拍画面是我们影视合成中最常用到的效果。如果依靠手动调整元素位置来匹配摄像机，基本上是一项不可能完成的任务。有了跟踪摄像机工具，只需要一键，就可以自动生成摄像机信息，完成完美匹配。

10.9　本章小结

本章的知识学到这里就全部结束了，同时After Effects CC的学习也告一段落。由于本书是以实际工作中的案例为进程，循序渐进进行学习，注重于实战演练，所以可能有一些知识点没有涉及，有不明白的地方可以参考其他After Effects的学习手册。下面，我们对本章的重要知识点做一个总结。

知识点1：追踪技术

只有一句话，这个技术非常重要。尤其是在电影、电视的特技制作中，如何和实拍场景的镜头同步，这是摆在特技师面前一个重要的问题。不仅仅是靠耐心就能一帧帧地对上的。虽然现在已经有很多Motion Controls的设备来保证同步问题，但是对于大部分中小制作团队来说，这些设备的价格仍然是令人却步的。所以，熟练掌握软件追踪技术就是我们解决上面问题的最佳途径了。

知识点2：RPF文件的使用

3ds Max可能是国内应用最广泛的三维软件了。RPF文件是它和After Effects的一个桥梁，利用这个桥梁，很多在3ds Max中难以实现或者实现会降低工作效率的效果，我们都可以在After Effects中解决了。尤其是分层渲染，这个很重要。制作一些比较大的项目的时候，我们都需要应用它。

知识点3：和C4D的结合

C4D与After Effects的结合是所有三维软件中最紧密的。这尤其对于高效率、高质量地完成影视后期包装工作有重要意义。利用C4D完成场景搭建，并在After Effects中完成高质量特效的合成，对于中小型制作公司来说，这个组合堪称完美。

知识点4：稳定和跟踪摄像机工具

稳定工具和跟踪摄像机工具在后期合成中非常实用。尤其是近乎傻瓜的操作和优异的后期效果，使它们成为After Effects后期合成中不可或缺的工具。